高等院校信息技术规划教材

单片机原理及应用
（第2版）

李全利　编著

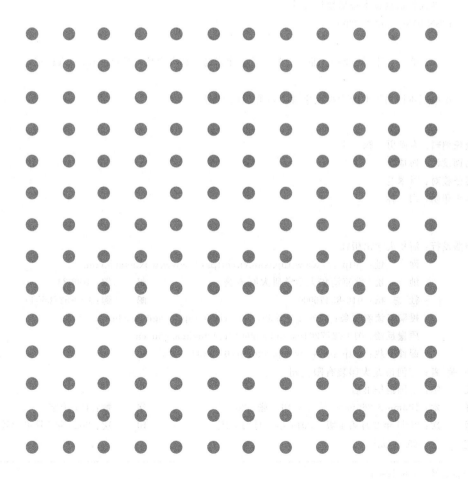

清华大学出版社

北京

内 容 简 介

本书为高等学校信息技术规划教材。书中系统地介绍了 80C51 系列单片机的原理及应用技术,内容包括绪论、80C51 的结构和原理、80C51 的 C51 语言程序设计、80C51 人机接口技术、80C51 的中断系统及定时/计数器、80C51 单片机的串行口、80C51 的串行总线扩展、80C51 应用系统设计。本书能够较好地满足应用型人才的培养要求,其特点是着力片上资源、强化编程训练;适合教师讲授、易于学生阅读。

本书可以作为计算机、自动化、电气工程及自动化、电子信息工程以及机电一体化等专业的教材。

图书在版编目(CIP)数据

单片机原理及应用/李全利编著. —2 版. —北京:清华大学出版社,2014(2025.1重印)
高等院校信息技术规划教材
ISBN 978-7-302-35260-0

Ⅰ. ①单… Ⅱ. ①李… Ⅲ. ①单片微型计算机—高等学校—教材 Ⅳ. ①TP368.1

中国版本图书馆 CIP 数据核字(2014)第 016206 号

责任编辑:袁勤勇 顾 冰
封面设计:傅瑞学
责任校对:时翠兰
责任印制:宋 林

出版发行:清华大学出版社
　　　网　　　址:https://www.tup.com.cn,https://www.wqxuetang.com
　　　地　　　址:北京清华大学学研大厦 A 座　　　　　邮　　编:100084
　　　社 总 机:010-83470000　　　　　　　　　　　　邮　　购:010-62786544
　　　投稿与读者服务:010-62776969,c-service@tup.tsinghua.edu.cn
　　　质量反馈:010-62772015,zhiliang@tup.tsinghua.edu.cn
　　　课件下载:https://www.tup.com.cn,010-83470236
印 装 者:三河市龙大印装有限公司
经　　销:全国新华书店
开　　本:185mm×260mm　　　印　张:20　　　字　数:461 千字
版　　次:2006 年 2 月第 1 版　 2014 年 3 月第 2 版　　印　次:2025 年 1 月第 13 次印刷
定　　价:59.00 元

产品编号:056810-04

前言

本书为高等学校信息技术规划教材。本书在编写上体现了理论与实践的结合、知识与案例的统一,注重培养学生运用知识的创新能力和解决实际问题的工程能力,在观念上力求工程科学与工程实践并重,在内容上突出典型开发环境、典型芯片和典型案例,在风格上力求实用、宜教易学。本书编写目标为:

(1) 体现"工程科学"理念。本书内容注意体现与前后课程之间的有机联系。对于单片机内部结构自始至终沿袭"CPU—存储器—I/O接口"的讲授主线,使单片机原理课程成为微型计算机原理与接口课程的典型案例,同时渐进体现嵌入式系统技术基本概念,全面强化学生对"计算机"这一经典工具的全面理解和认识,明确单片机在计算机技术体系中的特殊地位。

(2) 强化"工程实践"要求。单片机的应用,本质上讲就是由对其片上资源的熟知,进而完成对这些资源的使用及扩充。本书注意培养学生解决工程问题的能力,将计算机硬件知识与软件应用有机结合。书中全部程序均通过了 μVision 平台和开发板的调试运行。每章均配置了经过验证的渐进案例。

(3) 突出当前流行技术。串行扩展技术的广泛使用是当今单片机系统设计的趋势,本书系统地介绍了几种目前应用广泛的串行接口芯片;C51 语言编程技术已经广泛流行,本书重点介绍了 C51 语言,把握了单片机应用技术的发展方向。

(4) 坚持宜教易学目标。作为工程应用型专业教材,在内容的选材上力求知识点经典实用,体系的完整连贯;在讲授的方法上注意简单易懂、层次分明、案例实用;在阅读上力求提示醒目、插图新颖;在教学的组织上每章都配有小结、思考题及实践内容。

(5) 仿真+实板双验证。Proteus 是单片机应用系统开发与学习的重要工具,利用其对单片机、接口电路和外设的仿真能力可以大大加快单片机应用系统的开发过程;学习单片机的最终目的依然是设计系统目标板,即能够开发系统的真实电路板;本书的所有程序均通过了Proteus 软件仿真和真实目标板运行两种方式的验证。

依照内容典型、注重实用的教材目标,编者进行了许多思考和努力。由于编者水平所限,书中难免存在一些不尽人意之处,敬请读者提出宝贵意见和建议。选用本书的教师可向编者免费索取授课资源。对本书的疑问和建议,可与编者联系。

编　者

liquanli@163.com

2014 年 1 月

目录

contents

第1章

chapter 1

绪　论

学习目标

（1）理解微型机的两种应用形态。

（2）熟悉主流单片机种类及型号。

（3）了解单片机系统的开发方法。

重点内容

（1）单片机的特点及应用领域。

（2）单片机应用系统开发过程。

（3）μVision 平台基本操作方法。

1.1　电子计算机概述

1.1.1　电子计算机的经典结构

1946 年 2 月 15 日，第一台电子数字计算机 ENIAC(Electronic Numerical Integrator and Computer)问世。与当代的计算机相比，ENIAC 有许多不足，但它的问世开创了计算机科学技术的新纪元，对人类的生产和生活方式产生了巨大的影响。

在研制 ENIAC 的过程中，冯·诺依曼在方案的设计上做出了重要的贡献，并提出了"程序存储"和"二进制运算"的思想，构建了计算机由**运算器、控制器、存储器、输入设备和输出设备**组成这一计算机的经典结构，如图 1.1 所示。

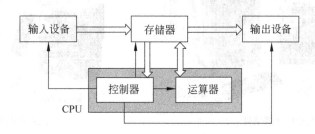

图 1.1　计算机的经典结构

计算机的发展,经历了电子管计算机、晶体管计算机、集成电路计算机、大规模集成电路计算机和超大规模集成电路计算机五个时代,但其组成仍然没有脱离这一经典结构。

1.1.2　微型计算机的组成及其应用形态

1. 微型计算机的组成

1971 年 1 月,Intel 公司的特德·霍夫在与日本商业通讯公司合作研制台式计算器时,将**运算器**和**控制器**集成在一个集成电路芯片上(称为**微处理器**,即 CPU),并设计了另外的集成电路存储程序和数据,且采用 I/O 接口电路与输入输出设备相连接。

CPU、存储器及 I/O 接口电路三部分构成了微型计算机,各部分通过地址总线(AB)、数据总线(DB)和控制总线(CB)相连,如图 1.2 所示。

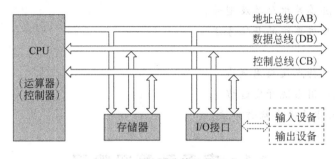

图 1.2　微型计算机的组成

在微型计算机基础上,再配以 I/O 设备和系统软件便构成了完整的**微型计算机系统**。

2. 微型机系统的应用形态

微型机系统有两种主要的应用形态:**桌面应用**和**嵌入式应用**。图 1.3 为微型机两种应用形态的比较。

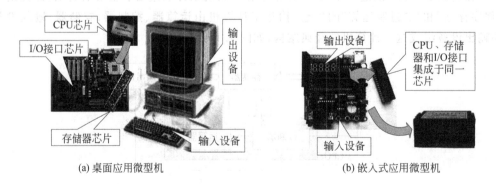

(a) 桌面应用微型机　　　　　　　　　(b) 嵌入式应用微型机

图 1.3　微型机两种应用形态的比较

1) 桌面应用

将 CPU、存储器、I/O 接口电路组装在主板上,通过接口电路与键盘、显示器连接,再配上操作系统及应用软件,就形成**桌面微型计算机系统**(即 **PC**)。这种桌面应用系统具有极好的人机界面和丰富的软件资源,常用于辅助办公或辅助设计。

2) 嵌入式应用

将 CPU、存储器、I/O 接口集成在一片集成电路芯片上,形成单片微型计算机(简称单片机)。单片机再配以简单外设(按键、数码管等)就构成了嵌入式应用系统。

计算机原始的设计目的是利用较高的计算速度完成大量数据的计算。人们将完成这种任务的计算机称为**通用计算机**。

在控制领域中,特别是智能仪表、智能家电、智能办公设备等应用系统要求将计算机嵌入到这些设备中。这时人们更多地关心计算机的**控制能力**和低成本、小体积及高可靠性**嵌入能力**。嵌入到仪器或设备中,实现嵌入式应用的计算机称为**嵌入式计算机**。

嵌入式应用计算机可分为嵌入式微处理器(如 ARM)、嵌入式 DSP 处理器(如 TMS320 系列)、嵌入式微控制器(即单片机,如 80C51 系列)及嵌入式片上系统 SOC。

单片机体积小、价格低、品种多,对于满足广泛领域的嵌入式应用需求具有独特的优势。单片机技术已经成为电子应用系统设计最为常用的手段,学习和掌握单片机应用技术具有非常重要的现实意义。

1.2 单片机的发展过程及产品近况

1.2.1 单片机的发展过程

单片机技术发展迅速,产品种类繁多,通常很难对其进行统一划分产品种类和发展年代。但是,纵观整个单片机技术的发展过程,对典型的单片机发展还是可以大致分为三个主要阶段。下面简述这几个阶段的特点及典型产品:

1. 单片机形成阶段

1976 年,Intel 公司推出了 MCS-48 系列单片机。基本型产品在片内集成有:

- 8 位 CPU;
- 1KB 程序存储器(ROM);
- 64B 数据存储器(RAM);
- 1 个 8 位定时/计数器;
- 2 个中断源。

主要特点:在单个芯片内完成了 CPU、存储器、I/O 接口等部件的集成;但存储器容量较小,寻址范围小(不大于 4KB),无串行口,指令系统功能不强。

2. 结构成熟阶段

1980 年,Intel 公司推出 MCS-51 系列单片机。基本型产品在片内集成有:

- 8 位 CPU；
- 4KB 程序存储器；
- 128B 数据存储器；
- 2 个 16 位定时/计数器；
- 5 个中断源，2 个优先级；
- 1 个全双工串行口。

主要特点：存储器容量增加，寻址范围扩大(64KB)，指令系统功能强大。现在，**MCS-51 已成为公认的单片机经典产品。**

3. 性能提高阶段

近年来，各半导体厂商不断推出新型单片机芯片，典型的产品如 Silicon Labs 的 C8051F120 单片机，在片内集成有：

- 8 位高速 CPU(100MIPS)；
- 128KB 程序存储器；
- 8KB 数据存储器；
- 5 个 16 位定时/计数器；
- 20 个中断源；
- 8 个 8 位并口、2 个 UART，另有 SMBus 和 SPI 总线接口；
- 增益可编程 8 路 12 位 ADC、2 路 12 位 DAC；
- 片内看门狗定时器等。

主要特点：片上接口丰富、控制能力突出、芯片型号种类繁多。因此，"微控制器"的称谓更能反应单片机的控制应用品质。

1.2.2　单片机产品近况

随着微电子设计技术及计算机技术的不断发展，单片机产品和技术日新月异。单片机产品近况可以归纳为：

(1) 80C51 系列单片机产品繁多，主流地位已经形成。

通用微型机的性能体现在计算性能(CPU 位数逐年提高)；单片机的性能体现在它的嵌入式能力(片内资源)。目前虽有许多 32 位单片机产品，但应用广泛的仍以 8 位机为主。

实践证明，80C51 单片机系统结构合理、技术成熟可靠。因此，许多单片机芯片生产厂商倾力于提高 80C51 单片机产品的综合功能，从而形成了 80C51 的主流产品地位。目前市场上与 80C51 兼容的典型产品有：

- ATMEL 公司的 AT89S5x 系列单片机(ISP，在系统编程)。
- 宏晶公司的 STC89C5x 系列单片机(RS-232 串口编程，方便实用)。
- Silicon Labs 公司的 C8051F 系列单片机(SOC，片内功能模块丰富)。

(2) 非 80C51 结构单片机不断推出，给用户提供了广泛的选择空间。

在 80C51 及其兼容产品流行的同时，一些单片机芯片生产厂商也推出了一些非

80C51 结构的产品，影响比较大的有：

- Microchip 公司推出的 PIC 系列单片机（品种多，便于选型，如汽车附属产品）。
- TI 公司推出的 MSP430F 系列单片机（16 位，低功耗，如电池供电产品）。
- ATMEL 公司推出的 AVR 和 ATmega 系列单片机（不易解密，如军工产品）。

由于 80C51 已经成为事实上的单片机主流系列，所以本书以 **80C51** 为对象讲述单片机的原理与接口方法。80C51 系列单片机兼容产品种类多，选型方便，其技术应用已流行多年，具有丰富成熟的软硬件资源。

掌握了 80C51 系列单片机开发技术，很容易推广到其他系列单片机的应用开发。

1.3　单片机的特点及应用领域

1.3.1　单片机的特点

1. 突出的控制性能

由于 CPU、存储器及 I/O 接口集成在同一芯片内，各部件间的连接紧凑，数据的传送不易受运行环境的影响，所以用单片机设计的产品**可靠性较高**；单片机是为满足工业控制而设计的，所以**控制功能强**（其 CPU 可以对 I/O 端口直接进行操作，位控能力更是其他计算机无法比拟的），特别是近期推出的单片机产品，内部集成有高速 I/O 口、ADC、PWM、WDT 等部件，并在低电压、低功耗、串行扩展总线、控制网络总线和开发方式（如在系统编程 ISP）等方面都有了进一步的增强。

2. 优秀的嵌入品质

单片机芯片**价格低廉**，适合于大批量低成本的产品设计；**单片机品种和型号多**，适于广泛的应用领域；单片机的**引脚少**、**体积小**（有的引脚已减少到 8 个或更少），从而使应用系统的印制板（PCB）减小，使产品结构精巧。

在当代的各种电子器件中，单片机具有极优的性能价格比。这正是单片机得以广泛应用的重要原因。

1.3.2　单片机的应用领域

由于单片机具有良好的控制性能和优秀的嵌入品质，近年来单片机在各种领域都获得了广泛的应用。概括起来，可将单片机的应用分成以下几个方面。

1. 智能仪器仪表

单片机用于各种仪器仪表，一方面提高了仪器仪表的使用功能和精度，使仪器仪表智能化，同时还简化了仪器仪表的硬件结构，从而可以方便地完成仪器仪表产品的升级换代。典型产品有各种智能电气测量仪表、智能传感器等。

2. 机电一体化产品

机电一体化产品是集机械技术、微电子技术、自动化技术和计算机技术于一体,具有智能化特征的各种机电产品。单片机在机电一体化产品中应用极为普遍。典型产品有机器人、数控机床、自动包装机、点钞机、医疗设备、打印机、传真机、复印机等。

3. 实时工业控制

单片机还可以用于各种物理量的采集与控制。电流、电压、温度、液位、流量等物理参数的采集和控制均可以利用单片机方便地实现。在这类系统中,利用单片机作为系统控制器,可以根据被控对象的不同特征采用不同的智能算法,实现期望的控制指标,从而提高生产效率和产品质量。典型应用有电机转速控制、温度控制、自动生产线等。

4. 分布系统的前端模块

在较复杂的工业系统中,经常要采用分布式测控系统完成大量的分布参数的采集。在这类系统中,采用单片机作为分布式系统的前端采集模块,系统具有运行可靠,数据采集方便灵活,成本低廉等一系列优点。典型产品有 LTM-8663。

5. 家用电器

家用电器是单片机的又一重要应用领域,前景十分广阔。典型产品有空调器、电冰箱、洗衣机、电饭煲、高档洗浴设备、高档玩具等。

6. 交通运输

在交通运输领域中单片机有更广阔的应用空间,如在汽车、火车、轮船、飞机上的应用。

7. 航空航天与军事

航空航天与军事领域中的单片机要求稳定性好、耐高温、低功耗,如军事演习专用服装电子控制及各种武器装备等。

1.4 单片机应用系统开发方法

1.4.1 应用系统开发的概念

1. 系统开发及工具

设计单片机应用系统时,在完成硬件系统设计之后,必须配备相应的应用软件。明确无误的硬件设计和良好的软件功能设计是单片机应用系统的设计目标。完成这一目标的过程称为**单片机应用系统的开发**。

单片机作为一片集成了微型机基本部件的集成电路芯片,与通用微机相比,单片机

自身没有开发能力,必须借助开发工具来完成如下任务:

- 系统调试(排除软件错误和硬件故障);
- 程序固化(单片机片内或片外 ROM)。

2. 指令的表示形式

指令是让单片机执行某种操作的命令。如"将累加器 A 的内容加 1"就是一条单片机指令,它用二进制代码 0000 0100B 来表示(为方便人们阅读和书写,表示成十六进制 04H),单片机可以识别并执行。但这种代码人们记忆起来非常困难。若写成"INC A"则记忆就会容易得多,这就是该指令的助记符表示,称为**符号指令**。利用一定的规则将多条符号指令有机组合就形成了汇编语言源程序。

3. 汇编和编译

汇编语言源程序要转换成单片机能识别的目标码,这种转换称为汇编,汇编过程由集成开发平台(如 μVision3 或 μVision4)中的**汇编器**(A51. EXE)来完成;C51 语言源程序转换成目标码要由 μVision 平台的**编译器**(C51. EXE)来完成。

4. 连接与固化

汇编和编译形成的是浮动地址的目标码,还要由 μVision 平台的**连接器**(BL51. EXE)连接生成绝对地址的目标码。绝对地址的目标码可以用于调试,调试无误的目标码要由 μVision 平台的转换器(OH51. EXE)转换成编程器(烧写器)能够识别的格式的文件(. HEX),这种格式的文件就可以写入到单片机的片内 ROM 或单片机芯片外的其他存储器芯片中。这时具有程序的单片机芯片就可以插在应用系统电路板上运行了。

1.4.2 应用系统主要开发工具

1. 目标码生成工具

在 μVision 集成开发平台编写源程序(或用其他文本编辑软件),然后由生成浮动地址的. OBJ 文件。这些文件经连接生成绝对地址的目标程序,绝对地址目标文件可以用于软件模拟调试或硬件仿真调试。

调试无误的目标程序经 μVision 平台转换为. HEX 格式的目标代码文件,再由编程(烧写)器写入到单片机的片内程序存储器或片外程序存储器中。在 μVision 集成开发平台中,汇编(或编译)、连接和. HEX 格式文件转换可以由该集成软件中的"Rebuild all Target files 🏛"选项一键完成。

整个目标程序生成过程如图 1.4 所示。

2. 硬件仿真工具

单片机应用系统开发时常用的设备是硬件仿真器,如图 1.5 所示。硬件仿真的目的是利用仿真器的资源(CPU、存储器和 I/O 设备等)来模拟单片机应用系统(即目标机)的

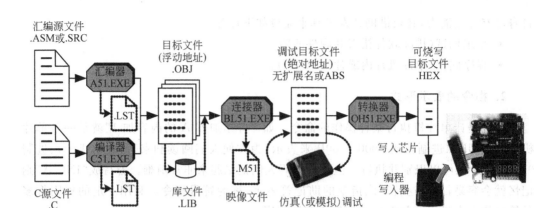

图1.4　目标码生成过程

CPU或存储器,并跟踪和观察目标系统的运行状态。应用系统硬件开发要完成如下任务:

首先要根据系统功能构建硬件电路;再利用**印刷版设计软件**(如 Protel99SE 或Altium Designer)设计原理图及印制版图;然后制作电路板、安装和焊接电子元器件。最终完成的单片机应用系统的电路板如图1.6所示。

图1.5　硬件仿真器

图1.6　应用系统电路板

3. Proteus软件仿真工具

应用系统硬件电路的设计和制作需要成熟的经验和技巧,并且需要反复地进行实验和调试,对于初学者来说,这是一件比较困难的事情。为了便于这一设计制作过程的实施,Labcenter 公司推出了 Proteus 电路分析与仿真软件。

Proteus 软件支持主流单片机系统(如8051系列、AVR系列、PIC系列、HC11系列、68000系列等)的仿真以及多种外围芯片的仿真。

Proteus 软件主要由仿真电路设计软件 Proteus ISIS 和 PCB 制作软件 Proteus ARES 构成。单片机应用系统的仿真验证主要采用 Proteus ISIS。

1.4.3　应用系统开发流程

1. 常规开发流程

单片机应用系统常规开发流程如图1.7所示。首先利用 Altium Designer 6. x 或

Protel99SE 软件绘制系统原理图;然后根据原理图设计 PCB 版图,制作系统电路板并装配焊接相关元器件;利用 μVision 开发平台编写程序,经过编译生成可执行目标程序;将目标程序写入单片机;运行程序观察执行效果;根据执行效果修改系统电路设计,制版并写入程序继续执行并修改设计,直至系统执行效果达到设计要求。

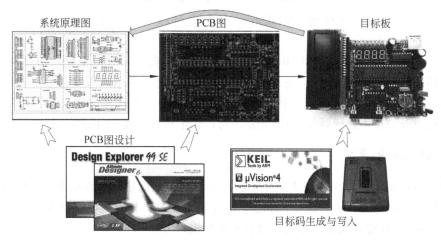

图 1.7 常规的开发流程

2. 简捷开发流程

单片机应用系统简捷开发流程如图 1.8 所示。首先利用 Proteus 软件绘制系统仿真原理图;先不用制作 PCB 版图,而是利用 μVision 开发平台编写程序,经过编译生成可执行目标程序;将目标程序写入仿真原理图的单片机属性配置中;运行 Proteus 软件仿真功能,观察执行效果;根据执行效果修改系统仿真电路设计,运行 Proteus 软件仿真功能继续观察并修改设计,直至系统执行效果达到设计要求。这时再利用 Altium Designer 6. x 或 Protel99SE 软件绘制系统 PCB 版图,制作系统电路板并装配焊接相关元器件;将经过调试的、无误的可执行目标程序写入单片机。

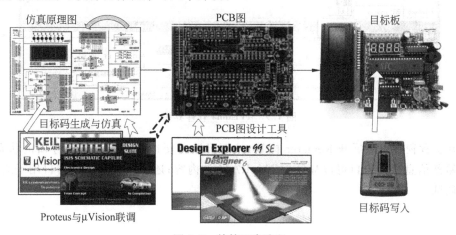

图 1.8 简捷开发流程

该方法充分利用了 Proteus 软件的仿真功能,减少了反复制作硬件电路的时间和麻烦,极大地减少了系统调试的时间。

1.5　渐 进 实 践
——利用 μVision 平台生成可执行目标程序

μVision 集成开发软件是 Keil 公司的产品,它集编辑、编译(或汇编)、仿真调试等功能于一体,具有当代典型嵌入式处理器开发的典型界面。常用的版本是 μVision3,较新的版本是 μVision4。它支持数百种嵌入式处理器(包括 80C51 系列、非 80C51 系列的多种单片机以及 ARM 处理器等芯片)开发。可以用汇编程序及 C51 语言编程。

1. μVision 的界面

μVision4 的软件界面如图 1.9 所示。首先它具备一般应用软件的典型风格,如有菜单栏和快捷工具栏,另外可以打开的主要界面是工程窗口和对应的文件编辑窗口、运行信息显示窗口、存储器信息显示窗口及变量观察窗口等。

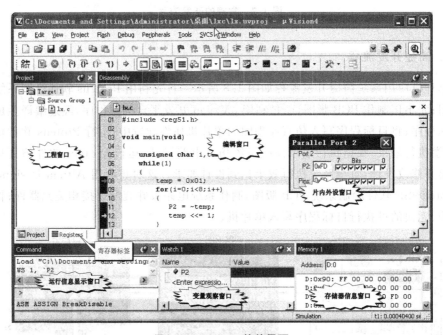

图 1.9　μVision4 软件界面

在工程窗口可以展开 Register 标签,从而可以方便地观察单片机寄存器的状态;打开存储器信息显示窗口可以显示 ROM、RAM 的内容;还可以打开多种窗口用于应用软件的调试。

2. 可执行程序的生成

1）建立工程

为了完成应用程序实际，通常要利用多个程序构成工程。这些程序包括汇编语言源文件、C 语言源文件、库文件等；另外集成环境还要自动生成一些便于分析和调试的辅助文件，如列表文件等。对这些文件进行管理和组织，高效的办法就是建立一个工程。

单击 Project 菜单的下拉选项 New μVision Project，在弹出的窗口中输入准备建立的工程文件名（不用输入扩展名，系统会自动生成）。如输入文件名：1x。

注意：为便于管理，建议为该工程建立一个独立的文件夹，如 1x。

2）配置工程

新建工程仅是一个框架，应添加相应的程序。右击工程窗口的 Source Group 1 处，系统会弹出快捷菜单，选择 Add Files to Group 'Source Group 1'选项，在弹出的窗口中改变文件类型，会显示出该文件夹中的文件。若要加入的文件已经存在于该文件夹下，直接选择即可；如果文件不存在，可以选择 File→New 选项建立新文件 1x. c 并进行编辑。

3）编译工程

工程的编译是正确生成目标程序的关键，要完成这一任务应进行一些基本设置。选择 Project Options for Target 'Target 1'选项，弹出如图 1.10 所示窗口。

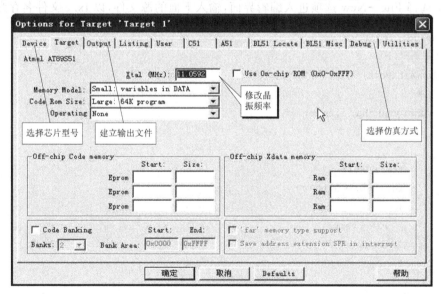

图 1.10　编译设置界面

工程的编译设置内容较多，通常可以采用默认设置。但有些内容必须确认或修改。这些内容主要包括：

- Device 标签，单片机型号的选择，如 AT89S52。
- Target 标签，晶振频率的设置，如 11.0592MHz。

- Output 标签,输出文件选项 Create HEX File 上要打勾。
- Debug 标签,软件模拟方式与硬件仿真方式的选择,如 Use Simulator(软件模拟)。

这些配置完成后就可以进行工程的编译。选择 Project→Rebuild all Target files 选项,系统进行编译连接,并提示编译连接信息。若有错误,修改后重新编译,直至生成可执行程序。此时在该工程的文件夹下会找到新生成的文件,如 lx. hex。

3. 仿真调试

可执行程序的正确无误是应用系统的基本要求,要想达到这一目标通常要经过仿真调试过程。仿真调试可以采用软件模拟(即 Simulator)或硬件仿真(即 Monitor)。

选择 Debug→Start/Stop Debug Session 选项,会使 Debug 菜单下的 Run、Step 等选项成为可选状态。

程序运行时可以利用 μVision 的调试功能观察存储器、寄存器、片内外设的状态,特别是可以利用开发环境的虚拟串口与单片机串口进行信息交互。

4. 示例步骤

① 新建一个文件夹,如 lx。新建一个工程,如 lx(默认生成工程扩展名)。

② 选择 File→New 选项进入编辑界面,输入下面的源文件,以 lx. c 文件名存盘。

```
#include<reg51.h>

void main(void)
{
    unsigned char i,temp;
    while(1)
    {
        temp=0x01;
        for(i=0;i<8;i++)
        {
            P2=~temp;
            temp<<=1;
        }
    }
}
```

③ 在工程窗口加入源文件。右击工程窗口的 Source Group 1 处,选择 Add Files to Group 'Source Group 1'选项,弹出文件类型选择窗口,选择 C 文件类型及显示出的文件 lx. c 并单击 Add 按钮加入。

④ 选择 Project→Options for Target 'Target 1'选项,在弹出的窗口中完成相关设置。

⑤ 选择 Project→Rebuild all Target files 选项完成编译。至此可执行程序 lx. hex

已经生成。以下为仿真调试。

⑥ 选择 Debug→Start/Stop Debug Session 选项进入调试状态。可以选择全速运行和单步运行、断点运行等运行方式。

⑦ 选择 Peripherals→I/O Ports 选项,选择 Port 2。这时会弹出单片机并行口的状态模拟界面,可以观察并行口各个位的电平状态。

⑧ 选择 Debug→Step(单步)方式运行,观察 Port 2 窗口状态变化。如果要用 Run(连续)方式运行,应该加入一段延时程序,以便观察 LED 状态的变化。

本 章 小 结

冯·诺依曼提出了"程序存储"和"二进制运算"的思想,并构建了计算机由运算器、控制器、存储器、输入设备和输出设备所组成这一计算机的经典结构。

将运算器、控制器以及各种寄存器集成在一片集成电路芯片上,组成中央处理器(CPU)或微处理器。微处理器配上存储器、输入输出接口便构成了微型计算机。

单片机是把 CPU、存储器(RAM 和 ROM)、输入输出接口电路以及定时器/计数器等集成在一起的集成电路芯片,它具有体积小、价格低、可靠性高和易于嵌入式应用等特点,极适合于智能仪器仪表和工业测控系统的前端装置。

80C51 系列单片机应用广泛、生产量大,在单片机领域里具有重要的影响,加上其他新型单片机产品的不断涌现,单片机世界呈现出日新月异的景象。

单片机是为满足工业控制而设计的,具有良好的实时控制性能和灵活的嵌入品质,近年来在智能仪器仪表、机电一体化产品、实时工业控制、分布系统的前端模块和家用电器等领域都获得了极为广泛的应用。

μVision 集成开发环境集编辑、编译(或汇编)、仿真调试等功能于一体,具有当代典型嵌入式处理器开发的流行界面。目前它支持世界上几十个公司的数百种嵌入式处理器(包括 80C51 系列的各种单片机、非 80C51 系列的各种单片机以及 ARM 等)。它支持汇编程序的开发,也支持 C 语言程序的开发。学会该软件的基本使用方法是掌握单片机应用技术的保证,这也为进一步学习其他嵌入式处理器打下了良好的基础。

Labcenter 公司推出了 Proteus 电路分析与仿真软件。Proteus 软件支持主流单片机系统(如 8051 系列、AVR 系列、PIC 系列、HC11 系列、68000 系列等)的仿真以及多种外围芯片的仿真。Proteus 软件主要由仿真电路设计软件 Proteus ISIS 和 PCB 制作软件 Proteus ARES 构成。单片机应用系统的仿真验证主要采用 Proteus ISIS。

思考题及习题

1. 微型计算机由哪几部分构成?
2. 微型计算机有哪两种主要应用形态?
3. 为什么说单片机技术已经成为电子应用系统设计最为常用的手段?

4. 目前市场上与 80C51 兼容的典型产品有哪些？

5. 什么叫单片机？其主要特点有哪些？

6. 单片机有哪些应用领域？

7. 硬件仿真与 Proteus 软件仿真的目的是什么？

8. 简述单片机应用系统的开发过程。

第 2 章

80C51 的结构和原理

学习目标

(1) 理解 80C51 的 CPU 结构及存储器配置。

(2) 掌握 80C51 复位和时钟电路应用。

(3) 熟悉 80C51 并行口的结构原理及应用特点。

重点内容

(1) 80C51 CPU 工作原理及存储器的组织。

(2) 80C51 复位和时钟电路的典型形式。

(3) 80C51 并行口的驱动方法。

Intel 公司推出的 MCS-51 系列单片机以其典型的结构、特殊功能寄存器的管理方式、灵活的位操作和面向控制的指令系统,为单片机的发展奠定了良好的基础。8051 是 MCS-51 系列单片机的典型品种。众多单片机芯片生产厂商以 **8051 为基核开发出的 CMOS 工艺单片机产品统称为 80C51 系列产品。**

2.1 80C51 的内部结构与引脚功能

在功能上,80C51 有**基本型**和**增强型**两大类。在片内程序存储器的配置上,早期有三种形式,即掩膜 ROM、EPROM 和 ROMLess(无片内程序存储器)。现在人们普遍采用另一种具有 Flash 存储器的芯片。

2.1.1 80C51 的内部结构

80C51 基本型单片机内部结构如图 2.1 所示。图中与并行口 P3 复用的引脚有串行口输入和输出引脚 RXD 和 TXD、外部中断输入引脚 $\overline{\text{INT0}}$ 和 $\overline{\text{INT1}}$、外部计数输入引脚 T0 和 T1、外部数据存储器写和读控制信号 $\overline{\text{WR}}$ 和 $\overline{\text{RD}}$。80C51 单片机内部包含以下功能模块:

1. CPU 模块

• 8 位 CPU,含布尔处理器;

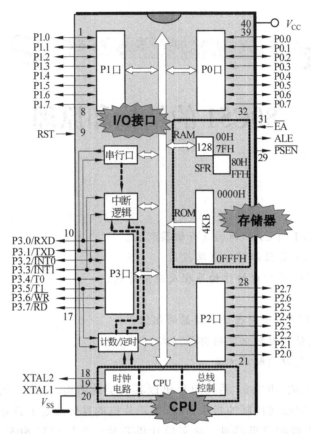

图 2.1　80C51 单片机基本型内部结构

- 时钟电路；
- 总线控制。

2. 存储器模块

- 128B 的数据存储器(RAM,可在片外再外扩 64KB)；
- 4KB 的内部程序存储器(ROM,可外扩至 64KB)；
- 21 个特殊功能寄存器(SFR)。

3. I/O 接口模块

- 4 个并行 I/O 端口,均为 8 位；
- 1 个全双工异步串行口(UART)；
- 2 个 16 位定时/计数器；
- 中断系统包括 5 个中断源、2 个优先级。

2.1.2　80C51 典型产品的资源配置

　　80C51 系列单片机内部组成基本相同,但不同型号的产品在某些方面仍会有一些差异。典型的单片机产品资源配置如表 2.1 所示。主要差别表现在：

1. 增强型与基本型的差别

- 片内 ROM 从 4KB 增加到 8KB；
- 片内 RAM 从 128B 增加到 256B；
- 定时/计数器从 2 个增加到 3 个；
- 中断源由 5 个增加到 6 个。

2. 片内 ROM 的配置形式的差别

- 无 ROM(即 ROMLess)型，应用时要在片外扩展程序存储器；
- 掩膜 ROM(即 MaskROM)型，用户程序由单片机芯片生产厂写入；
- EPROM 型，用户程序通过编程器写入，利用紫外线擦除器擦除；
- FlashROM 型，用户程序可以电写入或擦除(当前常用的方式)。

表 2.1　80C51 系列典型产品资源配置

分类	芯片型号	存储器类型及字节数		片内其他功能单元数量			
		ROM	RAM	并口	串口	定时/计数器	中断源
基本型	80C31	无	128	4 个	1 个	2 个	5 个
	80C51	4KB 掩膜	128	4 个	1 个	2 个	5 个
	87C51	4KB EPROM	128	4 个	1 个	2 个	5 个
	89C51	4KB Flash	128	4 个	1 个	2 个	5 个
	89S2051	2KB Flash	128	2 个	1 个	2 个	5 个
增强型	80C32	无	256	4 个	1 个	3 个	6 个
	80C52	8KB 掩膜	256	4 个	1 个	3 个	6 个
	87C52	8KB EPROM	256	4 个	1 个	3 个	6 个
	AT89S52	8KB Flash	256	4 个	1 个	3 个	6 个
	AT89S4051	4KB Flash	256	2 个	1 个	2 个	5 个

注：STC 系列单片机未在表中列出。

另外，有些单片机产品还提供 OTPROM 型(一次性编程写入 ROM)供应状态。通常 OTPROM 型单片机较 Flash 型(属于 MTPROM，即多次编程 ROM)单片机具有更高的环境可靠性，在环境条件较差时应优先选择。

2.1.3　80C51 典型产品封装和引脚功能

典型 80C51 单片机产品采用双列直插式(DIP)、方型扁平式(QFP)和无引脚芯片载体(LLC)贴片形式封装。

这里仅介绍常用的 AT89S52 单片机 DIP40 封装和在 Proteus 仿真软件中绘制原理

图时的引脚,如图 2.2 所示。

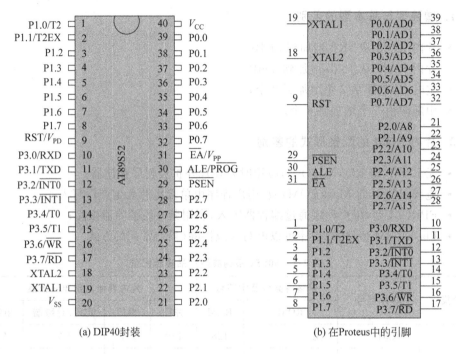

图 2.2 AT89S52 的 DIP40 封装引脚图

1. 电源及时钟引脚(4 个)

- V_{CC}:电源接入引脚;
- V_{SS}:接地引脚;
- XTAL1:晶体振荡器接入的一个引脚;
- XTAL2:晶体振荡器接入的另一个引脚。

2. 控制引脚(4 个)

- RST/VPD:复位信号输入引脚/备用电源输入引脚;
- ALE/$\overline{PROG}$:地址锁存允许信号输出引脚/编程脉冲输入引脚;
- $\overline{EA}/V_{PP}$:外部存储器选择引脚/片内 EPROM(或 FlashROM)编程电压输入引脚;
- $\overline{PSEN}$:外部程序存储器选通信号输出引脚。

3. 并行 I/O 引脚(32 个,分成 4 个 8 位端口)

- P0.0~P0.7:一般 I/O 端口引脚或数据/低位地址总线复用引脚;
- P1.0~P1.7:一般 I/O 端口引脚;
- P2.0~P2.7:一般 I/O 端口引脚或高位地址总线引脚;

- P3.0～P3.7：一般 I/O 端口引脚或第二功能引脚。

2.2　80C51 单片机的 CPU

80C51 单片机由 CPU、存储器和 I/O 接口 3 个基本模块组成。这里首先介绍 CPU 模块的组成及功能。

2.2.1　CPU 的功能单元

80C51 的 CPU 是一个 8 位的高性能处理器,它的作用是读入并分析每条指令,根据各指令的功能控制各功能部件执行指定的操作。如图 2.3 所示,它主要由以下几部分构成:

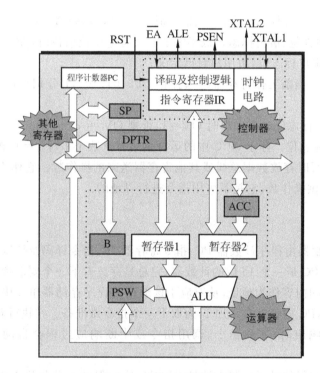

图 2.3　80C51 CPU 的功能单元

1. 运算器

运算器由算术/逻辑运算单元 ALU、累加器 ACC、寄存器 B、暂存寄存器、程序状态字寄存器 PSW 组成。它完成的任务是实现算术和逻辑运算、位变量处理和数据传送等操作。

80C51 的 ALU 主要功能是实现 8 位数据的加、减、乘、除算术运算和与、或、异或、循环、求补等逻辑运算。同时还具有位处理能力。

累加器 **ACC** 用于向 ALU 提供操作数和存放运算的结果。运算时一个操作数经暂存器送至 ALU,与另一个来自 ACC 的操作数在 ALU 中进行运算,运算结果又送回 ACC。同一般微机相似,80C51 单片机在结构上也是以累加器 ACC 为中心,大部分指令的执行都要通过累加器 ACC 进行。

寄存器 B 在乘、除运算时用来存放一个操作数,也用来存放运算后的部分结果。在不进行乘、除运算时,可以作为普通的寄存器使用。

程序状态字寄存器 PSW 是状态标志寄存器,用来保存 ALU 运算结果的特征(如结果是否为 0,是否有溢出等)和处理器状态。这些特征和状态可以作为控制程序转移的条件。

位地址:	D7H	D6H	D5H	D4H	D3H	D2H	D1H	D0H	
PSW	CY	AC	F0	RS1	RS0	OV	F1	P	字节地址:D0H

- CY:进位、借位标志。有进位、借位时 CY=1,否则 CY=0;
- AC:辅助进位、借位标志。低半字节向上有进位或借位时,AC=1,否则 AC=0;
- F0、F1:用户标志位,由用户自己定义;
- RS1、RS0:当前工作寄存器组选择位。00、01、10、11 分别对应 0 组、1 组、2 组、3 组;
- OV:溢出标志位。有溢出时 OV=1,否则 OV=0;
- P:奇偶标志位。存于 ACC 中的运算结果有奇数个 1 时 P=1,否则 P=0。

暂存器 用来暂时存放数据总线或其他寄存器送来的操作数。它作为 ALU 的数据输入源,向 ALU 提供操作数,它是不可用指令进行寻址的。

2. 控制器

80C51 的控制器由程序计数器 PC、指令寄存器 IR、指令译码及控制逻辑电路组成。

程序计数器 PC 是一个 16 位的计数器,它总是存放着下一个要取指令的存储单元地址。CPU 把 PC 的内容作为地址,从对应于该地址的程序存储器单元中取出指令码。每取完一个指令后,PC 内容都自动加 1,为取下一个指令做准备。在执行转移指令、子程序调用指令及中断响应时,转移指令、调用指令或中断响应过程会自动给 PC 置入新的地址。

单片机上电或复位时,PC 装入地址 0000H,这就保证了单片机上电或复位后,程序从 0000H 地址开始执行。

指令寄存器 IR 保存当前正在执行的一条指令。执行一条指令,先要把它从程序存储器取到指令寄存器中。指令内容含操作码和地址码,操作码送往指令译码器并形成相应指令的微操作信号。地址码送往操作数地址形成电路以便形成实际的操作数地址。

译码与控制逻辑 是微处理器的核心部件,它的任务是完成读指令、执行指令、存取操作数或运算结果等操作,向其他部件发出各种微操作控制信号,协调各部件的工作。80C51 单片机片内有振荡电路,外接石英晶体和频率微调电容就可产生内部时钟信号。

3. 其他寄存器

数据指针 DPTR 是一个 16 位的寄存器,它由 2 个 8 位的寄存器 DPH 和 DPL 组成,用来存放 16 位的地址。利用间接寻址(MOVX @DPTR,A 或 MOVX A,@DPTR 指令)可对片外 RAM 或 I/O 接口的数据进行访问。利用变址寻址(MOVC A,@A+DPTR 指令)可以对 ROM 单元中的存放的常量数据进行读取。

堆栈指针 SP 是一个 8 位的寄存器,用于子程序调用及中断调用时保护断点及现场,它总是指向堆栈顶部。80C51 的堆栈通常设在 30H~7FH 这一段片内 RAM 中。堆栈操作遵循"后进先出"原则,数据入栈时,SP 先加 1,然后数据再压入 SP 指向的单元;数据出栈时,先将 SP 指向单元的数据弹出,然后 SP 再减 1,这时 SP 指向的单元是新的栈顶。由此可见,**80C51 单片机的堆栈区是向地址增大的方向生成的**(这与 80x86 的堆栈组织不同)。

工作寄存器 R0~R7 共占用 32 个片内 RAM 单元。分成 4 组,每组 8 个单元。当前工作寄存器组由 PSW 的 RS1 和 RS0 位指定。

80C51 寄存器及其在存储器中的映射如图 2.4 所示。

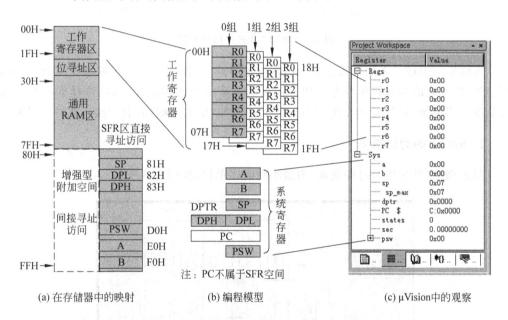

图 2.4 80C51 的寄存器及其在存储器中的映射

2.2.2 CPU 的时钟

单片机的工作过程是:取一条指令、译码、进行微操作,再取一条指令、译码、再进行微操作,这样自动地、一步一步地由微操作依序完成相应指令规定的操作功能。

1. 时钟产生方式

80C51 单片机的时钟信号通常由两种方式产生:一是内部时钟方式,二是外部时钟方式。

内部时钟方式如图 2.5(a)所示。只要在单片机的 XTAL1 和 XTAL2 引脚外接晶振即可。图中电容器 C_1 和 C_2 的作用是稳定频率和快速起振,电容值在 $5\sim30$pF,典型值为 30pF。晶振 CYS 的振荡频率要小于 12MHz,典型值为 6MHz、12MHz 或 11.0592MHz。

外部时钟方式是把外部已有的时钟信号引入到单片机内,如图 2.5(b)所示。此方式用于多片 80C51 单片机同时工作,并要求各单片机同步运行的场合。

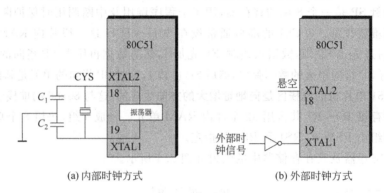

(a) 内部时钟方式　　　　　　　　(b) 外部时钟方式

图 2.5　80C51 单片机时钟方式

实际应用中通常采用外接晶振的内部时钟方式,晶振频率高一些可以提高指令的执行速度,但相应的功耗和噪声也会增加。在满足系统功能的前提下,应选择低一些的晶振频率。当系统要与 PC 通信时,应选择 11.0592MHz 的晶振(有利于减小波特率误差)。

2. 80C51 的时钟信号

晶振周期(有时称为时钟周期)为最小的时序单位,如图 2.6 所示。

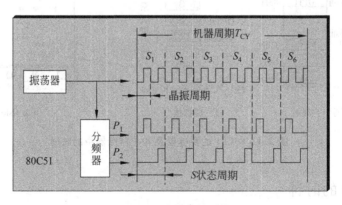

图 2.6　80C51 单片机的时钟信号

晶振信号经分频器后形成两相错开的信号 P_1 和 P_2。P_1 和 P_2 的周期也称为 S 状态周期,它是晶振周期的 2 倍,即一个 S 状态周期包含 2 个晶振周期。在每个 S 状态周期的前半周期,相位 $1(P_1)$ 信号有效,在每个 S 状态周期的后半周期,相位 $2(P_2)$ 信号有效。每个 S 状态周期有两个节拍(相)P_1 和 P_2,CPU 以 P_1 和 P_2 为基本节拍指挥各个部件协调地工作。

晶振信号 12 分频后形成机器周期，即一个机器周期包含 12 个晶荡周期。因此，每个机器周期的 12 个振荡脉冲可以表示为 S_1P_1，S_1P_2，S_2P_1，S_2P_2，$\cdots$，S_6P_2。

指令的执行时间称作指令周期。80C51 单片机的指令按执行时间可以分为三类：单周期指令、双周期指令和四周期指令（四周期指令只有乘、除这 2 条指令）。

晶振周期、S 状态周期、机器周期和指令周期均是单片机时序单位。**机器周期常用作计算其他时间（如指令周期）的基本单位**。如指令 INC A 的执行时间为 1 个机器周期，乘除法指令的执行时间为 4 个机器周期。

应用系统调试时首先应该保证单片机的时钟系统能够正常工作。当晶振电路、复位电路和电源电路正常时，在 ALE 引脚可以观察到稳定的脉冲信号，其频率为：晶振频率/6。

2.2.3 80C51 单片机的复位

单片机的工作就是从复位开始的。复位可以使单片机中各部件处于确定的初始状态。

1. 复位电路

当 80C51 的 RST 引脚加高电平复位信号（保持 2 个以上机器周期）时，单片机内部就执行复位操作。复位信号变低电平时，单片机开始执行程序。

实际应用中，复位操作有两种基本形式：一种是上电复位，另一种是上电与按键均有效的复位，如图 2.7 所示。

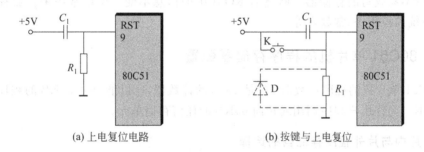

(a) 上电复位电路   (b) 按键与上电复位

图 2.7 单片机复位电路

上电复位要求接通电源后，单片机自动实现复位操作。常用的上电复位电路如图 2.7(a)所示。上电瞬间 RST 引脚获得高电平，随着电容 C_1 的充电，RST 引脚的高电平将逐渐下降。RST 引脚的高电平只要能保持足够的时间（2 个机器周期），单片机就可以进行复位操作。该电路典型的电阻和电容参数为：晶振为 12MHz 时，C_1 为 10μF，R_1 为 8.2kΩ。

上电与按键均有效的复位电路如图 2.7(b)所示，上电复位原理与图 2.7(a)相同，另外在单片机运行期间，还可以利用按键完成复位操作。

实际应用中如果在单片机断电后，有可能在较短的时间内再次加电，可以在 R_1 上并接一个放电二极管，这样可以有效地提高此种情况下复位的可靠性。

2. 单片机复位后的状态

单片机复位初始化后,程序计数器 PC=0000H,所以程序从 0000H 地址单元开始执行。单片机启动后,片内 RAM 为随机值,运行中的复位操作不改变片内 RAM 的内容。

复位后,特殊功能寄存器状态是确定的。**P0～P3 为 FFH,SP 为 07H,SBUF 不定,IP、IE 和 PCON 的有效位为 0,其余的特殊功能寄存器的状态均为 00H**。相应的意义为:

- P0～P3=FFH,相当于各口锁存器已写入 1,此时不但可用于输出,也可以用于输入。
- SP=07H,堆栈指针指向片内 RAM 的 07H 单元(第一个入栈内容将写入 08H 单元)。
- IP、IE 和 PCON 的有效位为 0,各中断源处于低优先级且均被关断、串行通信的波特率不加倍。
- PSW=00H,当前工作寄存器为 0 组。

2.3　80C51 的存储器组织

存储器是组成计算机的主要部件,其功能是存储信息(程序和数据)。存储器可以分成两大类:一类是随机存取存储器(RAM),另一类是只读存储器(ROM)。对于 RAM,CPU 在运行时能随时进行数据的写入和读出,但在关闭电源时,其所存储的信息将丢失。所以,它用来存放暂时性的输入输出数据、运算的中间结果或用作堆栈;ROM 是一种写入信息后不易改写的存储器。断电后 ROM 中的信息不变。所以常用来存放程序或常数,如系统监控程序、常数表等。

2.3.1　80C51 单片机的程序存储器配置

80C51 单片机的程序计数器 PC 是 16 位的计数器,所以能寻址 64KB 的程序存储器地址范围。允许用户程序调用或转向 64KB 的任何存储单元。

1. 片内与片外程序存储器的选择

$\overline{EA}$ 引脚有效时(低电平)选择运行片外 ROM 中的程序。

1) $\overline{EA}$ 引脚接高电平时从片内程序存储器开始取指令

当 $\overline{EA}$ 引脚接高电平时,对于基本型单片机,首先在片内程序存储器中取指令,当 PC 的内容超过 FFFH 时系统会自动转到片外程序存储器中取指令。外部程序存储器的地址从 1000H 开始编址,如图 2.8 所示。

对于增强型单片机,首先在片内程序存储器中取指令,当 PC 的内容超过 1FFFH 时系统才转到片外程序存储器中取指令。

2) $\overline{EA}$ 引脚接低电平从片外程序存储器开始取指令

当 $\overline{EA}$ 引脚接低电平时,单片机自动转到片外程序存储器中取指令(无论片内是否有程序存储器)。外部程序存储器的地址从 0000H 开始编址,如图 2.9 所示。

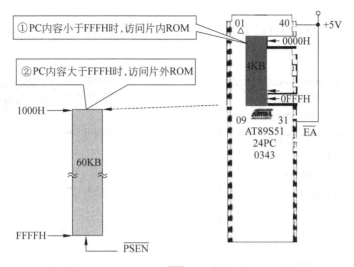

图 2.8　$\overline{EA}$ 接高电平

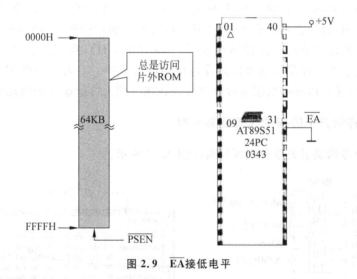

图 2.9　$\overline{EA}$ 接低电平

2. 程序存储器低端的几个特殊单元

程序存储器低端的一些地址被固定地用作特定的入口地址,如图 2.10 所示。

- 0000H：单片机复位后的入口地址；
- 0003H：外部中断 0 的中断服务程序入口地址；
- 000BH：定时/计数器 0 溢出中断服务程序入口地址；
- 0013H：外部中断 1 的中断服务程序入口地址；
- 001BH：定时/计数器 1 溢出中断服务程序入口地址；
- 0023H：串行口的中断服务程序入口地址；
- 002BH：增强型单片机定时/计数器 2 溢出或 T2EX 负跳变中断服务程序入口

地址。

地址 0000H 是复位入口,复位后单片机执行该处的指令进入主程序,如图 2.11 所示。

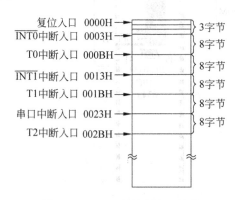

图 2.10　ROM 低端的入口地址　　　　图 2.11　基本程序存储结构

主程序执行时,如果开放了 CPU 中断,且某一中断被允许(图中为外部中断 0),当该中断事件发生时,就会暂时停止主程序的执行,转而去执行中断服务程序。编程时,通常在该中断入口地址中放入一条转移指令(如 LJMP 2000H),从而使该中断发生时,系统能够跳转到该中断在程序存储器区高端的中断服务程序。只有在中断服务程序长度少于 8 个字节时,才可以将中断服务程序直接放在相应的入口地址开始的几个单元中。

3. 程序存储器中的指令代码及其观察

程序存储器的映射关系及观察界面如图 2.12 所示。

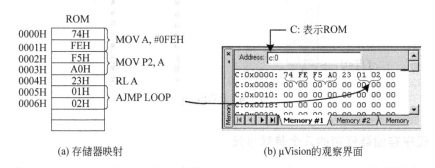

(a) 存储器映射　　　　　　　　　　(b) μVision的观察界面

图 2.12　存储器映射及观察界面

2.3.2　80C51 单片机数据存储器配置

80C51 单片机的数据存储器,分为片外 RAM 和片内 RAM 两大部分。

片内 RAM 共有 128B,分成工作寄存器区、位寻址区、通用 RAM 区三部分。基本型单片机片内 RAM 地址范围是 00H～7FH。增强型单片机片内除地址范围在 00H～7FH 的 128B RAM 外,又增加了 80H～FFH 的高 128B 的 RAM。增加的这一部分

RAM 仅能采用间接寻址方式访问(旨在与特殊功能寄存器(SFR)的访问相区别)。

　　片外 RAM 地址空间为 64KB,地址范围是 0000H～FFFFH。与程序存储器地址空间不同的是,片外 RAM 地址空间与片内 RAM 地址空间在地址的低端 0000H～007FH 是重叠的。这就需要采用不同的寻址方式加以区分。访问片外 RAM 时采用专门的指令 MOVX 实现,这时读($\overline{RD}$)或写($\overline{WR}$)信号有效;而访问片内 RAM 使用 MOV 指令,无读写信号产生,如图 2.13 所示。

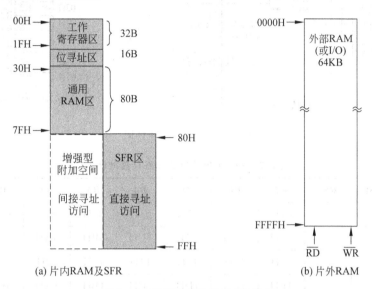

图 2.13　80C51 单片机 RAM 配置

　　在 80C51 单片机中,尽管片内 RAM 的容量不大,但它的功能多、使用灵活,在单片机应用系统设计时必须要周密考虑。

1. 工作寄存器区

　　片内 RAM 低端的 00H～1FH 共 32B,分成 4 个工作寄存器组,每组占 8 个单元。

　　(1) 寄存器 0 组:地址 00H～07H;

　　(2) 寄存器 1 组:地址 08H～0FH;

　　(3) 寄存器 2 组:地址 10H～17H;

　　(4) 寄存器 3 组:地址 18H～1FH。

　　每个工作寄存器组都有 8 个寄存器,分别称为:R0,R1,…,R7。程序运行时,只能有一个工作寄存器组作为当前工作寄存器组,如图 2.14 所示。**当前工作寄存器组的选择由特殊功能寄存器中的程序状态字寄存器 PSW 的 RS1、RS0 来决定**。可以对这两位进行编程,以选择不同的工作寄存器组。

　　工作寄存器组与 RS1、RS0 的关系及地址如表 2.2 所示。

　　当前工作寄存器组从某一工作寄存器组换至另一工作寄存器组时,原来工作寄存器组的各寄存器的内容将被屏蔽保护起来。利用这一特性可以方便地完成快速现场保护任务。

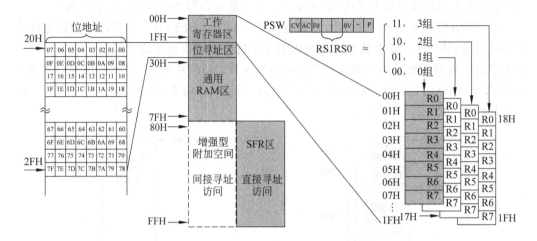

图 2.14　片内 RAM 详图

表 2.2　80C51 单片机工作寄存器地址表

组号	RS1	RS0	R7	R6	R5	R4	R3	R2	R1	R0
0	0	0	07H	06H	05H	04H	03H	02H	01H	00H
1	0	1	0FH	0EH	0DH	0CH	0BH	0AH	09H	08H
2	1	0	17H	16H	15H	14H	13H	12H	11H	10H
3	1	1	1FH	1EH	1DH	1CH	1BH	1AH	19H	18H

2. 位寻址区

内部 RAM 的 20H～2FH 共 16 个字节是位寻址区。其 128 位的地址范围是 00H～7FH。对被寻址的位可进行位操作。人们常将程序状态标志、位控制变量设在位寻址区内。对于该区未用到的单元也可以作为通用 RAM 使用。

位地址与字节地址的关系如表 2.3 所示。

表 2.3　80C51 单片机位地址表

字节地址	位 地 址							
	D7	D6	D5	D4	D3	D2	D1	D0
20H	07H	06H	05H	04H	03H	02H	01H	00H
21H	0FH	0EH	0DH	0CH	0BH	0AH	09H	08H
22H	17H	16H	15H	14H	13H	12H	11H	10H
23H	1FH	1EH	1DH	1CH	1BH	1AH	19H	18H
24H	27H	26H	25H	24H	23H	22H	21H	20H
25H	2FH	2EH	2DH	2CH	2BH	2AH	29H	28H

续表

字节地址	位　地　址							
	D7	D6	D5	D4	D3	D2	D1	D0
26H	37H	36H	35H	34H	33H	32H	31H	30H
27H	3FH	3EH	3DH	3CH	3BH	3AH	39H	38H
28H	47H	46H	45H	44H	43H	42H	41H	40H
29H	4FH	4EH	4DH	4CH	4BH	4AH	49H	48H
2AH	57H	56H	55H	54H	53H	52H	51H	50H
2BH	5FH	5EH	5DH	5CH	5BH	5AH	59H	58H
2CH	67H	66H	65H	64H	63H	62H	61H	60H
2DH	6FH	6EH	6DH	6CH	6BH	6AH	69H	68H
2EH	77H	76H	75H	74H	73H	72H	71H	70H
2FH	7FH	7EH	7DH	7CH	7BH	7AH	79H	78H

3. 通用 RAM 区

位寻址区之后的 30H～7FH 共 80 个字节为通用 RAM 区。这些单元可以作为数据缓冲器使用。该区域的操作指令非常丰富,数据处理方便灵活。

在实际应用中,堆栈一般设在 30H～7FH 的范围内。栈顶的位置由堆栈指针 SP 指示。复位时 SP 的初值为 07H,在系统初始化时通常要进行重新设置,目的是留出低端的工作寄存器和位寻址空间以便完成更重要的任务。

图 2.15 的左边表示 RAM 的 30H～3FH 含有数据 00H～0FH,右边为 μVision 软件运行的截屏图,在地址栏以 D 表示观察 RAM 区,20H 为观察 RAM 的起始地址。

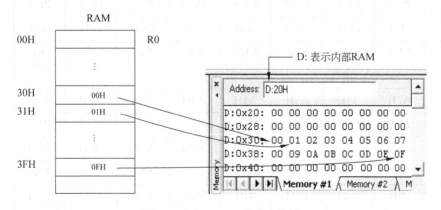

图 2.15　在 μVision 中观察结果

2.3.3　80C51单片机的特殊功能寄存器(SFR)

在80C51基本型中设置了与片内RAM统一编址的**21个特殊功能寄存器**,它们离散地分布在80H～FFH的地址空间中。字节地址能被8整除的(即十六进制的地址码尾数为0或8的)单元是具有位地址的寄存器。

对于80C51基本型单片机,SFR地址空间**有效的位地址共有83个**,如表2.4所示。

表2.4　SFR位地址及字节地址表

SFR	位地址/位符号(有效位83个)								字节地址
P0	87H	86H	85H	84H	83H	82H	81H	80H	**80H**
	P0.7	P0.6	P0.5	P0.4	P0.3	P0.2	P0.1	P0.0	
SP									81H
DPL									82H
DPH									83H
PCON	按字节访问,但相应位有规定含义								87H
TCON	8FH	8EH	8DH	8CH	8BH	8AH	89H	88H	**88H**
	TF1	TR1	TF0	TR0	IE1	IT1	IE0	IT0	
TMOD	按字节访问,但相应位有规定含义								89H
TL0									8AH
TL1									8BH
TH0									8CH
TH1									8DH
P1	97H	96H	95H	94H	93H	92H	91H	90H	**90H**
	P1.7	P1.6	P1.5	P1.4	P1.3	P1.2	P1.1	P1.0	
SCON	9FH	9EH	9DH	9CH	9BH	9AH	99H	98H	**98H**
	SM0	SM1	SM2	REN	TB8	RB8	TI	RI	
SBUF									99H
P2	A7H	A6H	A5H	A4H	A3H	A2H	A1H	A0H	**A0H**
	P2.7	P2.6	P2.5	P2.4	P2.3	P2.2	P2.1	P2.0	
IE	AFH	—	—	ACH	ABH	AAH	A9H	A8H	**A8H**
	EA	—	—	ES	ET1	EX1	ET0	EX0	
P3	B7H	B6H	B5H	B4H	B3H	B2H	B1H	B0H	**B0H**
	P3.7	P3.6	P3.5	P3.4	P3.3	P3.2	P3.1	P3.0	

SFR	位地址/位符号(有效位 83 个)								字节地址
IP	—	—	—	BCH	BBH	BAH	B9H	B8H	**B8H**
	—	—	—	PS	PT1	PX1	PT0	PX0	
PSW	D7H	D6H	D5H	D4H	D3H	D2H	D1H	D0H	**D0H**
	CY	AC	F0	RS1	RS0	OV	—	P	
ACC	E7H	E6H	E5H	E4H	E3H	E2H	E1H	E0H	**E0H**
	ACC.7	ACC.6	ACC.5	ACC.4	ACC.3	ACC.2	ACC.1	ACC.0	
B	F7H	F6H	F5H	F4H	F3H	F2H	F1H	F0H	**F0H**
	B.7	B.6	B.5	B.4	B.3	B.2	B.1	B.0	

注:(1) 寄存器名和对应的字节地址加黑者可以进行位寻址(字节地址以 0 或 8 结尾)。

(2) 寄存器名和对应的字节地址未加黑的寄存器只能按字节进行访问。

(3) 有些公司的产品为了增加功能会增加一些寄存器,如 AT89S51 增加了 5 个特殊功能寄存器(DP1L、DP1H、AUXR、AUXR1 和 WDTRST),具体的使用方法请查阅产品手册。

2.4 80C51 单片机并行口

80C51 单片机有 4 个 8 位的并行 I/O 口 P0、P1、P2 和 P3。各口均由口锁存器、输出驱动器和输入缓冲器组成。各口除可以作为字节输入输出外,它们的每一条口线也可以单独地用作位输入输出线。各口编址于特殊功能寄存器中,既有字节地址又有位地址。对口锁存器的读写操作,就可以实现 80C51 并行口的输入输出功能,并完成应用系统的人机接口任务。虽然各口的功能不同,且结构也存在着不少差异,但每个口自身的位结构是相同的。所以口结构的介绍均以其**位结构**进行说明。

2.4.1 P0 口、P2 口的结构

当不需要外部总线扩展(不在单片机芯片的外部扩展存储器芯片或其他接口芯片)时,P0 口、P2 口用作通用的输入输出口;当需要外部总线扩展(在单片机芯片的外部扩展存储器芯片或其他接口芯片)时,P0 口作为分时复用的低 8 位地址/数据总线,P2 口作为高 8 位地址总线。

1. P0 口的结构

P0 口由 1 个输出锁存器、1 个转换开关 MUX、2 个三态输入缓冲器、输出驱动电路和 1 个与门及 1 个反相器组成,如图 2.16 所示。

图中的控制信号 C 的状态决定 MUX 转换开关的位置。当 C=0 时,MUX 处于图中所示位置;当 C=1 时,MUX 拨向反相器输出端位置。

1) P0 用作通用 I/O 口(C=0)

当应用系统不进行片外总线扩展时(即不扩展存储器或接口芯片),P0 用作通用 I/O

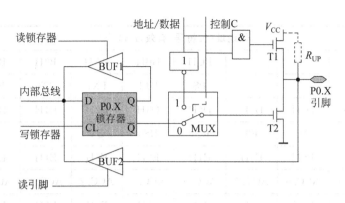

图 2.16　P0 口的位结构

口。在这种情况下,单片机硬件自动使 C=0,MUX 开关接向锁存器的反相输出端。另外,与门输出的"0"使输出驱动器的上拉场效应管 T1 处于截止状态。因此,输出驱动级工作在需外接上拉电阻 R_{UP} 的漏极开路方式。

(1) 作输出口时,CPU 执行口的输出指令,内部数据总线上的数据在"写锁存器"信号的作用下由 D 端进入锁存器,经锁存器的反相端送至场效应管 T2,再经 T2 反相,在 P0.X 引脚出现的数据正好是内部总线的数据。

(2) 作输入口时,数据可以读自口的锁存器,也可以读自口的引脚。这要根据输入操作采用的是"读锁存器"指令还是"读引脚"指令来决定。

执行"读—修改—写"类输入指令时(如 ANL P0,A),内部产生的"读锁存器"操作信号,锁存器 Q 端数据经 BUF1 进入内部数据总线,在与累加器 A 进行逻辑运算之后,结果又送回 P0 的口锁存器并出现在引脚。读口锁存器可以避免因外部电路原因使原口引脚的状态发生变化造成的误读(例如,用一根口线驱动一个晶体管的基极,在晶体管的射极接地的情况下,当向口线写 1 时,晶体管导通,并把引脚的电平拉低到 0.7V。这时若从引脚读数据,会把状态为 1 的数据误读为 0。若从锁存器读,则不会读错)。

执行 MOV 类输入指令时(如 MOV A,P0),内部产生的操作信号是"读引脚",引脚数据经 BUF2 进入内部数据总线。必须注意,在执行该类输入指令前要先把锁存器写入 1,目的是使场效应管 T2 截止,从而使引脚处于悬浮状态,可以作为高阻抗输入。否则,在作为输入方式之前曾向锁存器输出过 0,则 T2 导通会使引脚箝位在 0 电平,使输入高电平 1 无法读入。所以,P0 口在作为通用 I/O 口时,属于准双向口。

2) P0 用作地址/数据总线(C=1)

当应用系统进行片外总线扩展时(即扩展存储器或接口芯片),这时 P0 口用作地址/数据总线。在这种情况下,单片机内硬件自动使 C=1,MUX 开关接向反相器的输出端,这时与门的输出由地址/数据线的状态决定。

(1) 数据向总线输出时,低 8 位地址信息和数据信息分时出现在地址/数据总线上。若地址/数据总线的状态为 1,则场效应管 T1 导通、T2 截止,引脚状态为 1;若地址/数据总线的状态为 0,则场效应管 T1 截止、T2 导通,引脚状态为 0。可见 P0.X 引脚的状态正好与地址/数据线的信息相同。

（2）数据由总线输入时，首先低 8 位地址信息出现在地址/数据总线上，P0.X 引脚的状态与地址/数据总线的地址信息相同。然后，**CPU 自动地使转换开关 MUX 拨向锁存器**，并向 P0 口写入 FFH，同时"读引脚"信号有效，数据经缓冲器 BUF2 进入内部数据总线。由此可见，**P0 口作为地址/数据总线使用时是一个真正的双向口**。

2．P2 口的结构

P2 口由一个输出锁存器、一个转换开关 MUX、两个三态输入缓冲器、输出驱动电路和一个反相器组成。P2 口的位结构如图 2.17 所示。

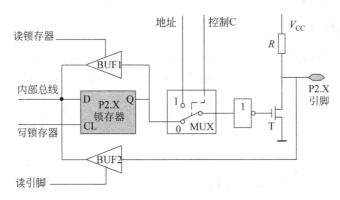

图 2.17　P2 口的位结构

图中的控制信号 C 的状态决定转换开关的位置。当 C＝0 时，开关处于图中所示位置；当 C＝1 时，开关拨向地址线位置。由图可见，**输出驱动电路与 P0 口不同，内部无上拉电阻**（由两个场效应晶体管并联构成，图中用等效电阻 R 表示）。

1）P2 用作通用 I/O 口（C＝0）

当不在单片机芯片外扩展总线；或者虽然扩展了片外总线，但采用"MOVX @Ri"类指令访问，且 P2 高 8 位地址线没有全部用到时（如 P2.7，P2.6，…），P2 口的口线（全部或部分）就可以作为通用 I/O 口线使用。

（1）执行输出指令时，内部数据总线的数据在"写锁存器"信号的作用下由 D 端进入锁存器，经反相器反相后送至场效应管 T，再经 T 反相，在 P2.X 引脚出现的数据正好是内部数据总线的数据。应注意，P2 口的输出驱动电路内部有上拉电阻。

（2）用作输入时，数据可以读自口的锁存器，也可以读自口的引脚。这要根据输入操作采用的是"读锁存器"指令还是"读引脚"指令来决定。

CPU 在执行"读—修改—写"类输入指令时（如 ANL P2，A），内部产生的"读锁存器"操作信号使锁存器 Q 端数据经 BUF1 进入内部数据总线，在与累加器 A 进行逻辑运算之后，结果又送回 P2 的口锁存器并出现在引脚。

CPU 在执行 MOV 类输入指令时（如 MOV A，P2），内部产生的操作信号是"读引脚"，引脚数据经 BUF2 进入内部数据总线。但要注意，在执行输入指令前要把锁存器写入 1，目的是使场效应管 T2 截止，从而使引脚处高阻抗输入状态。

所以，**P2 口在作为通用 I/O 口时，属于准双向口**。

2) P2 用作地址总线(C=1)

当需要在单片机芯片外部扩展程序存储器($\overline{EA}=0$)或扩展了 RAM(或接口芯片)且采用"MOVX @DPTR"类指令访问,单片机内部硬件会使 C=1,MUX 开关接向地址线,这时 P2.X 引脚的状态与地址线信息相同。

2.4.2　P1 口、P3 口的结构

P1 口是 80C51 的唯一的单功能口,仅能用作通用的数据输入输出口。P3 口是双功能口,除具有数据输入输出功能外,每一口线还具有特殊的第二功能。

1. P1 口的结构

P1 口的位结构如图 2.18 所示。由图可见,P1 口由 1 个输出锁存器、2 个三态输入缓冲器和输出驱动电路组成。输出驱动电路与 P2 口相同,内部设有上拉电阻。

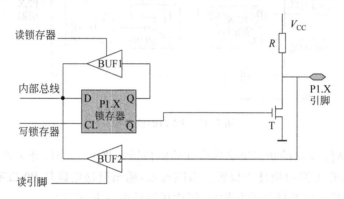

图 2.18　P1 口的位结构

P1 口是通用的准双向 I/O 口。由于内部有约 $30\text{k}\Omega$ 的上拉电阻,引脚可以不接上拉电阻。用作输入时,必须向口锁存器先写入 1。

2. P3 口的结构

P3 口的位结构如图 2.19 所示。

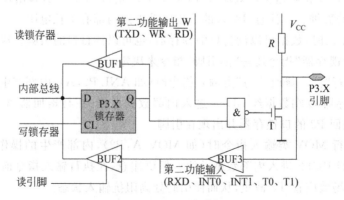

图 2.19　P3 口的位结构

P3 口由 1 个输出锁存器、3 个输入缓冲器(其中两个为三态)、输出驱动电路和 1 个与非门组成。输出驱动电路与 P2 口和 P1 口相同。

1) P3 用作第一功能的通用 I/O 口(字节或位寻址操作时)

当 CPU 对 P3 口进行字节或位寻址操作时(多数应用场合是把几条口线设为第二功能,另外几条口线设为第一功能,这时宜采用位寻址方式),单片机内部的硬件自动将第二功能输出线的 W 置 1。这时,对应的口线为通用 I/O 口方式。

作为输出时,锁存器的状态(Q 端)与输出引脚的状态相同;作为输入时,也要先向口锁存器写入 1,使引脚处于高阻输入状态。输入的数据在"读引脚"信号的作用下,进入内部数据总线。所以,**P3 口在作为通用 I/O 口时,也属于准双向口。**

2) P3 用作第二功能使用(不进行字节或位寻址时)

当 CPU 不对 P3 口进行字节或位寻址时,单片机内部硬件自动将口锁存器的 Q 端置 1。这时,P3 口可以作为第二功能使用。各引脚的定义如下:

- P3.0：RXD(串行口输入);
- P3.1：TXD(串行口输出);
- P3.2：$\overline{\text{INT0}}$(外部中断 0 输入);
- P3.3：$\overline{\text{INT1}}$(外部中断 1 输入);
- P3.4：T0(定时器 0 的外部输入);
- P3.5：T1(定时器 1 的外部输入);
- P3.6：$\overline{\text{WR}}$(片外数据存储器"写"选通控制输出);
- P3.7：$\overline{\text{RD}}$(片外数据存储器"读"选通控制输出)。

P3 口相应的口线处于第二功能,应满足的条件是:串行 I/O 口处于运行状态(RXD,TXD);外部中断已经打开($\overline{\text{INT0}}$、$\overline{\text{INT1}}$);定时器/计数器处于外部计数状态(T0,T1);执行读/写外部 RAM 的指令($\overline{\text{RD}},\overline{\text{WR}}$)。

作为输出功能的口线(如 TXD),由于该位的锁存器已自动置 1,与非门对第二功能输出是畅通的,即引脚的状态与第二功能输出是相同的。

作为输入功能的口线(如 RXD),由于此时该位的锁存器和第二功能输出线均为 1,场效应晶体管 T 截止,该口引脚处于高阻输入状态。引脚信号经输入缓冲器 BUF3 进入单片机内部的第二功能输入线。

2.5　80C51 单片机最小系统

80C51 单片机内部包含了 CPU、存储器和 I/O 接口,即包含了微型计算机的基本部件。要想构建一个单片机的应用系统,尚需扩展一些辅助的部件,如复位电路、晶振电路等。单片机芯片加上复位电路及晶振电路就构成了单片机最小系统。单片机最小系统是构成单片机应用系统的基本硬件单元。可以根据实际需要,在最小系统的基础上,进行灵活地扩充,以适应不同应用系统的特殊需求。

2.5.1　最小系统的硬件构成

最小系统的构成如图 2.20 所示。

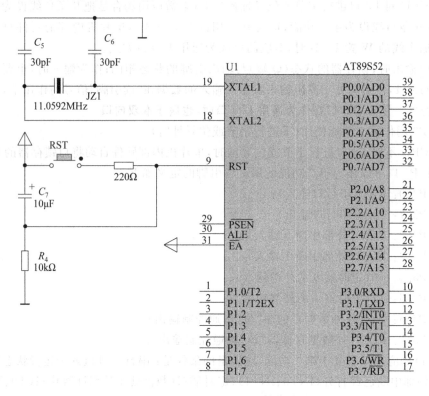

图 2.20　单片机最小系统电路

2.5.2　最小系统添加简单 I/O 设备

最小系统增加简单 I/O 设备电路如图 2.21 所示。

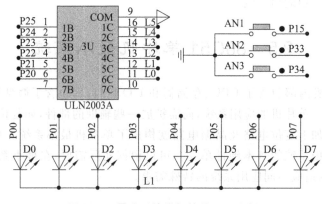

图 2.21　最小系统增加简单 I/O 设备

图中 2003 是集成达林顿管驱动电路(ULN2003)。采用集电极开路输出,输出电流大,可直接驱动继电器或固体继电器,也可直接驱动低压灯泡。其输出端允许电流为 200mA,饱和压降约 1V 左右,耐压约为 36V。单片机驱动 2003 时,上拉电阻约为 1kΩ 左右,引脚 9 应该接电源(或悬空)。

图中接有 8 个 LED 二极管,用于输出简单的系统运行信息。二极管阴极由 2003 驱动,若单片机 P2.1 引脚输出 1,反相后 L1 为低电平,为发光二极管导通创造了条件,P0 口只要送出显示信息,发光二极管相应位就会点亮。若 P2.1 输出 0,则所有发光二极管都要熄灭。

注意:单片机 P0 口接有 1kΩ 的上拉电阻排(图中未画出)。

2.6　渐进实践
——发光二极管闪烁的实现与硬件仿真

本实践的目的是体验单片机应用系统的开发过程,下面的程序无需详细分析。控制原理请参考图 2.20 和图 2.21,可以搭建电路。

1. 单片机仿真器的选择

单片机应用系统开发时经常用到硬件仿真器,图 2.22 给出了两种典型的仿真器。

图 2.22　两种典型的仿真器

仿真的目的是利用仿真器的资源(CPU、存储器和 I/O 设备等)来模拟单片机应用系统(即目标机)的 CPU 或存储器,并跟踪和观察目标系统的运行状态。

2. 单片机的控制任务

在单片机的 P2.1 引脚加高电平,经驱动器后 L1 为低电平。P0 口的 8 个引脚经过限流电阻分别接发光二极管,当 P0 口的某个引脚输出高电平时相应的发光二极管就点亮(注:单片机 P0～P3 口均接有上拉电阻,图中未画出)。

应用程序运行时按照一定的规律控制 P0 口相应引脚的电平,从而就可以使 8 个发光二极管按照某种规律亮灭。

3. 配置仿真器软件

单片机仿真器生产厂为仿真器配置了驱动程序,只要根据仿真器驱动程序安装说明就可以将驱动程序安装在 PC 上。在 μVision 软件中的 Debug 标签上,选择硬件仿真方式,并在下拉选项中配置该仿真器对应的驱动程序,如图 2.23 所示。

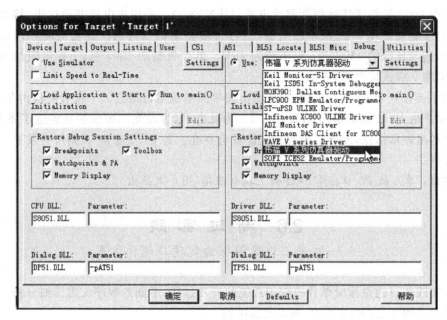

图 2.23　仿真器驱动程序配置

4. 编写应用程序

```c
#include<reg51.h>

void Delay()
{
    unsigned int i;
    for(i=0;i<30000;i++);
}

void main(void)
{
    P2=0x02;                    //使共阴极为低电平,见图 2.21
    while(1)
    {
        P0=0xFF;
        Delay();
        P0=0x00;
        Delay();
    }
}
```

5. 硬件仿真调试

该程序的功能是调用延时程序,在 P0 口分时输出点亮代码,即在 LED 上实现流水灯功能。硬件仿真器与 μVision 软件建立通信联系后，就可以利用 μVision 软件的单步执行、断点执行以及全速执行等功能进行硬件调试。

6. 目标程序固化

（1）目标程序固化有三种方法，第一种方法是选用具有串口编程固化能力的单片机芯片，如 STC89C52RC 芯片，此时要求单片机应用系统电路板具备通用串行接口（该电路板上的 STC89C52RC 单片机的串口引脚经 MAX232 芯片转换为 RS-232 电平）；第二种方法是选用 AT89S52 单片机，这时就要准备 ISP 接口进行编程固化；第三种方法是利用通用的编程器。为了方便，这里选用第一种方法。

（2）准备串口连接线，通常是 3 线 9 针（孔）连接线，也可以是 USB 转串口线。将单片机应用板串口与 PC 串口相连。

（3）启动 STC 单片机串口下载软件，如图 2.24 所示。完成以下配置：

- 选择单片机芯片型号。
- 选择下载的可执行程序。
- 选择 PC 可用的串口。
- 单击"Download/下载"按钮。

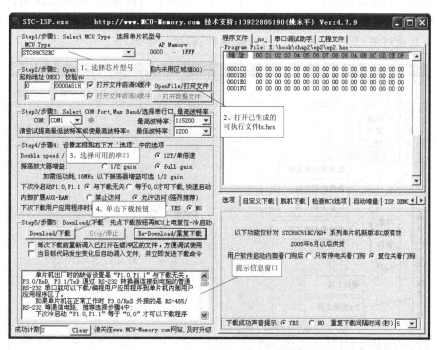

图 2.24　STC 单片机下载工具界面

（4）单击"Download/下载"命令按钮时，单片机应用板应处于断电状态。单击"Download/下载"命令按钮，经过几秒时间后，在信息窗口会提示"请给 MCU 上电---"，这时给单片机应用板上电就会启动单片机应用程序写入过程。

（5）写入过程完成后会有相应提示，同时写入的程序会自动运行。

注意：专用编程器写入及 ISP 型单片机写入请参照有关说明书。

2.7 渐 进 实 践

——发光二极管闪烁的 Proteus 软件仿真

软件仿真可以利用 μVision 软件 Dubug 标签的 Simulator 选项进行,但其仿真能力较弱,所以通常仅用于进行程序逻辑错误的排查及程序的功能模拟。

Proteus 软件是不仅能够对单片机程序进行逻辑仿真,还能对多种单片机外围接口器件进行功能仿真。**该仿真软件的基本操作方法请查阅本书的附录 A**,这里仅就一个简单的示例对仿真操作步骤进行说明。

1. 准备 Proteus 软件

Proteus 软件已经推出了许多版本,目前最新版为 8.0 版。考虑学习资源的方便性,推荐采用 Proteus7.10 或 Proteus7.8 版。

启动 Proteus 软件后的界面如图 2.25 所示,该界面除了与一般工程软件类似的菜单及常用快捷工具外,还设置了三个窗口及一些工具条:编辑窗口(显示正在编辑的电路图)、预览窗口(显示正在编辑的电路缩略图或正选中的对象)、对象选择窗口(显示拾取的元件及其他对象)及工具条(元件、连线、探针、虚拟仪器等)。

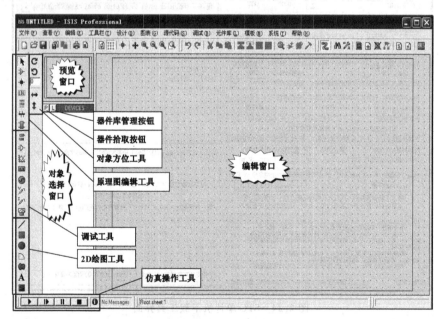

图 2.25 Proteus 的界面

2. 绘制原理图

(1) 新建文件。选择"文件"菜单,在弹出的下拉菜单中选择"新建设计",在弹出的

"图幅选择"对话框中选择 DEFAULT,并以一个新建的设计文件名称存盘。

(2)拾取元件。在对象选择窗口顶端,单击 P 按钮,在弹出的 Pick Devices 界面的"关键字"输入框中输入 at89c52,这时就会出现对应 AT89C52 单片机的 2 个元件,选中一个并双击左键,该元件就会立即出现在元件拾取列表窗口中。这时可以关闭 Pick Devices 界面。

(3)元件放入编辑窗口。在对象选择窗口,用鼠标左键选中 AT89C52,这时选中的元件会在预览窗口出现,系统进入"元件模式"(图标 ➡ 处于有效状态)。将鼠标移到编辑窗口后,鼠标的"箭头"图标会自动变成"笔型"图标,单击鼠标左键后选中的元件就配置到了该设计中。依同样的方法可以再加入其他器件(注意关键字:电阻:RES;电阻排:RESPACK-8;电容:CAP;电解电容:CAP-ELEC;LED 灯:LED)。电源和地用工具条的"终端模式"进行选择。

(4)连线。Proteus 在"元件模式"、"选择模式"(图标 ⬏ 处于有效状态)等多种模式下均有自动对焦连线热点功能,利用鼠标左键会很方便地将各元件连接成整体电路。为了避免多根交叉连线产生的视觉混乱,也可以采用定义引脚的网络标号的方法进行"逻辑"连接,相同网络标号的引脚在逻辑上是连接在一起的。

经过以上步骤后得到的该系统原理图如图 2.26 所示。

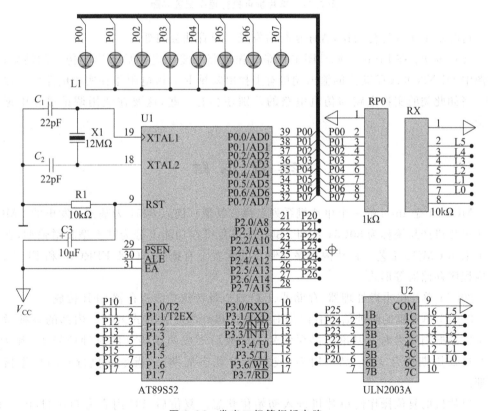

图 2.26 发光二极管闪烁电路

3. 仿真运行

在 Proteus 电路图中双击单片机元件,会弹出图 2.27 所示的界面。在相应的输入框中选择已经由 μVision 软件生成的可执行文件。

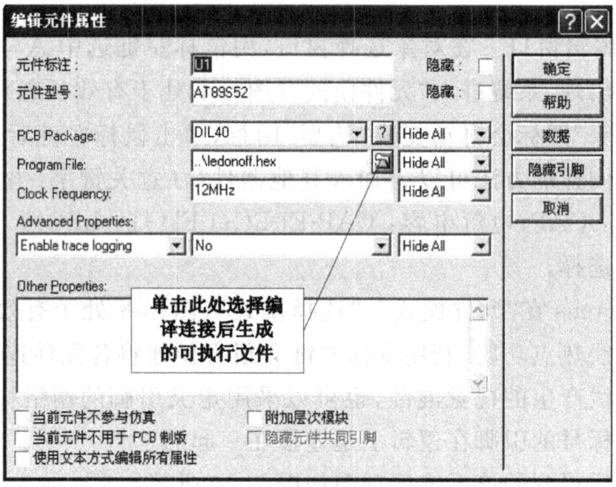

图 2.27 单片机可执行程序配置界面

这时单击仿真运行按钮,程序运行后发光二极管就会闪烁。

几点说明:在 Proteus 原理图中省略晶振电路和复位电路后不影响仿真的结果;原理图中 ULN2003A 驱动器的输出端接有上拉电阻排 RX,该电阻排在实物电路中可以不加。诸如此类的实物电路与仿真电路的差别还会有一些,这要在使用调试过程中逐一体会。

本 章 小 结

MCS-51 是 Intel 的一个单片机系列名称。其他厂商以 8051 为基核开发出的 CMOS 工艺单片机产品统称为 80C51 系列。80C51 单片机在功能上分为基本型和增强型,在制造上采用 CMOS 工艺。在片内程序存储器的配置上有掩膜 ROM、EPROM 和 Flash、无片内程序存储器等形式。

80C51 单片机由微处理器、存储器、I/O 口以及特殊功能寄存器 SFR 构成。

80C51 单片机的时钟信号有内部时钟方式和外部时钟方式两种。内部的各种微操作都以晶振周期为时序基准。晶振信号二分频后形成两相错开的时钟信号 P_1 和 P_2。一个机器周期包含 12 个晶振周期(或 6 个 S 状态周期)。指令的执行时间称作指令周期。

单片机的复位操作使单片机进入初始化状态。复位后,PC 内容为 0000H,P0～P3口内容为 FFH,SP 内容为 07H,SBUF 内容不定,IP、IE 和 PCON 的有效位为 0,其余的特殊功能寄存器的状态均为 00H。

　　80C51 单片机的存储器在物理上设计成程序存储器和数据存储器两个独立的空间。片内程序存储器容量为 4KB,片内数据存储器为 128B。

　　片内 RAM 低端的 00H～1FH 共 32B,分成 4 个工作寄存器组,每组占 8 个单元。程序运行时,只能有一个工作寄存器组作为当前工作寄存器组。当前工作寄存器组的选择由特殊功能寄存器中的程序状态字寄存器 PSW 的 RS1、RS0 来决定。

　　内部 RAM 的 20H～2FH 共 16 个字节是位寻址区。其 128 位的地址范围是 00H～7FH。对被寻址的位可进行位操作。人们常将程序状态标志、位控制变量设在位寻址区内。对于该区未用到的单元也可以作为通用 RAM 使用。

　　位寻址区之后的 30H～7FH 共 80B 为通用 RAM 区。这些单元可以作为数据缓冲器使用。这一区域的操作指令非常丰富,数据处理方便灵活。

　　在 80C51 基本型中设置了与片内 RAM 统一编址的 21 个特殊功能寄存器,它们离散地分布在 80H～FFH 的地址空间中。字节地址能被 8 整除的(即十六进制的地址码尾数为 0 或 8 的)单元是具有位地址的寄存器。

　　80C51 单片机有 4 个并行 I/O 口。各口均由口锁存器、输出驱动器和输入缓冲器组成。P1 口是唯一的单功能口,仅能用作通用的数据输入输出口。P3 口是双功能口,除具有数据输入输出功能外,每一条口线还具有不同的第二功能。在需要外部程序存储器和数据存储器扩展时,P0 口为分时复用的低 8 位地址/数据总线,P2 口为高 8 位地址总线。

思考题及习题

　　1. 80C51 单片机在功能上、程序存储器的配置上主要有哪些分类?

　　2. 80C51 基本型的存储器地址空间如何划分? 各空间的地址范围和容量如何?

　　3. 80C51 单片机晶振频率分别为 12MHz、11.0592MHz 时,机器周期分别为多少?

　　4. 80C51 单片机复位后的状态如何? 常用的复位方法有哪些?

　　5. 80C51 单片机的片内、片外程序存储器和片内、片外数据存储器访问如何进行区分?

　　6. 80C51 单片机当前工作寄存器组如何选择?

　　7. 80C51 单片机的 PSW 寄存器各标志位的意义如何?

　　8. 80C51 单片机的控制总线信号有哪些? 各信号的作用如何?

　　9. 80C51 单片机的程序存储器低端的几个特殊单元的用途如何?

　　10. 80C51 单片机的 P0～P3 口在结构和功能上有何异同?

第 3 章

80C51 的 C51 语言程序设计

学习目标

(1) 了解 C51 应用程序设计的一般步骤。

(2) 掌握 C51 对 ANSI C 的主要扩充。

(3) 熟悉 C51 语言典型程序设计的方法。

重点内容

(1) C51 的数据类型、存储器分区和编译模式。

(2) C51 的中断函数定义及使用要点。

(3) C51 的单片机片内、片外资源编程方法。

单片机应用系统的程序设计,可以采用汇编语言完成,也可以采用 C 语言实现。汇编语言对单片机内部资源的操作直接简捷、生成的代码紧凑;**C 语言在可读性和可重用性上具有明显的优势**,特别是由于近年来 Keil C51 的推出,设计人员更趋于采用 C51 语言进行单片机程序设计。

能够对 80C51 单片机硬件进行操作的 C 语言统称为 C51 语言。在众多的 C51 编译器中,以 Keil 公司的 C51 最受欢迎,这是因为 Keil C51 不仅编译速度快,代码生成效率高,还配有 μVision 集成开发环境及 RTX51 实时操作系统。以下叙述中提到的 C51 均指 Keil C51。

3.1 C51 对标准 C 的扩展

C51 对标准 C(ANSI C)进行了扩展。这些扩展主要是针对单片机存储器性质和分区特征、特殊的位寻址方式等进行的。由于 C51 与标准 C 基本兼容,本章仅介绍 C51 的扩展内容。

3.1.1 C51 的数据类型

数据包含常量和变量,它们都是计算机操作的对象。数据类型就是数据的格式,它决定数据的值域范围、占用存储单元的个数及能参与哪种运算。在汇编语言中,存放数据的存储单元要用 DB 和 DS 等伪指令进行规划定义,数据处理操作非常繁琐,容易产生错误；在 C51 中，设计人员只需要根据数据表示的值域范围定义好数据类型及存储分区，C51 的编译系统会自动确定相应的存储单元并进行管理。C51 常用的数据类型如表 3.1 所示。

表 3.1　C51 常用数据类型

数 据 类 型		长度（位）	取 值 范 围
字符型	signed char	8	−128～127
	unsigned char	8	0～255
整型	signed int	16	−32 768～32 767
	unsigned int	16	0～65 535
长整型	signed long	32	−21 474 883 648～21 474 883 647
	unsigned long	32	0～4 294 967 295
浮点型	float	32	±1.75 494E−38～±3.402 823E+38
SFR 型	**sfr**	**8**	**0～255**
	sfr16	**16**	**0～65 535**
位型	**bit**	**1**	**0，1**
	sbit	**1**	**0，1**

注：粗体字表示 C51 扩展数据类型。

编译系统默认数据为有符号格式。由于使用有符号格式（signed）时，编译器要进行符号位检测，并要调用库函数，生成的程序代码比无符号格式长得多，程序运行速度将减慢，占用的存储空间也会变大，出现错误的概率将会增加。通常情况下，**应尽可能采用无符号格式**（unsigned）。多字节定点数在存储器中采用"大端对齐"存储结构，即数据的低字节内容存放在存储器的高地址端单元。

SFR 型是 C51 扩展的数据类型。sfr 用于声明字节型（8 位）特殊功能寄存器；sfr16 用于声明字型（16 位，2 个相邻的字节）特殊功能寄存器。例如：

```
sfr P0=0x80;          //声明 P0 口为字节型特殊功能寄存器,地址 0x80
sfr16 T2=0xcc;        //声明 T2 为字型特殊功能寄存器,首址 0xcc
```

位型也是 C51 扩展的数据类型。bit 用于**定义**定位在内部 RAM 的 20H～2FH 单元的**位变量**，位地址范围是 00～7FH，编译器对位地址进行自动分配；sbit 用于**声明**定位在 sfr 区域的**位变量**（或位寻址区变量的某确定位），编译器不自动分配位地址。另外，还要注意使用方法的不同，例如：

```
bit  myflag=0;        //定义 myflag,位地址由编译器在 00～7FH 范围分配,并赋初始值 0
sbit  OV=0xd2;        //声明位变量 OV 的位地址为 0xd2,=号的含义是声明,不表示赋值
```

3.1.2　C51 数据的存储分区

C51 是面向 80C51 单片机的编程语言，程序中用到的数据必须用关键字定位于单片

机相应的存储分区中。C51 编译器支持的数据存储分区如表 3.2 所示。

表 3.2　C51 数据的存储分区

存储分区	对应的存储器及寻址方式	
bdata	片内 RAM	位寻址区,共 128 位(也可以按字节寻址)
data		直接寻址,共 128B
idata		间接寻址,共 256B(MOV　@Ri)
pdata	片外 RAM	分页寻址,共 256B(MOVX　@Ri)
xdata		间接寻址,共 64KB(MOVX　@DPTR)
code	ROM	间接寻址,共 64KB(MOVC　A,@A+DPTR)

对于单片机,访问片内 RAM 比访问片外 RAM 速度要快得多,所以**经常使用的变量应该置于片内 RAM 中,要用 bdata、data、idata 来定义**;不经常使用的变量或规模较大的变量应该置于片外 RAM 中,要用 pdata、xdata 来定义。例如:

```
bit bdata flags;              //位变量 flags 定位在片内 RAM 的位寻址区
char data var;                //字符变量 var 定位在片内 RAM 区
float idata x,y;              //实型变量 x,y 定位在片内间址 RAM 区
unsigned char pdata z;        //无符号字符变量 z 定位在片外分页间址 RAM 区
```

3.1.3　C51 的编译模式

编译模式决定代码和变量的规模。C51 编译模式与变量的默认存储分区如表 3.3 所示。

表 3.3　编译模式与变量默认存储分区

编译模式	默认存储分区	特　　点
SMALL	data	变量在片内 RAM。空间小,速度快,适用于小程序
COMPACT	pdata	变量在片外 RAM 的一页(256 字节)
LARGE	xdata	变量在片外 RAM 的 64KB 范围。空间大,速度慢

注: 在 μVision 中,存储模式在 Options for Target 1→Target→Memory Model 中设定。

未对变量存储分区定义时,C51 编译器采用默认存储分区。例如:

```
char  var;                //在 SMALL 模式时,var 定位于 data 存储区
                          //在 COMPACT 模式时,var 定位于 pdata 存储区
                          //在 LARGE 模式时,var 定位于 xdata 存储区
```

3.1.4　用_at_定义变量绝对地址

在 C51 中,可以用"_at_"定位全局变量存放的首地址。例如:

```
idata  int  y_at_ 0x30;              //idata 中全局变量 y 的首地址为 0x30
y= 0xaa;                             //整型变量 y 赋值 0xaa
xdata char string[20] _at_ 0x3000;  //xdata 中字符型数组 string 的首地址为 0x3000
```

　　对于外设接口地址的定义，要用 volatile 进行说明，其目的是可以有效地避免编译器优化后出现不正确的结果。volatile 的含义是每次都重新读取原始内存地址的内容，而不是直接使用保存在寄存器里的备份。

　　注意：C51 编程时变量的定位最好由编译器完成，用户不要轻易使用绝对地址定位变量。

3.2　C51 的指针

　　对于变量 a，可用 &a 表示 a 的地址，这时"把 a 的地址赋给指针变量 p"可以表示成语句：

```
p=&a;                    //p 为指针变量，其值为变量 a 的地址，即 p 指向了变量 a
```

　　利用指针运算符"＊"可以获得指针所指向变量的内容，即：＊p 表示变量 a 的内容。例如：

```
char  * p;               //指针 p 指向字符型数据
p=0x30;                  //指针赋值地址 0x30
```

　　指针也是一种变量，同样要存储在某一存储器中，定义时可以显式地进行声明。例如：

```
char * data  p;          //p 指向字符型数据，指针本身存储在 data 区
```

3.2.1　已定义数据存储分区的指针

　　已定义数据存储分区的指针又称为**基于存储器的指针**，在定义时就已指定了所指向数据的存储分区，例如：

```
char idata * data p;     //p 指向 idata 区的字符型数据，指针本身存储在 data 区
```

　　基于存储器的指针长度为单字节或双字节，可以节省存储器资源。例如：

```
char  data * str;        //单字节指针指向 data 空间的 char 型数据
int  xdata * num;        //双字节指针指向 xdata 空间的 int 型数据
```

　　由于基于存储器的指针指向数据的存储分区在编译时就已经确定，所以运行速度比较快。但它所指向数据的存储器分区是确定的，故其兼容性不够好。

3.2.2　未定义数据存储分区的指针

　　定义指针变量时，**未定义**它所指向**数据**的存储分区，这样的指针又称为**通用指针**（或

一般指针)。存放通用指针要占用 3 个字节:

- 第一字节为指针所指向数据的存储分区编码(由编译模式的默认值确定)。
- 第二字节为指针所指向数据的高字节地址。
- 第三字节为指针所指向数据的低字节地址。

通用指针存储分区编码如表 3.4 所示。

表 3.4　通用指针的存储分区编码表

存储器分区	bdata/data/idata	xdata	pdata	code
编码	0x00	0x01	0xfe	0xff

注:适用于 C51 编译器 V5.0 以上版本。

例如,指向的数据在 xdata 储存分区、地址为 0x1234 时,该指针表示为:第一字节为 0x01,第二字节为 0x12,第三字节为 0x34。

通用指针用于存取任何变量而不必考虑变量在 80C51 单片机存储空间。许多 C51 库函数就采用通用指针。由于所指向数据的存储空间在编译时未确定,因此必须生成一般代码以保证对任意空间的数据进行存取。所以**通用指针所产生的代码速度要慢一些**。

3.2.3　利用指针实现绝对地址访问

利用关键字"_at_"定义变量可以实现绝对地址存储单元的访问,还可以利用指针实现绝对地址存储单元的访问。例如:

```
unsigned char data * p;        //定义指针 p,指向内部 RAM 数据
p= 0x40;                       //指针 p 赋值,指向内部 RAM 的 0x40 单元
* p= 0x55;                     //数据 0x55 送入内部 RAM 的 0x40 单元
```

为了编程方便,C51 编译器还提供了一组宏定义以实现对 80C51 单片机绝对地址的访问。这组宏定义原型放在 absacc.h 文件中,该文件包含如下语句:

```
#define CBYTE ((unsigned char volatile code  * ) 0)
#define DBYTE ((unsigned char volatile data  * ) 0)
#define PBYTE ((unsigned char volatile pdata * ) 0)
#define XBYTE ((unsigned char volatile xdata * ) 0)
#define CWORD ((unsigned int volatile code   * ) 0)
#define DWORD ((unsigned int volatile data   * ) 0)
#define PWORD ((unsigned int volatile pdata  * ) 0)
#define XWORD ((unsigned int volatile xdata  * ) 0)
```

这里把 CBYTE 定义为((unsigned char volatile code *) 0),而(unsigned char volatile code *)对常值地址"0"进行强制类型转换,**形成一个指针**,指向了 code 区的 0 地址单元。因此 CBYTE 可以用于以字节形式对 code 区进行访问。类似地 DBYTE、PBYTE、XBYTE 用于以字节形式对 data 区、pdata 区和 xdata 区进行访问;CWORD、DWORD、PWORD 和 XWORD 用于以字形式对 code 区、data 区、pdata 区和 xdata 区进

行访问。例如：

```
* (DBYTE)=0x55H;                    //将 0x55H 传送到内部 RAM 的 00H 单元
* (DBYTE+30H)=0x45H;               //将 0x45H 传送到内部 RAM 的 30H 单元
```

由于在 C 语言中指针与数组的密切关系，这些指针还可以表示成数组，这种数组形式对于初学者可能更直观方便。例如：

```
DBYTE[0]=0x55H;                    //将 0x55H 传送到内部 RAM 的 00H 单元
DBYTE[30H]=0x45H;                  //将 0x45H 传送到内部 RAM 的 30H 单元
```

注意：C51 编程时用户不要轻易采用指针向绝对地址单元赋值。因为采用绝对地址赋值可能破坏 C51 编译系统构造的运行环境。

3.2.4　C51 程序编写示例

在 μVision 集成开发环境下，先编写 C51 源程序；然后建立工程文件，加入 C51 源程序；经过连接生成目标文件；进而进行软件模拟调试或硬件仿真调试；调试无误，再将生成的单片机可执行目标代码写到程序存储器中。这一过程如图 3.1 所示。

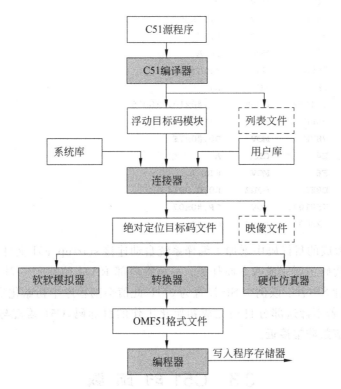

图 3.1　C51 语言程序开发过程示意图

在形成目标码程序的过程中，C51 的编译系统还**自动完成了一些初始化工作**，如下例所示。

【例 3-1】 将 30H 至 3FH 共 16 个 RAM 单元初始化为 55H。

```c
#include<reg52.h>
#include<absacc.h>

void main(void)
{
    unsigned char i;
    for (i=0;i<=15;i++)
    {
        DBYTE[0x30+i]=0x55;
    }
    while(1);
}
```

将源程序以 ep3_1.c 存盘,经编译生成目标码文件,反汇编如下:

```
C:0x0000    020011    LJMP    C:0011
C:0x0003    E4        CLR     A
C:0x0004    FF        MOV     R7,A
C:0x0005    7430      MOV     A,#0x30
C:0x0007    2F        ADD     A,R7
C:0x0008    F8        MOV     R0,A
C:0x0009    7655      MOV     @R0,#0x55
C:0x000B    0F        INC     R7
C:0x000C    BF10F6    CJNE    R7,#0x10,C:0005
C:0x000F    80FE      SJMP    C:000F
C:0x0011    787F      MOV     R0,#0x7F
C:0x0013    E4        CLR     A
C:0x0014    F6        MOV     @R0,A
C:0x0015    D8FD      DJNZ    R0,C:0014
C:0x0017    758107    MOV     SP,#0x07
C:0x001A    020003    LJMP    C:0003
```

C51 程序形成的目标码中增加了编译系统自动连接 startup.a51 文件生成的代码(加粗部分),这些代码主要完成两方面任务:一是将内部 RAM 的 00H~7FH 单元清 0;二是设置堆栈指针 SP(注:该例中 SP 设置为 07H,此值会随程序中初始化变量的个数及类型发生变化)。若不计这部分自动完成初始化工作的目标码,**C51 语言与汇编语言形成的目标码的字节数非常接近。**

3.3　C51 的 函 数

C51 程序由主函数和若干子函数构成,函数是构成 C51 程序的基本模块。C51 函数可分为两大类,一是系统提供的库函数,二是用户自定义的函数。库函数及自定义函数在被调用前要进行说明。库函数的说明由系统提供的若干头文件分类实现,自定义函数说明由用户在程序中依规则完成。

3.3.1　C51 的函数定义

在 C51 语言中,函数的定义形式为:

返回值类型　函数名 (形式参数列表) [编译模式] [reentrant] [interrupt n] [using n]
{
　　函数体
}

当函数没有返回值时,要用关键字 void 明确说明。形式参数的类型要明确说明,对于无形参的函数,括号也要保留。

【例 3-2】　延时毫秒函数示例(晶振 11.0592MHz)。

```
void DelayMs(unsigned int n)                 //延时函数
{
    unsigned char j;

    while (n--)
    {
        for (j=0; j<113; j++);
    }
}
```

该函数是用 C51 语言编写的延时程序,其延时时间尽管不能像汇编语言延时程序那样计算得十分准确,但利用 μVision 集成开发环境的 Registers 窗口中的 sec 数值还是可以调试得比较满意的。

3.3.2　C51 函数定义的选项

C51 函数定义有几个重要选项,下面分别予以介绍。

1. 编译模式

可以定义为 SMALL、COMPACT 或 LARGE,用来指定函数中局部变量和参数的存储器空间。

- SMALL 模式:默认变量在片内 RAM;
- COMPACT 模式:默认变量在片外 RAM 的页内;
- LARGE 模式:默认变量在片外 RAM 的 64KB 范围。

2. reentrant(定义重入函数)

如果函数是可重入的,当该函数正在被执行时,可以再次被调用。在 ANSI C 中,函数默认都是可重入的,因为系统具有足够大的堆栈空间。但一般的 80C51 单片机的硬件堆栈空间非常有限的(最大不超过256B),这部分空间编译器有时还要用作保存函数参数或局部变量,因此,**C51 函数默认是不可重入的**。

C51 编译器为声明为可重入的函数构造一种模拟堆栈(相对于系统堆栈或是硬件堆栈来说),通过这个模拟栈来完成参数传递和存放局部变量。模拟栈以全局变量?C_IBP、?C_PBP 和 ?C_XBP 作为栈指针(硬件堆栈的栈指针为SP),这些变量定义在数据空间,并且可在文件 startup.a51 中进行初始化。

根据编译时采用的存储器模式,模拟栈区可位于内部(IDATA)或外部(PDATA 或 XDATA)存储器中,如表 3.5 所示。

表 3.5 不同编译模式对应的模拟栈区

存储模式	栈指针(字节数)	特 点
SMALL	?C_IBP(1B)	间接访问的内部数据存储器(IDATA),栈区最大为256B
COMPACT	?C_PBP(1B)	分页寻址的外部数据存储器(PDATA),栈区最大为256B
LARGE	?C_XBP(2B)	外部数据存储器(XDATA),栈区最大为64KB

使用可重入函数会消耗较多的存储器资源,应该尽量少用,还应注意**在可重入函数中不使用位参数和位局部变量**。

使用不可重入的函数时(注:许多 C51 的库函数是不可重入的),要注意使用限制:不能进行递归调用;不能在被前台程序调用时同时又被中断程序(后台)调用;不能在多任务实时操作系统中被不同的任务同时调用。

3. interrupt n(定义中断函数)

n 为中断号,取值范围为0~31,通过中断号可以决定中断服务程序的入口地址,常用的中断源对应的中断号如表 3.6 所示。

表 3.6 常用的中断源对应的中断号

中断源	外中断 0	定时器 0	外中断 1	定时器 1	串行口	定时器 2
中断号	0	1	2	3	4	5

使用中断函数时应该注意:中断函数不能带有参数,也没有返回值;被中断函数调用的函数中使用的工作寄存器组应该与中断函数中的工作寄存器组相同。

4. using n(确定中断服务函数所使用的工作寄存器组)

n 为工作寄存器组号,取值为0~3。指定工作寄存器组后,所有被中断调用的函数都必须使用同一个寄存器组,否则参数传递就会发生错误。不设定工作寄存器组切换时,编译系统会将当前工作寄存器组的8个寄存器都压入堆栈。

【例 3-3】 中断函数定义示例。

```
#include<reg51.h>
```

```
sbit P10= P1^0;

void  Ex0_Isr(void)interrupt  0
{
    if(INT0==0)                          //测开关状态
    {
        P10=!P10;
        while(INT0==0);
    }
}
```

3.3.3　C51 的库函数

C51 编译器提供了丰富的库函数,使用这些库函数可以大大提高编程的效率。但为了有效地利用单片机的存储器的有限资源,C51 函数在数据类型方面进行了一些调整:

- 数学运算库函数的参数和返回值类型由 double 调整为 float。
- 字符属性判断类库函数返回值类型由 int 调整为 bit。
- 一些函数的参数和返回值类型由有符号定点数调整为无符号定点数。

常用的 C51 库函数参见附录 B.2。每个库函数都在相应的头文件中给出了函数的原形,使用时只需在源程序的开始用编译命令 ♯include 将头文件包含进来即可。

【例 3-4】　C51 库函数调用示例。

```
#include "intrins.h"                      //在 intrins.h 中有对函数_nop_()的定义
void  Delay7Us(void)                      //11.0592MHz
{
    _nop_();_nop_();_nop_();
}
```

与 ANSI C 相比较,C51 标准输入输出设备默认为单片机的串行口(在 PC 上是指键盘和显示器),所以使用标准输入输出函数之前要对串口进行初始化。

【例 3-5】　C51 标准输入输出函数调用示例。

```
#include<reg51.h>
#include<stdio.h>

void  UartInit (void)
{
    SCON=0x50;                            //串口工作方式 1,允许接收
    TMOD=0x20;                            //定时器 1 方式 2(自动重装)
    TH1=0xFD;                             //晶振 11.0592 时,波特率 9600
    TR1=1;                                //启动定时器 1
    TI=1;                                 //发送中断置 1
}
```

```
void  main(void)
{
    UartInit ();
    printf("Hello World \n");
    while(1);
}
```

为了便于调试,μVision 提供了信息输入输出窗口,其功能是显示经由单片机串口输入输出的信息。凡通过标准输出函数向单片机串口输出的信息将显示在该窗口;通过标准输入函数输入到单片机串口的信息也将显示在该窗口。

3.4   渐 进 实 践
——LED 流水灯实板验证及 Proteus 仿真

1. 任务分析

单片机的简单输出电路如图 3.2 所示。8 只 LED 采用共阴极接法,共阴极由 2003 反相驱动器的 L1 输出端驱动。点亮任何一个 LED 灯,都要使单片机的 P2.1 引脚为高电平。单片机的 P0 口控制哪一个 LED 点亮,被点亮的 LED 相应的单片机引脚为高电平。

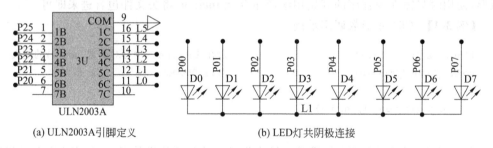

(a) ULN2003A引脚定义   (b) LED灯共阴极连接

图 3.2   单片机简单输出电路

2. 编写 C51 程序

```
#include< reg52.h>
#include "intrins.h"

#define uchar unsigned char              //定义 uchar、uint 可以方便源程序编辑
#define uint   unsigned int

void DelayMs(uint n)                      //延时函数
{
    uchar j;
    while (n--)
    {
        for (j=0; j<123; j++);            //12MHz 时为 123
```

```
        }
    }

void main(void)
{
    uchar i,temp;
    P2=0x02;                              //使 P2.1 引脚为高电平

    while(1)
    {
        temp=0x01;
        for (i=0; i<8; i++)
        {
            P0=temp;
            DelayMs(500);
            temp=_crol_(temp,1);
        }
        temp=0x80;
        for (i=0; i<8; i++)
        {
            P0=temp;
            DelayMs(500);
            temp=_cror_(temp,1);
        }
    }
}
```

3. 在 μVision 环境编译、连接,生成可执行文件

在 Debug 菜单启动调试,在 Peripherals 菜单选择 P0 口,按 F5 键运行程序。观察 P0 口的变化效果。分析程序,修改并验证效果。

4. 在 Proteus 环境仿真

进入 Proteus 软件,设计仿真原理图如图 3.3 所示。

双击单片机图标,加入在 μVision 环境生成的可执行文件。单击 Proteus 软件的仿真运行按钮,观察仿真运行效果。

5. 实板验证

在 μVision 环境生成的可执行文件可采用多种方法写入单片机片上的程序存储器。例如采用仿真器在调试时写入,采用编程烧写器写入,STC89C5X 系列单片机可以采用串口写入,AT89S5X 系列单片机可以采用在系统编程(ISP)写入。上电自动运行,观察效果。

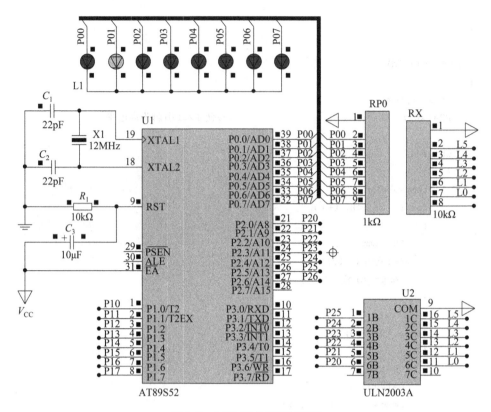

图 3.3 LED 流水灯仿真电路

本 章 小 结

　　汇编语言对单片机内部资源的操作直接简捷、生成的代码紧凑;C 语言在可读性和可重用性上具有优势。在众多的 C51 编译器中,以 Keil 公司的 C51 最受欢迎,这是因为 Keil C51 不仅编译速度快,代码生成效率高,还配有 μVision 集成开发环境及 RTX51 实时操作系统。

　　C51 编译器支持的常用数据类型有:字符型、整型、长整型、浮点性、位型和指针型。

　　sfr 用于访问字节型(8 位)特殊功能寄存器;sfr16 用于访问字型(16 位,2 个相邻的字节)特殊功能寄存器。bit 定义的位变量定位在内部 RAM 的 20H~2FH 单元,位地址范围是 00~7FH,编译器对位地址进行自动分配;sbit 定义的位变量通常定位在 SFR 区域,位地址不用编译器分配。

　　访问片内 RAM 比访问片外 RAM 速度要快得多,所以经常使用的变量应该置于片内 RAM 中,要用 bdata、data、idata 来定义;不经常使用的变量或规模较大的变量应该置于片外 RAM 中,要用 pdata、xdata 来定义。未对变量存储分区定义时,C51 编译器采用默认的存储分区。

　　对于外设接口地址的定义,要用 volatile 进行说明。volatile 的含义是每次都重新读取原始内存地址的内容,而不是直接使用保存在寄存器里的备份。

　　基于存储器的指针指向数据的存储分区在编译时就已经确定,所以运行速度比较快。但它所指向数据的存储器分区是确定的,故其兼容性不够好。通用指针用于存取任何变量而不必考虑变量在 80C51 单片机存储空间。许多 C51 库函数就采用通用指针。由于所指向数据的存储空间在编译时未确定(运行时确定),因此必须生成通用代码以保证对任意空间的数据进行存取。所以通用指针所生成的代码运行速度要慢一些。

　　C51 程序由主函数和若干子函数构成,函数是构成 C51 程序的基本模块。C51 函数可分为两大类,一是系统提供的库函数,二是用户自定义的函数。

思考题及习题

1. 单片机汇编程序与 C51 程序在应用系统开发上有何特点?
2. 为什么 C51 程序中应尽可能采用无符号格式?
3. C51 支持的数据类型有哪些?
4. 关键字 bit 与 sbit 的意义有何不同?
5. C51 支持的存储器分区有哪些? 与单片机存储器有何对应关系?
6. C51 有哪几种编译模式? 每种编译模式的特点如何?
7. 中断函数是如何定义的? 各种选项的意义如何?
8. C51 应用程序的参数传递有哪些方式? 特点如何?
9. 通用指针与基于存储器的指针有何区别?
10. C51 函数在数据类型方面进行了哪些调整?

第 4 章

80C51 人机接口技术

学习目标

(1) 熟悉 80C51 单片机的并行口驱动能力。

(2) 掌握 80C51 与 LED 及数码管的接口方法。

(3) 掌握 80C51 与按键及 LCD1602 的接口方法。

重点内容

(1) 80C51 与 LED 和按键的接口技术。

(2) 驱动数码管的软硬件接口技术。

(3) 驱动 LCD1602 软硬件接口技术。

作为微控制器,80C51 系列单片机的最基本功能就是并行口的 I/O。对于简单的应用系统可以直接利用单片机的 I/O 口进行信息的输入输出。对于复杂的应用系统,还可以利用单片机的总线扩展能力完成接口的扩展并实现信息的输入输出。

4.1 LED、数码管及蜂鸣器的接口技术

简单的应用系统通常用发光二极管(LED)或数码管显示系统的运行信息,用键盘或按键输入控制信息。使用单片机口线直接驱动这些外设,必须考虑口线的驱动能力。

对于典型的器件 AT89S52,单根口线最大可吸收 10mA 的(灌)电流;但 P0 口所有引脚的吸收电流的总和不能超过 26mA,P1、P2 和 P3 口所有引脚吸收电流的总和限制在 15mA;全部 4 个并行口所有口线的吸收电流总和限制在 71mA。

4.1.1 LED 接口

LED 是单片机应用系统最为常用的输出设备。应用形式有单个 LED、LED 数码管和 LED 阵列。虽然 LED 具有 PN 结特性,但其正向压降与普通的二极管不同。单个 LED 的特性及驱动如图 4.1 所示。典型工作点为 1.75V,10mA。

利用单片机的 I/O 引脚驱动 LED,常采用灌电流方式。P1、P2 和 P3 口由于内部有约 30kΩ 的上拉电阻,在它们的引脚可以不加外部上拉电阻,但 P0 口内部没有上拉电阻,其引脚必须加外部上拉电阻。

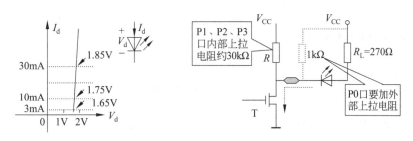

图 4.1　单个 LED 的特性及其驱动

场效应晶体管 T 的导通压降与通过的电流有关,图 4.1 中取 0.45V。

对于**单个 LED**,限流电阻 RL 的取值为 270Ω 时,LED 可以获得较好的亮度。若驱动几个 LED 时将超过并口的负载能力。解决办法一是加大限流电阻的阻值(如接 1kΩ 的限流电阻),虽然 LED 的发光亮度会受到影响,但可以有效减小并口的负担;二是增加驱动器件。

驱动**多个 LED** 时,通常要将 LED 接成共阴极或共阳极形式。比较直接的方法是采用图 4.2 所示的直接驱动方法。也可以采用如图 4.3 所示的接线方式,这种接线方式的优点是限流电阻与上拉电阻共用。

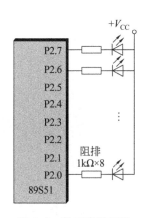

图 4.2　并口直接驱动

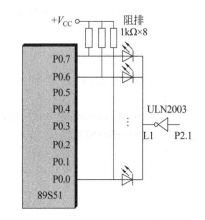

图 4.3　限流与上拉电阻共享驱动

【**例 4-1**】　根据图 4.3 所示电路,编程实现左右循环移动的流水灯功能,间隔时间为 0.5s。

解:实现程序如下:

```c
#include<reg52.h>
#define  uchar unsigned char
#define  uint unsigned int

#define  DataPort P0
sbit  P21=P2^1;
uchar code ScanCode[]=                //LED灯的位扫描码
{0x01,0x02,0x04,0x08,0x10,0x20,0x40,0x80};
```

```c
void DelayMs(uint n)
{
    uchar j;
    while (n--)                          //11.0592MHz--113
    {
        for (j=0; j<113; j++);
    }
}


void main(void)
{
    uchar i;

    P21=1;                               //使发光二极管阴极接低电平
    while(1)
    {
        for(i=0;i<8;i++)
        {
            DataPort=ScanCode[i];
            DelayMs(500);
        }

        for(i=0;i<8;i++)
        {
            DataPort=ScanCode[7-i];
            DelayMs(500);
        }
    }
}
```

4.1.2　数码管接口

7 段数码管是由 8 个发光二极管(7 个笔划段＋1 个小数点)组成,简称数码管。当数码管的某个发光二极管导通时,相应的笔划(常称为段)就发光。控制不同的发光二极管的导通就能显示出相应的字符。数码管引脚及内部连接如图 4.4 所示。

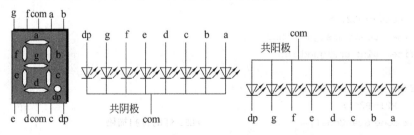

图 4.4　数码管引脚及内部连接

对于数码管,各段二极管的阴极或阳极连在一起作为公共端,这样可以使驱动电路简单,将阴极连在一起的称为共阴极数码管,若 com 接低电平,阳极为高电平的相应段点亮;将阳极连在一起的称为共阳极数码管,若 com 接高电平,阴极为低电平的相应段点亮。

数码管的封装有单个、两个、三个及四个等形式。图 4.5 为采用晶体管驱动的电路。

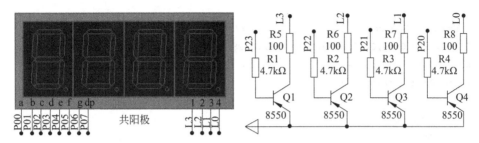

图 4.5 采用晶体管驱动

图 4.6 为采用达林顿阵列驱动的电路(注:图中位选线 L3L4L5L2 顺序与电路板走线有关)。

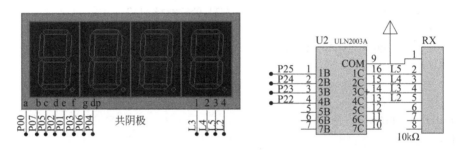

图 4.6 采用达林顿阵列驱动

要显示某字型就要使此字型的相应段点亮,也就是要送一个用不同电平组合的数据编码至数码管,这种送入数码管的数据编码称为**字型码**。

若数据总线 D7~D0 与 dp、g、f、e、d、c、b、a 顺序相连,**显示数字"1"**时,共阳极数码管应送数据 1111 1001B 至数据总线,即字型码为 F9H;而共阴极数码管应送数据 0000 0110B 至数据总线,即字型码为 06H。常用字符字型码如表 4.1 所示。

表 4.1 常用字符字型码(十六进制表示)

字符	0	1	2	3	4	5	6	7	8	9	A	b	C	d	E	F	P	·	暗
共阴极	3F	**06**	5B	4F	66	6D	7F	07	7F	6F	77	7C	39	5E	79	71	73	80	00
共阳极	C0	**F9**	A4	B0	99	92	82	F8	80	90	88	83	C6	A1	86	8E	8C	7F	FF

注:若数据线 D7~D0 与 dp ~a 的连接关系不是顺序对应相接,字型码要进行相应调整。

【例 4-2】 图 4.5 所示电路,编写程序实现**简易秒计数器**。要求功能:上电后数码管个位、十位、百位和千位均显示 0,即 4 个数码管显示 0000,然后每隔 1s 数码管显示值加 1,当加到"9999"时,显示从"0000"重新开始。

解： 实现程序如下。

```c
#include<reg52.h>
#define  uchar unsigned char
#define  uint unsigned int

uchar code SegCode[]=                    //段码
{0xC0,0xF9,0xA4,0xB0,0x99,0x92,0x82,0xF8,0x80,0x90};
uchar code BitCode[]=                    //位码
{0xfe,0xfd,0xfb,0xf7};

uchar DispBuf[4];
uint  Count;

void DelayMs(uchar n)
{
    uchar j;
    while (n--)                          //11.0592MHz--113
    {
        for (j=0; j<113; j++);
    }
}

void NumToBuf(void)
{
    DispBuf[3]=Count/1000;
    DispBuf[2]=Count/100%10;
    DispBuf[1]=Count/10%10;
    DispBuf[0]=Count%10;
}

void BufToSeg(void)
{
    uchar i;
    for(i=0; i<4; i++)
    {
        P0=SegCode[DispBuf[i]];          //送段码
        P2=BitCode[i];                   //送位码
        DelayMs(2);
        P2|=0x0F;
    }
}

void main(void)
```

```
{
    uint k;

    while(1)
    {
        if(++k==220)                        //计数值 220 由调试确定
        {
            k=0;
            if(++Count==10000)Count=0;
        }
        NumToBuf();
        BufToSeg();
    }
}
```

【例 4-3】　图 4.6 所示电路,编写程序实现例 4-3 同样功能。该电路数码管为共阴极接法,特别要注意阳极与数据口连线不是常序连接(**目的是电路板布线方便**)。

解:为了实现字符显示,首先要根据数码管共阴极接法和段数据线与 P0 口的连接关系确定出非常序连接段码表。可以手工确定或利用软件工具确定。该数码管接法的段码为:

```
uchar code SegCode[]=                     //共阴接法,P0 口为 1 时有效
{0xAF,0xA0,0xC7,0xE5,0xE8,0x6D,0x6F,0xA1,0xEF,0xE9,
0xEB,0x6E,0x0F,0xE6,0x4F,0x4B,0xCB,0x10,0x00,0x40};
                                          //P、.、暗、-
```

例如,"1"的段码为 0xA0,即 1010 0000B,对于图 4.6 所示电路,P0.7 接笔画 b,P0.5 接笔画 c,即 b 和 c 笔画点亮,刚好对应 1 字符,其余类推。

另外,千、百、十和个位的接线顺序是 L3、L4、L5 和 L2,顺序也不是常见顺序。为了便于动态显示扫描,可以构造位扫描数组如下:

```
uchar code PlaceCode[]=
{0x04,0x20,0x10,0x08};                     //位码:0x04 对应 L2,0x20 对应 L5,其余类推
```

完整实现程序如下:
(1) 数码管驱动头文件(seg.h)

```
/************************************************
    seg.h
    数码管显示头文件
************************************************/
#ifndef _SEG_H_
#define _SEG_H_
#define uchar unsigned char
#define uint  unsigned int
```

```
void ClearBuf(void);
void CharToBuf(uchar, uchar);
void StrToBuf(uchar, uchar *);
void T1_Init(void);
void BufToSeg(void);

#endif
```

(2) 数码管驱动函数(seg.c)

```
/**********************************************
    seg.c
    数码管扫描显示驱动程序
**********************************************/
#include<reg52.h>
#include "seg.h"

#define LEDMAXNUM 3                    //LED 最大编号,加 1 为 LED 个数
uchar   DispBuf[LEDMAXNUM+1];
//***********此部分应根据数码管接线确定***********
#define  SEGDATAPORT    P0
#define  SEGBITPORT     P2
uchar code BitCode []=
{0x04,0x20,0x10,0x08};              //位码,与 LED 个数及接线要对应
uchar code SegCode[]=               //共阴接法段码,高电平 1 有效
{0xAF,0xA0,0xC7,0xE5,0xE8,0x6D,0x6F,0xA1,0xEF,0xE9,
0xEB,0x6E,0x0F,0xE6,0x4F,0x4B,0xCB,0x10,0x00,0x40};
                                    //P、.、暗、-
//**********************************************

/*******************************
函数: DelayMs(uint n)
功能: 延时 n * ms 子程序
*******************************/
void DelayMs(uint n)
{
    uchar j;
    while (n--)                     //频率为 11.0592MHz 时延时常数为 113
    {
        for (j=0; j<113; j++);
    }
}


/*******************************
函数: BufToSeg(void)
```

功能：显存内容送数码管显示子程序
********************************/
```c
void BufToSeg(void)
{
    uchar i;
    for(i=0; i<4; i++)
    {
        P0=SegCode[DispBuf[i]];        //送段码
        P2=BitCode[i];                 //送位码
        DelayMs(1);
    }
}
```

(3) 主函数(main.c)

```c
/*********************************
    main.c
*********************************/
#include< reg52.h>
#include "seg.h"

extern uchar DispBuf[];
uint    Count;


/*********************************
```
函数：NumToBuf(void)
功能：将要显示的数字送显示缓冲区
参数：无
```c
*********************************
void NumToBuf(void)
{
    DispBuf[3]=Count/1000;
    DispBuf[2]=Count/100%10;
    DispBuf[1]=Count/10%10;
    DispBuf[0]=Count%10;
}


void main(void)
{
    uint k;

    while(1)
    {
        if(++k==220)                   //计数延时,220由调试确定
        {
```

```
            k=0;
            if(++Count==10000)Count=0;
        }
        NumToBuf();
        BufToSeg();
    }
}
```

本例程序是数码管通用驱动程序,如果数码管硬件接线与本例有不同,仅需要调整段码、位扫码数据及相应的段数据口和位数据口定义即可。**主程序中采用计数延时,与采用一般的延时函数相比可以避免显示模块频闪现象,具有较好的实用性。**

C51语言程序代码的可重用性优点突出。对于调试无误的函数应进行分类,即完成模块化处理。本例的**数码管驱动函数模块**由 seg.h 和 seg.c 实现,应用程序中用到数码管驱动函数时只要将 seg.c 加入到工程中,并利用#include "seg.h"语句完成包含即可。

为了使非常序位码和段码的确定更方便,可以采用如下预定义方法:

```c
//****个,十,百,千扫描码,依实际调整部分*******
#define GW 0x04                     //P2.2
#define SW 0x20                     //P2.5
#define BW 0x10                     //P2.4
#define QW 0x08                     //P2.3
//----------------------------------------
uchar code BitCode []={GW,SW,BW,QW};    //不用调整
//####段连接,依实际调整部分#########
#define a   0x01                    //P0.0
#define e   0x02                    //P0.1
#define d   0x04                    //P0.2
#define f   0x08                    //P0.3
#define dp 0x10                     //P0.4
#define c   0x20                    //P0.5
#define g   0x40                    //P0.6
#define b   0x80                    //P0.7
//####需实际调整部分结束#############
//段码,共阴:1-有效,以下不用调整
uchar code SegCode[]=
{
    a+b+c+d+e+f,                    //0
    b+c,                            //1
    a+b+d+e+g,                      //2
    a+b+c+d+g,                      //3
    b+c+f+g,                        //4
    a+c+d+f+g,                      //5
    a+c+d+e+f+g,                    //6
    a+b+c,                          //7
```

```
        a+b+c+d+e+f+g,                  //8
        a+b+c+d+f+g,                    //9
        a+b+c+e+f+g,                    //A
        c+d+e+f+g,                      //b
        a+d+e+f,                        //C
        b+c+d+e+g,                      //d
        a+d+e+f+g,                      //E
        a+e+f+g,                        //F
        a+b+e+f+g,                      //P
        dp,                             //.
        0,                              //暗
        g,                              //-
    };
    #undef  a
    #undef  b
    #undef  c
    #undef  d
    #undef  e
    #undef  f
    #undef  g
```

对于不同的数码管接线,仅需进行简单的调整。如 a 段接 P0.0 时,a 段点亮时 P0.0 为高电平,即对应段数据 0x01;个位数码管点亮时对应 P2.2 高电平,即对应位数据 0x04。其余情况类推。此种方法具有较好的灵活性,避免了构造段码和位码的麻烦。

4.1.3　蜂鸣器接口

单片机应用系统使用的蜂鸣器通常是电磁式蜂鸣器。电磁式蜂鸣器有两种:一种是有源蜂鸣器(内部含有音频振荡源),只要接上额定电压就可以连续发声;二是无源蜂鸣器,由于内部没有音频振荡源,工作时需要接入音频方波,改变方波频率可以得到不同音调的声音。单片机应用系统采用蜂鸣器发出的不同声音提示操作者系统运行的状况。

有源蜂鸣和无源蜂鸣器驱动电路相同,只是驱动程序不同。蜂鸣器外形及三极管驱动如图 4.7 所示。达林顿阵列驱动如图 4.8 所示。

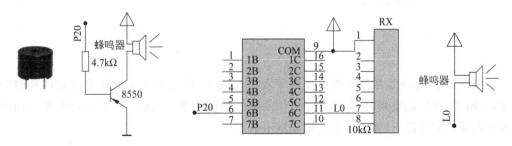

图 4.7　蜂鸣器外形及三极管驱动　　　　图 4.8　达林顿阵列驱动

在外形上有源蜂鸣器与无源蜂鸣器非常相似,可以利用万用表电阻挡进行判断:黑表笔接蜂鸣器"十"引脚,红表笔在另一引脚,如果发出咔、咔声的是无源蜂鸣器;如果能发出持续声音的是有源蜂鸣器。

【**例 4-4**】 图 4.8 所示电路,编程实现:以频率 800Hz 发声,发声时间 250ms,静音 1000ms。

解:频率 800Hz 时对应的周期为 1000ms/800,即 1.25ms。可以得到高电平和低电平延时时间均为 0.625ms。实现程序如下:

```
#include<reg52.h>
#define uint unsigned int
sbit BEEP=P2^0;

void d622us(void)
{
    uint i=62;
    while(i--);
}

void main(void)
{
    uint j;
    while (1)
    {
        for (j=400; j>0; j--)         //发声 0.625×400=250ms
        {
            BEEP=~BEEP;               //取反及调用指令占用约 3μs
            d622us();                 //共延时 625μs
        }
        for (j=400*4; j>0; j--)       //静音 1000ms
        {
            BEEP=1;                   //关闭蜂鸣器
            d622us();
        }
    }
}
```

应该注意,本例虽然使蜂鸣器实现了要求的发声,但是由于采用简单的软件延时方法,占用了 CPU 的宝贵时间,影响了应用系统的其他任务的完成。工程应用需要采用单片机内部的定时器,具体实现参见第 5 章示例。

4.2　按键及键盘接口技术

4.2.1　独立按键接口

1. 按键及其消抖

在单片机应用系统中,通常将按键开关和拨动开关作为简单的输入设备,按键开关主要用于进行某项工作的开始或结束命令,而拨动开关主要用于工作状态的预置和设定。它们的外形、符号及与单片机的连接如图 4.9 所示。

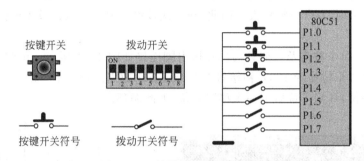

图 4.9　开关及其与单片机的连接

在图中,开关接于 80C51 的 P1 口,开关与 P2 口、P3 口的接法与之类似。但接 P0 口时要在 P0 口的引脚与 V_{cc} 端之间加 $10k\Omega$ 的外部上拉电阻。

拨动开关的闭合与断开通常是在系统没有上电的情况下进行设置,而按键开关是在系统已经上电并开始工作后进行操作的。按键开关在闭合和断开时,触点会存在抖动现象。按键的抖动现象和去抖电路如图 4.10 所示。

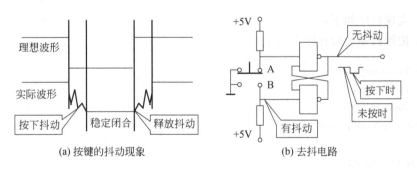

(a) 按键的抖动现象　　　　　　　　(b) 去抖电路

图 4.10　按键的抖动现象及去抖电路

按键抖动时间一般为 10ms 左右。抖动会产生一次按键的多次处理问题。应采取措施消除抖动的影响。**单个按键**可以采用如图 4.10 所示的硬件去抖电路,按键未按下时,输出为 1;按键按下时输出为 0,即使按键在 B 位置时因抖动瞬时断开,只要按键不回 A 位置,输出就会仍保持为“0”状态。**多个按键**宜采用**软件延时**或**定时扫描**去抖。软件延时是检测到有键按下时先延时10ms,然后再检测按键的状态,若仍是闭合的则确定为有键按下;定时扫描是利用单片机内部定时器产生某一定时间隔(如10ms),定时时间到时检测按键是否按下,此方法可以利用状态机的算法有效地避免延时等待造成的CPU利用率降低的问题。

2. 独立式按键接口电路

独立式按键就是各按键相互独立,每个按键单独占用一根I/O口线,每根I/O口线的按键工作状态不会影响其他I/O口线上的工作状态。因此,通过检测输入线的电平状态可以很容易判断哪个按键被按下了。

独立式按键接口电路配置灵活,软件结构简单。但每个按键需占用一根I/O口线,在按键数量较多时,I/O口浪费大。因此,独立式按键主要用于按键较少或操作速度较高的场合。

【例4-5】 单个按键及数码管与单片机引脚连接如图4.11所示。试编写程序实现:上电后数码管4个位显示1234,初始状态时个位有小数点。每按下一次AN1按键后,小数点向左移一位,移到千位后下一次移回个位,如此循环。

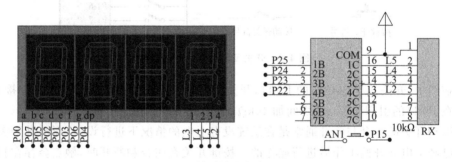

图4.11　利用按键使小数点显示位移动

解:实现程序如下:

(1) 按键扫描处理程序key.c。

```c
#include<reg52.h>
#include "seg.h"
sbit AN1=P1^5;
uchar KeyCount,DownFlag;

uchar KeyScan()
{
    uchar KeyNum=0;
    if(AN1==0)
    {
        KeyCount++;
        if(KeyCount==10)                //计数消抖
        {
```

```
                DownFlag=1;
            }
        }
        else
        {
            KeyCount=0;
            if(DownFlag==1)
            {
                DownFlag=0;
                KeyNum=1;
            }
        }
        return(KeyNum);
}
```

（2）数码管扫描显示驱动程序 seg.c。

```
/*****************************
函数：BufToSeg(uchar Dot)
功能：显存送数码管子程序
*****************************/
void BufToSeg(uchar dot)
{
    static uchar n=0;
    if(n==dot)
    SEGDATAPORT=SegCode[DispBuf[n]]|0x10;
    else SEGDATAPORT=SegCode[DispBuf[n]];
    SEGBITPORT  =BigCodeCode[n];
    n++;
    n &=LEDMAXNUM;                      //不超过 LEDMAXNUM
}
/*****************************************
函数：CharToBuf()
功能：数码管上要显示字符的段码送显示缓冲区
参数：x 表示数码管的坐标位置(0~LEDMAXNUM)
      c 表示要显示的字符 0~f、'P'、'-'等
*****************************************/
void CharToBuf(uchar x, uchar c)
{
    x &=LEDMAXNUM;
    x  =LEDMAXNUM-x;
    if (c=='-')
    {
        DispBuf[x]=0x13;
    }
```

```c
    else if ((c=='P')||(c=='p'))
    {
        DispBuf[x]=0x10;
    }
    else if ((c>='0') && (c<='9'))
    {
        DispBuf[x]=c-'0';
    }
    else if ((c=='A')||(c=='a'))
    {
        DispBuf[x]=0x0A;
    }
    else if ((c=='B')||(c=='b'))
    {
        DispBuf[x]=0x0B;
    }
    else if ((c=='C')||(c=='c'))
    {
        DispBuf[x]=0x0C;
    }
    else if ((c=='D')||(c=='d'))
    {
        DispBuf[x]=0x0D;
    }
    else if ((c=='E')||(c=='e'))
    {
        DispBuf[x]=0x0E;
    }
    else if ((c=='F')||(c=='f'))
    {
        DispBuf[x]=0x0F;
    }
    else DispBuf[x]=0x12;
}


/**********************************************
函数：StrToBuf()
功能：数码管上要显示字符串的段码送显示缓冲区
参数：x,数码管的坐标位置(0~LEDMAXNUM)
      * s,要显示的字符串 0~f,'P','-'等
**********************************************/
void StrToBuf(uchar x, uchar * s)
{
    uchar c;
```

```
        for (;;)
        {
            c= * s;
            if (c=='\0') break;
            s++;
            CharToBuf(x,c);
            x++;
        }
    }
```

其他显示函数与例 5-3 相同。

```
/**********************************
    main.c
**********************************/
#include< reg52.h>
#include "seg.h"
#include "key.h"


/**********************************
函数：DataToBuf()
功能：将要显示的内容送显示缓冲区
**********************************/
void DataToBuf()
{
    StrToBuf(0, "1234");
}

void main()
{
    uchar temp,StateNum;
    DataToBuf();

    while(1)
    {
        temp=KeyScan();
        if(temp==1)
        {
            if(++StateNum> 3)StateNum= 0;
        }
        BufToSeg(StateNum);
        DelayMs(3);
    }
}
```

应该注意,该程序的按键模块采用计数消抖,比起简单延时消抖要好一些。工程上通常采用定时器完成这一任务。

4.2.2　键盘接口

1. 逐行扫描法

矩阵式键盘采用行列式结构,按键设置在行列的交点上。当并口线数量为8时,可以将4根并口线定义为行线,另4根并口线定义为列线,形成4×4键盘,可以配置16个按键。图4.12所示为4×4矩阵式键盘接口电路。

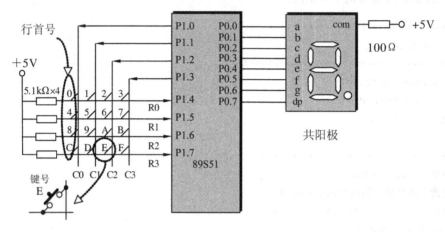

图4.12　矩阵键盘接口电路

矩阵式键盘的行线通过电阻接+5V(口线内有上拉电阻时,可以不外接)。当键盘上没有键闭合时,所有的行线与列线是断开的,行线均呈高电平;当键盘上某一键闭合时,该键对应的行线与列线短接,此时该行线的状态将由被短接的列线的**低电平**所决定。矩阵键盘的键识别过程要完成以下3项工作:

(1) **判有无键按下**。将列线设置为输出口,输出全0(所有列线为低电平),然后读行线状态,若行线均为高电平,则没有键按下;若行线状态不全为高电平,则可断定有键按下。

(2) **判按下哪个键**。先置列线C0为低电平,其余列线为高电平,读行线状态,如行线状态不全为1,则说明所按键在该列;否则所按键不在该列,再使C1列线为低电平,其他列为高电平,判断C1列有无按键按下。其余类推,这样就可以找到所按键的行列位置。

(3) **获得相应键号**。根据行号和列号算出按下键的键号:

$$键号=行首号+列号$$

行首号为行数乘以行号。根据键号就可以进入相应的键功能实现程序。

【**例4-6**】　矩阵键盘和显示接口电路如图4.12示。试编写键盘扫描程序完成:执行程序时,在P0口数码管显示P,然后根据所按的按键在数码管显示对应十六进制键号。

解: 实现程序如下:

```
#include<reg52.h>
```

```
#define uchar unsigned char
#define uint unsigned int

uchar code SegCode[]=                                    //共阳段码
{0xC0, 0xF9, 0xA4, 0xB0, 0x99, 0x92, 0x82, 0xF8, 0x80, 0x90, 0x88,
0x83, 0xC6, 0xA1, 0x86, 0x8E, 0xBF };
uchar code ColumnCode[4]={0xFE,0xFD,0xFB,0xF7};          //0 列起始

uchar KeyScan()
{
    uchar temp,row,column,i;
    P1=0xf0;                                            //置高 4 行输入状态
    temp=P1&0xf0;

    if (temp!=0xf0)
    {   //有键按下处理开始--------------------------------------
        DelayMs(10);                                    //延时防抖
        temp=P1&0xf0;
        if (temp!=0xf0)
        {                                               //确实有键按下
            switch(temp)
            {
                case 0x70:row=3;break;
                case 0xb0:row=2;break;
                case 0xd0:row=1;break;
                case 0xe0:row=0;break;
                default:break;
            }
            for(i=0;i<4;i++)
            {
                P1=ColumnCode[i];                       //高 4 位行扫描
                temp=P1&0xf0;                           //读高 4 位
                temp=~temp;                             //转成"1"有效
                if(temp!=0x0f)column=i;
            }                                           //高 4 位有"1",对应行有键按下
            return(row*4+column);
        }   //有键按下处理结束--------------------------------
    }
    else  P1=0xff;
    return(16);                                         //无键按下返回无效码
}

void main(void)
{
    uchar KeyNum;
    P2=0xfe;
```

```
    while (1)
    {
        KeyNum=KeyScan();
        if (KeyNum<16)                              //有效键号
        {
            P0=SegCode[KeyNum];                     //显示键号
        }
        else  P0=0x8c;                              //显示"P"
    }
}
```

2. 线反转法

还可以采用**线反转法**完成键盘的识别任务。线反转法按键识别的依据是键号与键值的对应关系。对于某一个按下的键,如 2 号键,首先使列线输出全 0,读行线,结果为 E0H;然后使行线输出全 0,读列线,结果为 0BH。将 2 次读的结果拼成一个字节,即 EBH,该值称为**键值**。每个键均有一个确定的键值,如图 4.13 所示。

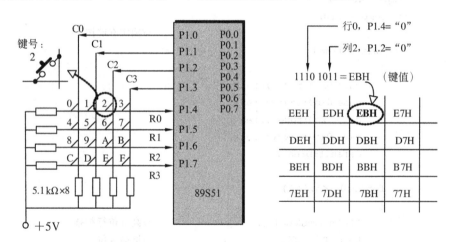

图 4.13　键号与键值的对应关系

【例 4-7】　接口电路如图 4.13 示。试用反转法编写键盘扫描程序,完成的功能是:执行程序时,在 P0 口数码管显示 P,然后根据所按下的按键的键号在数码管显示对应的十六进制键号。

解:实现程序如下。

```
#include<reg52.h>
uchar code SegCode[]=                              //段码
{0xC0, 0xF9, 0xA4, 0xB0, 0x99, 0x92, 0x82, 0xF8, 0x80, 0x90, 0x88,
 0x83, 0xC6, 0xA1, 0x86, 0x8E, 0xBF };
uchar code KeyValue[]=                             //键值
{0xEE, 0xED, 0xEB, 0xE7, 0xDE, 0xDD, 0xDB, 0xD7, 0xBE, 0xBD, 0xBB,
 0xB7, 0x7E, 0x7D, 0x7B, 0x77 };
```

```
uchar code ColumnCode[4]={0xFE,0xFD,0xFB,0xF7};        //从 0 列起始

void DelayMs(uint n)
{
    uchar j;
    while (n--)                                         //11.0592MHz--113
    {
        for (j=0; j<113; j++);
    }
}

uchar KeyScan()
{
    uchar scan1,scan2,temp,j;
    P1=0xf0;                                            //置输入方式
    scan1=P1&0xf0;                                      //读行
    if(scan1!=0xf0)                                     //有键按下
    {
        DelayMs(10);
        scan1=P1&0xf0;
        if (scan1!=0xf0)                                //确实有键按下
        {
            P1=0x0f;
            scan2=P1&0x0f;                              //读列
            temp=scan1|scan2;                          //组合成键值
            for(j=0;j<16;j++)
            {
                if(temp==KeyValue[j])                  //查表求键号
                return j;                              //返回键号
            }
        }
        return(16);                                     //返回无效码
    }
    else  return(16);                                   //无键按下处理
}

void main(void)
{
    uchar KeyNum;
    P2=0xfe;

    while (1)
    {
        KeyNum=KeyScan();
        if (KeyNum<16)                                  //有效键号
        {
```

```
        P0=SegCode[KeyNum];                    //显示键号
    }
    else  P0=0x8c;                             //显示 P
    }
}
```

4.3　字符型 LCD 显示器接口技术

液晶显示(LCD)是单片机应用系统的一种常用人机接口形式,其优点是体积小、重量轻、功耗低。字符型 LCD 主要用于显示数字、字母、简单图形符号及少量自定义符号。本节介绍目前在单片机应用系统中广泛使用的字符型模块 LCD1602 的使用方法。

4.3.1　LCD1602 模块的外形及引脚

LCD1602 模块采用 16 引脚接线,外形如图 4.14 所示。

图 4.14　LCD1602 模块的外形

引脚 1:接地引脚 V_{SS}。

引脚 2:+5V 电源 V_{DD} 引脚。

引脚 3:VL,对比度调整端。通常接地,此时对比度最高。

引脚 4:RS,数据/命令寄存器选择端。高电平选择数据寄存器,低电平选择命令寄存器。

引脚 5:RW,读/写选择端。高电平时读操作,低电平时写操作。

引脚 6:E,使能端。由高电平跳变成低电平时,液晶模块执行命令。

引脚 7~14:D0~D7,8 位双向数据线。

引脚 15、16:背光正极 BLA 和背光负极 BLK。

4.3.2　LCD1602 模块的组成

LCD1602 模块由控制器 HD44780、驱动器 HD44100 和液晶板组成,如图 4.15所示。

HD44780 是液晶显示控制器,它可以驱动单行 16 字符或 2 行 8 字符。对于 2 行16 字符的显示要增加 HD44100 驱动器。

HD44780 由字符发生器 CGROM、自定义字符发生器 CGRAM 和显示缓冲区DDRAM 组成。字符发生器 CGROM 存储

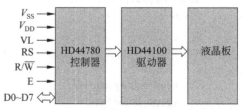

图 4.15　LCD1602 模块的组成

了不同的点阵字符图形。包括数字、英文字母的大小写字符、常用的符号和日文字符等，每一个字符都有一个固定的代码，如表 4.2 所示。

表 4.2　LCD1602 的 CGROM 字符集

低4位 ＼ 高4位	0000	0001	0010	0011	0100	0101	0110	0111	1000	1001	1010	1011	1100	1101	1110	1111
XXXX0000	CGRAM(1)			0	@	P	`	p				ー	タ	ミ	α	p
XXXX0001	(2)		!	1	A	Q	a	q			。	ア	チ	ム	ä	q
XXXX0010	(3)		"	2	B	R	b	r			「	イ	ツ	メ	β	θ
XXXX0011	(4)		#	3	C	S	c	s			」	ウ	テ	モ	ε	∞
XXXX0100	(5)		$	4	D	T	d	t			、	エ	ト	ヤ	μ	Ω
XXXX0101	(6)		%	5	E	U	e	u			・	オ	ナ	ユ	σ	ü
XXXX0110	(7)		&	6	F	V	f	v			ヲ	カ	ニ	ヨ	ρ	Σ
XXXX0111	(8)		'	7	G	W	g	w			ア	キ	ヌ	ラ	g	π
XXXX1000	(1)		(	8	H	X	h	x			イ	ク	ネ	リ	√	x̄
XXXX1001	(2)		)	9	I	Y	i	y			ウ	ケ	ノ	ル	⁻¹	y
XXXX1010	(3)		*	:	J	Z	j	z			エ	コ	ハ	レ	j	千
XXXX1011	(4)		+	;	K	[	k	{			オ	サ	ヒ	ロ	×	万
XXXX1100	(5)		,	<	L	¥	l	|			ヤ	シ	フ	ワ	¢	円
XXXX1101	(6)		-	=	M	]	m	}			ユ	ス	ヘ	ン	£	÷
XXXX1110	(7)		.	>	N	^	n	→			ヨ	セ	ホ	゛	ñ	
XXXX1111	(8)		/	?	O	_	o	←			ツ	ソ	マ	゜	ö	█

　　自定义字符发生器 CGRAM 可由用户自己定义 8 个 5×7 字型。地址的高 4 位为 0000 时对应 CGRAM 空间（0000x000B ～ 0000x111B）。每个字型由 8 字节编码组成，且每个字节编码仅用到了低 5 位（4～0 位）。要显示的点用 1 表示，不显示的点用 0 表示。

最后一个字节编码要留给光标,所以通常是 0000 0000B。

程序初始化时要先将各字节编码写入到 CGRAM 中,然后就可以如同 CGROM 一样使用这些自定义字型了。图 4.16 所示为自定义字符℃的构造示例。

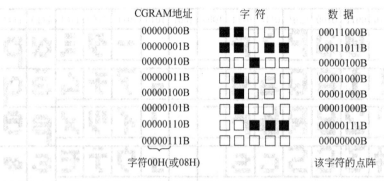

CGRAM地址	字符	数据
00000000B		00011000B
00000001B		00011011B
00000010B		00000100B
00000011B		00001000B
00000100B		00001000B
00000101B		00001000B
00000110B		00000111B
00000111B		00000000B
字符00H(或08H)		该字符的点阵

图 4.16   自定义字型

DDRAM 有 80 个单元,但第 1 行仅用 00H~0FH 单元,第 2 行仅用 40H~4FH 单元。DDRAM 地址与显示位置的关系如图 4.17 所示。DDRAM 单元存放的是要显示字符的编码(ASCII 码),控制器以该编码为索引,到 CGROM 或 CGRAM 中取点阵字型送液晶板显示。

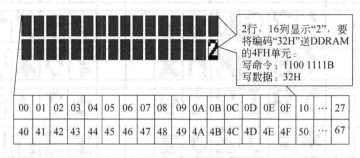

2行,16列显示"2",要将编码"32H"送DDRAM的4FH单元:
写命令:1100 1111B
写数据:32H

00	01	02	03	04	05	06	07	08	09	0A	0B	0C	0D	0E	0F	10	…	27
40	41	42	43	44	45	46	47	48	49	4A	4B	4C	4D	4E	4F	50	…	67

图 4.17   DDRAM 与显示位置的关系

4.3.3   LCD1602 模块的命令

LCD1602 模块的控制是通过 11 条操作命令完成的。这些命令如表 4.3 所示。

命令 1:清屏(DDRAM 全写空格)。光标回到屏幕左上角,地址计数器设置为 0。

命令 2:光标归位。光标回到屏幕左上角。

命令 3:输入模式设置,用于设置每写入一个数据字节后,光标的移动方向及字符是否移动。I/D:光标移动方向,S:全部屏幕。若 I/D=0,S=0 时,光标左移一格且地址计数器减 1;若 I/D=1,S=0 时,光标右移一格且地址计数器加 1;若 I/D=0,S=1 时,屏幕内容全部右移一格,光标不动;若 I/D=1,S=1 时,屏幕内容全部左移一格,光标不动。

命令 4:显示与不显示设置。D:显示的开与关,为 1 表示开显示,为 0 表示关显示。C:光标的开与关,为 1 表示有光标,为 0 表示无光标。B:光标是否闪烁,为 1 表示闪烁,为 0 表示不闪烁。

表 4.3　LCD1602 的操作命令

序号	指　　令	RS	R/W	D7	D6	D5	D4	D3	D2	D1	D0
1	清屏	0	0	0	0	0	0	0	0	0	1
2	光标归位	0	0	0	0	0	0	0	0	1	*
3	输入模式设置	0	0	0	0	0	0	0	1	I/D	S
4	显示与不显示设置	0	0	0	0	0	0	1	D	C	B
5	光标或屏幕内容移位选择	0	0	0	0	0	1	S/C	R/L	*	*
6	功能设置	0	0	0	0	1	DL	N	F	*	*
7	CGRAM 地址设置	0	0	0	1	CGRAM 地址					
8	DDRAM 地址设置	0	0	1	DDRAM 地址						
9	读忙标志和计数器地址设置	0	1	BF	计数器地址						
10	写 DDRAM 或 CGROM	1	0	要写的数据							
11	读 DDRAM 或 CGROM	1	1	读出的数据							

命令 5：光标或屏幕内容移位选择。S/C：为 1 时移动屏幕内容，为 0 时移动光标。R/L：为 1 时右移，为 0 时左移。

命令 6：功能设置。DL：为 0 时设为 4 位数据接口，为 1 时设为 8 位数据接口。N：为 0 时单行显示，为 1 时双行显示。F：为 0 时显示 5×7 点阵，为 1 时显示 5×10 点阵。

命令 7：CGRAM 地址设置，地址范围 00H～3FH（共 64 个单元，对应 8 个自定义字符）。

命令 8：DDRAM 地址设置，地址范围 00H～7FH。

命令 9：读忙标志和计数器地址。BF：忙标志，为 1 表示忙，此时模块不能接收命令或者数据，为 0 表示不忙。计数器地址范围 00H～7FH。

命令 10：写 DDRAM 或 CGROM。要配合地址设置命令。

命令 11：读 DDRAM 或 CGROM。要配合地址设置命令。

LCD1602 模块使用时要先进行初始化,初始化内容为：

- 清屏。
- 功能设置。
- 显示与不显示设置。
- 输入模式设置。

4.3.4　LCD1602 模块的接口

【例 4-8】　单片机与 LCD1602 模块的接口电路如图 4.18 所示。试编写 LCD1602 模块在指定行列位置显示字符串的程序。

解：驱动程序如下：

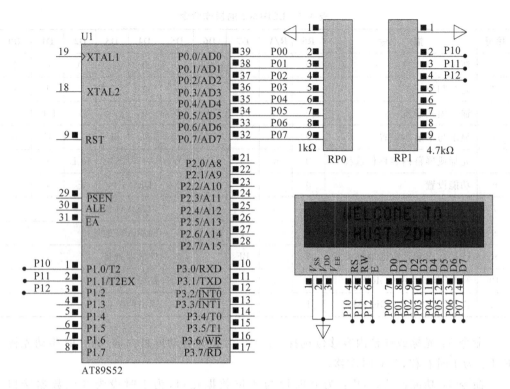

图 4.18　单片机与 LCD1602 模块的接口电路

```c
#include< reg52.h>
#include< intrins.h>
#define uchar unsigned char
#define uint   unsigned int
sbit LCD_RS= P1 ^ 0;
sbit LCD_RW= P1 ^ 1;
sbit LCD_EN= P1 ^ 2;

uchar code DispStr1[]={"    WELCOME TO"};
uchar code DispStr2[]={"    HUST ZDH"};
uchar code DispStr3[]={"    WISH YOU"};
uchar code DispStr4[]={" STUDY MCU WELL"};

void DelayMs(uchar n)
{
    uchar j;
    while (n--)                            //11.0592MHz--113
    {
        for (j=0; j<113; j++);
    }
}
```

```
void DelaySec(uchar n)
{
    uchar j;
    while (n--)                              //11.0592MHz--113
    {
        for (j=0; j<5; j++)
        DelayMs(200);
    }
}

void Delay4Us(void)
{
    //11.0592MHz
}

void LCD_Busy()
{
    bit busy=1;
    while(busy)
    {
        LCD_RS=0;
        LCD_RW=1;
        LCD_EN=1;
        busy= (bit)(P0&0x80);
        Delay4Us();
    }
    LCD_EN=0;
}

void LCD_Wcmd(uchar cmd)
{
    LCD_Busy();
    LCD_RS=0;
    LCD_RW=0;
    LCD_EN=1;
    P0= cmd;
    Delay4Us();
    LCD_EN=0;
}

void LCD_Wdat(uchar dat)
{
    LCD_Busy();
    LCD_RS=1;
```

```
    LCD_RW=0;
    LCD_EN=1;
    P0=dat;
    Delay4Us();
    LCD_EN=0;
}

void LCD_Init()
{
    DelayMs(10);
    LCD_Wcmd(0x38);                        //2行,8位数据,5×7点阵
    DelayMs(10);
    LCD_Wcmd(0x0c);                        //开显示,关光标
    DelayMs(10);
    LCD_Wcmd(0x06);                        //光标移动
    DelayMs(10);
    LCD_Wcmd(0x01);                        //清显示
    DelayMs(10);
}
void LCD_GoXY(uchar x,uchar y)
{
    if(y==0x01)
    LCD_Wcmd(x|0x80);
    if(y==0x02)
    LCD_Wcmd(x|0xc0);
}

void LCD_Wstr(uchar str[])
{
    uchar num=0;
    while (str[num])
    {
        LCD_Wdat(str[num++]);
        DelayMs(200);
    }
}

void main()
{
    P0=0xff;
    P2=0xff;
    DelayMs(100);
    LCD_Init();
    while (1)
```

```
    {
        LCD_GoXY(0, 1);                    //第一行显示
        LCD_Wstr(DispStr1);
        LCD_GoXY(0, 2);                    //第二行显示
        LCD_Wstr(DispStr2);
        DelaySec(2);
        LCD_Wcmd(0x01);                    //清除 LCD 的显示内容
        DelayMs(10);
        LCD_GoXY(0, 1);                    //第一行显示
        LCD_Wstr(DispStr3);
        LCD_GoXY(0, 2);                    //第二行显示
        LCD_Wstr(DispStr4);
        DelaySec(2);
        LCD_Wcmd(0x01);                    //清除 LCD 的显示内容
        DelayMs(10);
    }
}
```

4.4 渐 进 实 践
——数码管显示信息的 3 键调整及 Proteus 仿真

　　虽然在开发过程中可以利用某些软件进行模拟,但要充分认识到**模拟是过程,实作是目的**。为此,需要构建自己真实的实验模板,如图 4.19 和图 4.20 所示。

　　注:本电路是本书所述硬件的基本电路,后面用到该电路时不再重画。

　　在该实验模板基础上,编写程序体验简单 I/O 设备的控制效果。构建模块化的典型输入输出子程序。注意做到:若电路接线不同,只要重新定义单片机 I/O 引脚即可。

图 4.19　实验模板实物图

1. 任务分析

　　首先要在单片机最小系统的基础上结合图 4.20 的数码管和按键电路设计该系统的原理图(在 Proteus 软件环境完成)。数码管采用共阴极接法,由 2003 反相驱动器驱动。要注意 P1 口和 P3 口由于要接按键,所以应该加上拉电阻。

2. 编写 C51 程序

```
#include< reg52.h>
#define uchar unsigned char
#define uint unsigned int
```

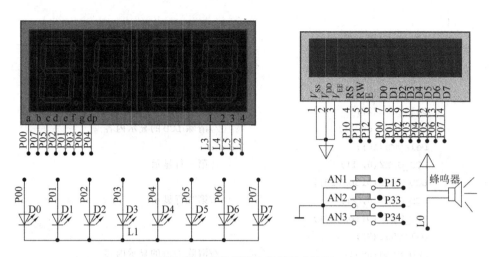

图 4.20　实验模板人机接口电路图

```
sbit AN2= P3^3;
sbit AN3= P3^4;
sbit AN1= P1^5;


#define   AN1PIN    0x20
#define   AN2PIN    0x10
#define   AN3PIN    0x08
#define   NONPIN    0xff
#define   KEYMASK   (AN1PIN+AN2PIN+AN3PIN)

uchar code   SegCode[]=                        //共阴,P0口1有效
{0xAF,0xA0,0xC7,0xE5,0xE8,0x6D,0x6F,0xA1,0xEF,0xE9,
0xeb,0x6e,0x0f,0xe6,0x4f,0x4b,0XCB,0X10,0X00,0X40};
                                               //P、.、-
uchar code PlaceCode[]=
{0x04,0x20,0x10,0x08};                         //位码：个位在先,P2口1有效

//显示缓冲区
uchar DispBuf[]={4,3,2,1};

uchar Key_Value= 0;
uchar Key_Count= 0;
uchar Key_Down= 0;

uchar StateNum;

char code reserve[3]_at_ 0x3b;                 //为仿真器保留3个字节

void DelayMs(uint n)
```

```
{
    uchar j;
    while (n--)                              //频率为 11.0592MHz 时延时常数为 113
    {
        for (j=0; j<113; j++);
    }
}


void BufToSeg()                              //显示缓冲区数据
{
    uchar i;
    for(i=0;i<4;i++)
    {
        if(i==StateNum)
            P0=SegCode[DispBuf[i]]|0x10;
        else P0=SegCode[DispBuf[i]];
        P2=PlaceCode[i];
        DelayMs(2);
        P2&=0xc3;
    }
}


uchar ReadKey()
{
    if(AN1==0)
        return ~AN1PIN;
    else if(AN2==0)
        return ~AN2PIN;
    else if(AN3==0)
        return ~AN3PIN;
    else
    return NONPIN;
}


uchar Key_Scan()
{
    uchar temp,Key_Num=0;
    temp=KEYMASK & ReadKey();

    if(temp!=KEYMASK)
    {
        Key_Count++;
        if(Key_Count==10)
        {
            Key_Down=1;
            Key_Value=temp;
```

```
            }
        }
        else
        {
            Key_Count=0;
            if(Key_Down==1)
            {
                Key_Down=0;
                switch(Key_Value)
                {
                case 0x18:
                    Key_Num=1;
                break;
                case 0x28:
                    Key_Num=2;
                break;
                case 0x30:
                    Key_Num=3;
                break;
                default:
                  break;
                }
            }
        }
        return(Key_Num);
}

void main(void)
{
    uchar temp;
    while (1)
    {
        temp=Key_Scan();
        switch(temp)
        {
          case 1:
             if(++StateNum>3)
             StateNum=0;
          break;
          case 2:
             if(++DispBuf[StateNum]>15)
                 DispBuf[StateNum]=0;
          break;
          case 3:
             if(--DispBuf[StateNum]>15)             //即小于 0
                 DispBuf[StateNum]=15;
```

```
        break;
      default:
        break;
    }
    BufToSeg();
    DelayMs(5);
  }
}
```

接下来在 μVision 环境编译、连接、生成可执行文件。

3. 在 Proteus 环境仿真

进入 Proteus 软件，加入已经生成的目标程序，按仿真运行按钮，仿真效果如图 4.21 所示。该程序运行时，首先显示"1234."，然后按 AN1 键，调整小数点所在的位置（即用小数点指示要调整的位），按 AN2 使该位的内容加 1，按 AN3 使该位内容减 1。

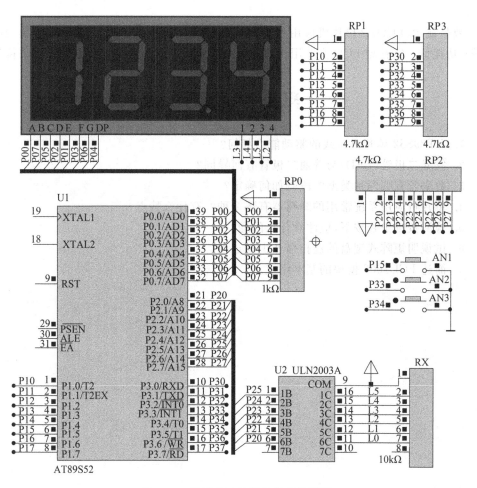

图 4.21　数码管 3 键调整仿真效果图

4. 实板验证

将在 μVision 环境生成的可执行文件写入实物电路板的单片机存储器,上电自动运行,观察效果。

本 章 小 结

对于典型的器件 AT89S52,每根口线最大可吸收 10mA 的(灌)电流;但 P0 口所有引脚的吸收电流的总和不能超过 26mA,而 P1、P2 和 P3 每个口吸收电流的总和限制在 15mA;全部 4 个并行口所有口线的吸收电流总和限制在 71mA。

简单的输出设备有 LED 二极管、LED 数码管及蜂鸣器等。用单片机驱动时一方面要考虑口线的负载能力,另一方面还要注意 P0 口上拉电阻的配置。简单的输入设备有按键和拨动开关。按键较少时可以采用去抖电路消抖,按键较多时通常采用软件延时消抖。

液晶显示(LCD)是单片机应用系统的一种常用人机接口形式,其优点是体积小、重量轻、功耗低。字符型 LCD 主要用于显示数字、字母、简单图形符号及少量自定义符号。

思考题及习题

1. AT89S52 单片机口线的驱动能力如何?
2. 发光二极管(LED)与普通二极管有何异同?
3. 数码管有哪两种类型? 段码如何确定?
4. 单片机应用系统常用的蜂鸣器有哪 2 种? 有什么特点?
5. 检测按键是否按下,应注意什么问题?
6. 试说明矩阵式键盘的键扫描及识别过程。
7. 简述 LCD1602 模块的基本组成。

第5章

80C51 的中断系统及定时/计数器

学习目标

（1）理解中断的基本概念。

（2）熟悉 80C51 中断系统的结构。

（3）熟悉 80C51 定时/计数器的结构。

重点内容

（1）80C51 的中断和定时/计数器资源配置。

（2）80C51 中断系统的使用方法。

（3）80C51 定时/计数器的使用方法。

中断是 CPU 与 I/O 设备之间数据传送的一种控制方式。80C51 单片机具备一套完善的中断系统，含有 5 个中断源、2 个优先级。

为了满足定时和计数的功能需求，80C51 基本型单片机配置了 2 个 16 位的定时/计数器，这对于单片机应用系统具有非常重要的价值。

5.1　80C51 单片机的中断系统

5.1.1　80C51 中断系统的结构

1. 中断的概念

计算机具有实时处理能力，能对外界发生的事件进行及时的处理，这要依靠计算机的中断系统来实现。中断的处理过程可以描述为：

- CPU 在进行某一工作 A 时发生了另一事件 B，请求 CPU 迅速去处理。
- CPU 可以暂时中断当前的工作，转去处理事件 B。
- 待 CPU 将事件 B 处理完毕后，再回到原来事件 A 被中断的地方继续处理事件 A。

引起 CPU 中断的因源，称为**中断源**。中断源向 CPU 提出的处理请求，称为**中断请求**或中断申请。CPU 暂时中断原来的工作 A，转去处理事件 B 的过程，称为 CPU 的**中断响应过程**。对事件 B 的整个处理过程，称为**中断服务**（或中断处理）。处理完毕后，再回到原来被中断的地方(即断点),称为**中断返回**。实现上述中断功能的部件称为**中断系统**,如图 5.1 所示。

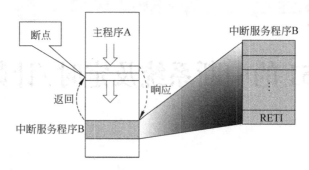

图 5.1 中断过程示意图

采用中断控制进行数据传送,具有如下优点:

- 提高 CPU 利用率。CPU 可以分时地为多个 I/O 设备服务。
- 增强控制实时性。单片机能及时处理各种随机发生的事情。
- 保证系统可靠性。对于系统故障及掉电等突发性事件可以进行预案处理。

2. 80C51 中断系统的结构

80C51 单片机的中断系统有 5 个中断源,2 个优先级,可实现二级中断服务嵌套。由片内中断允许寄存器 IE 控制 CPU 是否响应中断请求;由中断优先级寄存器 IP 安排各中断源的优先级,同一优先级内各中断同时提出中断请求时,由内部的查询逻辑确定其响应次序。

80C51 单片机的中断系统由中断请求标志位(在相关的特殊功能寄存器中)、中断允许寄存器 IE、中断优先级寄存器 IP 及内部硬件查询电路组成,如图 5.2 所示,该图中从逻辑上描述了 80C51 单片机中断系统的整体工作机制。

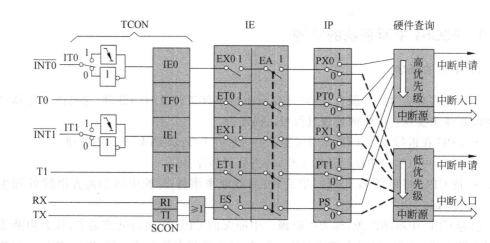

图 5.2 80C51 中断系统结构图

5.1.2　80C51 的中断源

1. 中断源

80C51 单片机有 5 个中断源。

（1）$\overline{INT0}$，外部中断 0。可由 IT0 选择其有效方式。当 CPU 检测到 P3.2/$\overline{INT0}$引脚上出现有效的中断信号时，中断标志 IE0 置 1，向 CPU 申请中断。

（2）$\overline{INT1}$，外部中断 1。可由 IT1 选择其有效方式。当 CPU 检测到 P3.3/$\overline{INT1}$引脚上出现有效的中断信号时，中断标志 IE1 置 1，向 CPU 申请中断。

（3）TF0，片内定时/计数器 T0 溢出中断。当定时/计数器 T0 发生溢出时，置位 TF0，并向 CPU 申请中断。

（4）TF1，片内定时/计数器 T1 溢出中断。当定时/计数器 T1 发生溢出时，置位 TF1，并向 CPU 申请中断。

（5）RI 或 TI，串行口中断。当串行口接收完一帧串行数据时置位 RI 或当串行口发送完一帧串行数据时置位 TI，向 CPU 申请中断。

2. 中断请求标志

在中断系统中，采用哪种中断，选择哪种触发方式，要由 TCON 和 SCON 的相应位规定。TCON 和 SCON 都属于特殊功能寄存器，字节地址分别为 88H 和 98H，可进行位寻址。

1）触发方式设置及中断标志

TCON 是定时/计数器控制寄存器，它锁存 2 个定时/计数器的溢出中断标志和外部中断$\overline{INT0}$和$\overline{INT1}$的中断标志，与中断有关的各位定义为：

位地址：	8FH	8EH	8DH	8CH	8BH	8AH	89H	88H	
TCON	TF1	TR1	TF0	TR0	IE1	IT1	IE0	IT0	字节地址：88H

IT0：$\overline{INT0}$触发方式设置位。

当 IT0＝0 时，$\overline{INT0}$为电平触发方式。CPU 在每个机器周期的 S5P2 采样$\overline{INT0}$引脚电平，当采样到低电平时，置 IE0＝1 表示$\overline{INT0}$向 CPU 请求中断；采样到高电平时，将 IE0 清 0，表示没有$\overline{INT0}$请求。

注意：电平触发方式下，IE0 状态完全由$\overline{INT0}$状态决定，响应中断时并不自动清 IE0 标志。

当 IT0＝1 时，$\overline{INT0}$**为边沿触发方式**（下降沿有效）。CPU 在每个机器周期的 S5P2 采样$\overline{INT0}$引脚电平，如果在连续的两个机器周期检测到$\overline{INT0}$引脚由**高电平变为低电平**，即第一个周期采样到$\overline{INT0}$＝1，第二个周期采样到$\overline{INT0}$＝0，则置 IE0＝1，产生中断请求。

注意：在边沿触发方式下，CPU 响应中断时硬件会自动清 IE0 标志。

电平触发方式时，外部中断源的有效低电平必须保持到请求获得响应时为止，不然就会漏掉;在中断服务结束之前,中断源的有效的低电平必须撤除,否则中断返回之后将再次产生中断。该方式适合于外部中断输入为低电平,且在中断服务程序中能清除外部中断请求源的情况。例如,并行接口芯片 8255 的中断请求线在接受读或写操作后即被复位,因此,以其去请求电平触发方式的中断比较方便。

边沿触发方式时,在相继两次采样中,先采样到外部中断输入为高电平,下一个周期采样到为低电平,则在 IE0 或 IE1 中将锁存一个逻辑 1。若 CPU 暂时不能响应,中断申请标志也不会丢失,直到 CPU 响应此中断时才清 0。另外,为了保证下降沿能够被可靠地采样到,$\overline{\text{INT0}}$和$\overline{\text{INT1}}$引脚上的负脉冲宽度至少要保持一个机器周期(晶振频率为 12MHz 时,机器周期为 $1\mu s$)。边沿触发方式适合于以负脉冲形式输入的外部中断请求,如 ADC0809 的转换结束标志信号 EOC 为正脉冲,经反相后就可以作为 80C51 的$\overline{\text{INT0}}$中断或$\overline{\text{INT1}}$中断输入。

- IE0:$\overline{\text{INT0}}$中断请求标志位。IE0=1 时,表示有$\overline{\text{INT0}}$中断申请。
- IT1:$\overline{\text{INT1}}$触发方式设置位。其功能与 IT0 类同。
- IE1:$\overline{\text{INT1}}$中断请求标志位。IE1=1 时,表示有$\overline{\text{INT1}}$中断申请。
- TF0:T0 溢出中断请求标志位。T0 启动后就开始由初值加 1 计数,直至最高位产生溢出使 TF0 置位向 CPU 请求中断。**CPU 响应中断时,TF0 会自动清 0。**
- TF1:T1 溢出中断请求标志位。其作用与 TF0 类同。

2) SCON 的中断标志

SCON 是串行口控制寄存器,与中断有关的是其低两位 TI 和 RI:

位地址:	9FH	9EH	9DH	9CH	9BH	9AH	99H	98H	
SCON	SM0	SM1	SM2	REN	TB8	RB8	TI	RI	字节地址:98H

- RI:串口接收中断标志位。允许串行口接收数据时,每接收完一帧,由硬件置位 RI。
- TI:串口发送中断标志位。当 CPU 将一个发送数据写入串行口发送缓冲器时,就启动了发送过程。每发送完一帧,由硬件置位 TI。

SM0、SM1、SM2、REN TB8 和 RB8 的含义参见第 6 章介绍。

注意:CPU 响应中断时,不能自动清除 RI 或 TI,必须由软件清除。

单片机复位后,TCON 和 SCON 各位清 0。另外,所有能产生中断的标志位均可由软件置 1 或清 0,由此可以获得与硬件使之置 1 或清 0 同样的效果。

5.1.3 80C51 中断的控制

1. 中断允许控制

CPU 对中断系统所有中断以及某个中断源的开放和屏蔽是由中断允许寄存器 IE 控制的。IE 的状态可通过程序由软件设定。某位设定为 1,相应的中断源中断允许;某位设定为 0,相应的中断源中断屏蔽。CPU 复位时,IE 各位清 0,禁止所有中断。IE 寄存器各位定义如下：

位地址：	AFH	AEH	ADH	ACH	ABH	AAH	A9H	A8H
IE	EA		ET2	ES	ET1	EX1	ET0	EX0	字节地址：A8H

- EX0：$\overline{INT0}$中断允许位。
- ET0：T0 中断允许位。
- EX1：$\overline{INT1}$中断允许位。
- ET1：T1 中断允许位。
- ES：串口中断允许位。
- ET2：T2 中断允许位。
- EA：CPU 中断允许（总允许）位。

2. 中断优先级控制

80C51 单片机有两个中断优先级，即可实现二级中断服务嵌套。每个中断源的优先级都是由中断优先级寄存器 IP 中的相应位来规定的。IP 由软件设定，某位设定为 1，则相应的中断源为高优先级；某位设定为 0，则相应的中断源为低优先级。单片机复位时，IP 各位清 0，各中断源同为低优先级。IP 寄存器各位定义如下：

位地址：			BBH	BCH	BBH	BAH	B9H	B8H
IP			PT2	PS	PT1	PX1	PT0	PX0	字节地址：B8H

- PX0：$\overline{INT0}$优先级设定位。
- PT0：T0 中断优先级设定位。
- PX1：$\overline{INT1}$中断优先级设定位。
- PT1：T1 中断优先级设定位。
- PS：串口中断优先级设定位。
- PT2：T2 中断优先级设定位。

同一优先级中的中断申请不止一个时，则有中断优先权排队问题。同一优先级的中断优先权由中断系统确定的自然优先级形成，如表 5.1 所示。

表 5.1　各中断源响应优先级及中断服务程序入口表

中断源	中断标志	中断服务程序入口	优先级顺序
外部中断 0($\overline{INT0}$)	IE0	0003H	高
定时/计数器 0(T0)	TF0	000BH	↓
外部中断 1($\overline{INT1}$)	IE1	0013H	↓
定时/计数器 1(T1)	TF1	001BH	↓
串行口	RI 或 TI	0023H	↓
定时/计数器 2(T2)	TF2	002BH	低

80C51 单片机的中断优先级应遵循的原则如下：

- 几个中断同时申请时,先响应优先级高的中断申请。
- 正进行的中断服务,同级或低级中断不能对其中断,但可以被高级中断所中断。

为此,中断系统内设有对应高、低两个优先级的状态触发器。高优先级状态触发器置1,表示正在服务高优先级的中断,它将阻断后来所有的中断请求;低优先级状态触发器置1,表示正在服务低优先级的中断,它将阻断后来所有的低优先级中断请求。优先级状态触发器的复位由 RETI 指令实现。所以,中断服务子程序必须用 RETI 结尾,否则后续的中断将被屏蔽。

5.2 80C51 单片机中断处理过程

5.2.1 中断响应条件和时间

1. 中断响应条件

CPU 响应中断必须同时满足 3 个条件：

- 有中断请求;
- 相应的中断允许位为1;
- CPU 开中断(即 EA＝1)。

CPU 执行程序过程中,中断系统会在每个机器周期的 S5P2 对各中断源进行采样。采样结果在下一个机器周期按内部顺序及优先级排序选择。如果某个中断标志在上一个机器周期的 S5P2 时被置成了1,并于当前的排序选择周期被选中,接着 CPU 便执行一条由中断系统提供的硬件 LCALL 指令,转向被称作中断向量的特定地址单元,进入相应的中断服务程序。

遇到下列任何一个条件中断响应将受阻：

- CPU 正在处理同级或高优先级中断。
- 当前排序选择周期不是所执行指令的最后一个机器周期。即在完成所执行的指令前,不会响应中断,从而保证每条指令在执行过程中不被打断。
- 正在执行的指令为 RETI 或任何访问 IE 或 IP 寄存器的指令(防止中断处理机制失控)。即只有在这些指令后面至少再执行一条其他指令时才能接受中断请求。

若由于上述条件的阻碍中断未能得到响应,当条件消失时该中断标志却已不再有效,那么该中断将不被响应(即丢失)。就是说,中断标志曾经有效,但未获响应,查询过程在下个机器周期将重新进行。

2. 中断响应时间

图 5.3 所示为某中断的响应时序。

自中断源提出中断申请,到 CPU 响应中断,需要经历一定的时间。若 M1 周期的 S5P2 前某中断生效,在 S5P2 时该中断请求被锁存到相应的标志位,下一个机器周期 M2

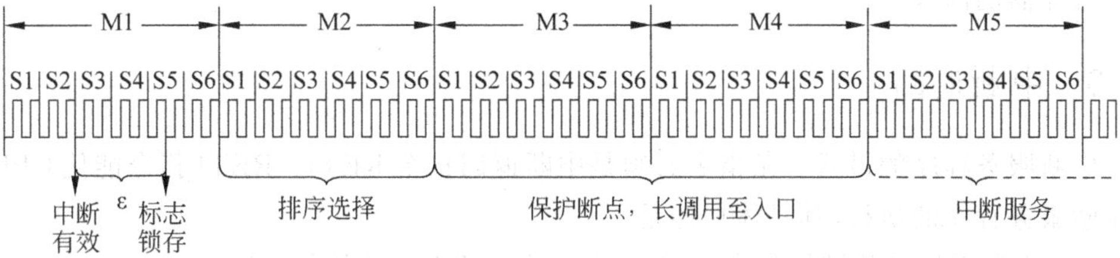

图 5.3 中断响应时序

又是该指令的最后一个机器周期(且该指令不是 RETI 或访问 IE、IP 的指令)。于是,后面两个机器周期 M3 和 M4 便可以执行硬件 LCALL 指令,M5 周期将进入了中断服务程序。

可见,对各中断标志进行排序选择需要 1 个机器周期;如果响应条件具备,CPU 执行硬件长调用指令要占用 2 个机器周期。

注意:中断响应至少要 3 个完整的机器周期。

另外,如果中断响应过程受阻,就要增加等待时间。若同级或高级中断正在进行,所需要的附加等待时间取决于正在执行的中断服务程序的长短,等待的时间不确定;若没有同级或高级中断正在进行,所需要的附加等待时间最多为 5 个机器周期。这是因为:

(1) 如果排序选择周期不是正在执行的指令的最后的机器周期,此时附加等待时间不会超 3 个机器周期(执行时间最长的指令 MUL 和 DIV 也只有 4 个机器周期)。

(2) 如果排序选择周期恰逢 RETI 或访问 IE、IP 指令,而这类指令之后要再执行另一指令,且恰好下条指令是 MUL 或 DIV 指令,则由此引起的附加等待时间也不会超过 5 个机器周期(1 个周期完成 RETI 类指令的第二周期,再加上 MUL 或 DIV 指令的 4 个周期)。

结论:对于没有嵌套的单级中断,响应时间为 3~8 个机器周期。

5.2.2 中断响应过程

CPU 响应中断的过程如下:

* 将相应优先级状态触发器置 1(以阻断后来的同级或低级的中断请求)。
* 执行硬件 LCALL 指令(PC 入栈保护断点,再将相应中断服务程序入口地址送 PC)。
* 执行中断服务程序。

中断响应过程的前两步是由中断系统内部自动完成的,而中断服务程序则要由用户编写程序来完成。编写中断服务程序时应注意:

(1) 由于 80C51 系列单片机的两个相邻中断源中断服务程序入口地址相距只有 8 个单元,一般的中断服务程序可能放不下,通常是在相应的中断服务程序入口地址单元放一条长转移指令 LJMP,这样可以使中断服务程序能灵活地安排在 64KB 程序存储器中的任何地方。若在 2KB 范围内转移,则可用 AJMP 指令。

(2) 硬件 LCALL 指令,只是将 PC 内的断点地址压入堆栈保护,而对其他寄存器(如程序状态字寄存器 PSW、累加器 A 等)的内容并不作保护处理。所以,在中断服务程序中,首先用软件保护现场,在中断服务之后、中断返回前恢复现场,以防止中断返回后,丢失原寄存器的内容。

5.2.3　中断返回

中断服务程序的最后一条指令必须是中断返回指令 RETI。RETI 指令能使 CPU 结束中断服务程序的执行,其具体功能是:

(1) 将断点地址从堆栈弹出送 PC,CPU 从原断点继续执行程序。

(2) 将相应优先级状态触发器清 0,恢复原来工作状态。

注意:不能用 RET 指令代替 RETI 指令。

RET 指令虽然也能控制 PC 返回到原来中断的地方,但 RET 指令没有清零中断优先级状态触发器的功能,中断控制系统会认为中断仍在进行,其后果是与此同级或低级的中断请求将不被响应。

若用户在中断服务程序中进行了入栈操作,则在 RETI 指令执行前应行相应的出栈操作,即在中断服务程序中 PUSH 指令与 POP 指令必须成对使用,否则不能正确返回断点。

5.2.4　中断程序举例

【例 5-1】 图 5.4 为单外部中断源应用示例。编写程序实现:系统上电后,发光二极管由左至右依次亮灭,并形成循环,间隔时间为 0.5s。按键采用中断方式接入,每按一次按键 K,流水方向改变一次。

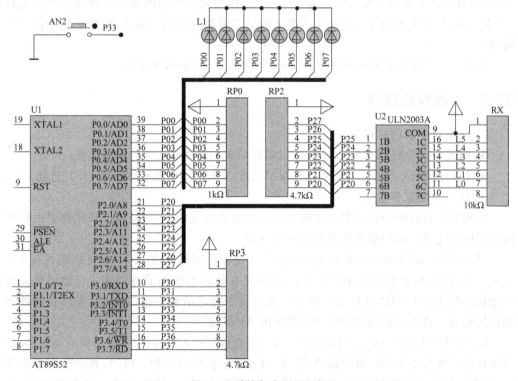

图 5.4　单外部中断源示例

解：程序如下。

```c
#include< reg52.h>
#include< intrins.h>
#define  uchar unsigned char
#define  uint unsigned int
uchar Flag=0,ScanCode=0x01;

void DelayMs(uint n)
{
    uchar j;
    while (n--)                          //11.0592MHz--113
    {
        for (j=0; j<113; j++);
    }
}
void main(void)
{
    P2=0x02;
    IE=0x84;
    IT1=1;
    while(1)
    {
        if(Flag==0)
        {
            ScanCode=_crol_(ScanCode,1);
            P0=ScanCode;
        }
        else
        {
            ScanCode=_cror_(ScanCode,1);
            P0=ScanCode;
        }
    DelayMs(500);
    }
}

void Ex0()interrupt 2
{
    Flag=~Flag;
}
```

【**例 5-2**】 图 5.5 为双外部中断源应用示例。编写程序实现：系统上电后，数码管末位显示 P。按下 AN2 键则数码管末位进行加计数，按下 AN3 键则数码管末位进行减计数。

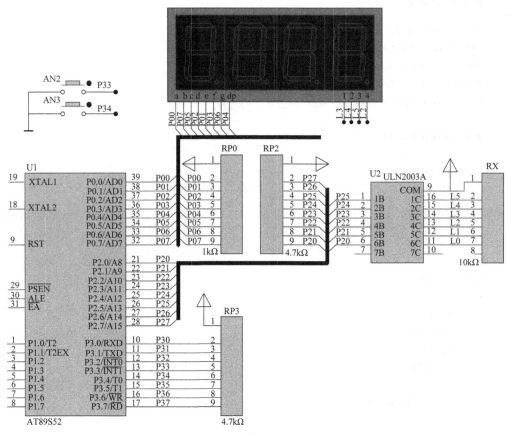

图 5.5 双外部中断源示例

解：编写程序如下。

```
#include<reg52.h>
#define  uchar unsigned char
#define  uint unsigned int

uchar Sum;
bit   Flag0,Flag1;

uchar code SegCode[]=                                    //段码
{
    0xAF,0xA0,0xC7,0xE5,0xE8,0x6D,0x6F,0xA1,0xEF,0xE9,    //不规则接法
    0xeb,0x6e,0x0f,0xe6,0x4f,0x4b,0XCB,0X10,0X00,0X40
};

void DelayMs(uint n)
{
    uchar j;
```

```
    while (n--)                          //11.0592MHz--113
    {
        for (j=0; j<113; j++);
    }
}


void t0init(void)
{
    TMOD= 0x06;
    TCON= 0x05;                          //边沿方式,自清中断标志
    TL0  = 0xff;
    TH0  = 0xff;
    TR0  = 1;
}


void main(void)
{
    IE|= 0x86;                           //开放总中断、int1 和 T0 中断

    P2= 0x04;
    P0= 0xcb;                            //P
    t0init();

    while(1)
    {
        if(Flag0)
        {
            if(Sum> 15)Sum=0;
            P0= SegCode[Sum];
            Sum++;
        }

        if(Flag1)
        {
            if(Sum==255)Sum=15;
            P0= SegCode[Sum];
            Sum--;
        }
        DelayMs(500);
    }
}

void t0Isr() interrupt 1
{
```

```
    if(!Flag0)Flag0=1;
    else Flag0=0;
}

void Ex1Isr() interrupt 2
{
    if(!Flag1)Flag1=1;
    else Flag1=0;
}
```

该示例要求采用两个中断源,由于外部中断 0 引脚已经被别的电路占用,这里采用的办法是:外部中断 1 引脚接按键 AN2,定时器 0 外部计数输入引脚接按键 AN3(注意将定时器 0 的计数初值设置在只要输入一个外部脉冲就可以申请中断的状态)。

如果外部中断 0 引脚和外部中断 1 引脚均空闲,这时可按中断任务的轻重缓急进行中断优先级排队,将最高优先级别的中断源接在 $\overline{\text{INT0}}$ 端,其余中断源用线或的方式接到 $\overline{\text{INT1}}$ 端,同时分别将它们引向一个 I/O 口,以便在 $\overline{\text{INT1}}$ 的中断服务程序中由软件按预先设定的优先级顺序查询中断的来源。

5.3 80C51 的定时/计数器

80C51 单片机片内集成有 2 个可编程的定时/计数器:T0 和 T1。它们既可以工作于定时模式,也可以工作于外部事件计数模式。此外,T1 还可以作为串行口的波特率发生器。

5.3.1 定时/计数器的结构和工作原理

1. 定时/计数器的结构

图 5.6 是定时/计数器的结构框图。

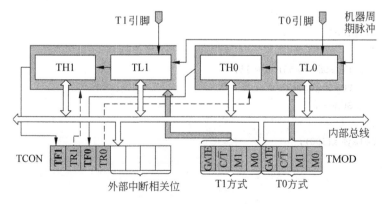

图 5.6 定时/计数器的结构框图

　　定时/计数器的实质是加 **1** 计数器（**16** 位），由高 8 位和低 8 位两个寄存器组成（T0 由 TH0 和 TL0 组成，T1 由 TH1 和 TL1 组成）。TMOD 是定时/计数器的工作方式寄存器，由它确定定时/计数器的工作方式；TCON 是定时/计数器的控制寄存器，用于控制定时/计数器的启动和停止以及设置溢出标志。

2. 定时/计数器的工作原理

　　加 1 计数输入的计数脉冲有两个来源，一个是由系统的时钟振荡器输出脉冲经 12 分频后送来（称为机器周期脉冲）；一个是 T0 或 T1 引脚输入的外部脉冲源。每来一个脉冲，计数器加 1，当加到计数器为全 1 时，再输入一个脉冲，计数器回零的同时，产生的溢出信号使 **TCON 中 TF0 或 TF1 置 1，并向 CPU 发出中断请求（定时/计数器中断允许时）**。此"溢出事件"具有重要的含义：如果定时/计数器工作于定时模式，则表示定时时间已到；如果工作于计数模式，则表示计数值已满。

　　注意：溢出事件的计数值为：（65536～计数初值）。

　　定时器模式时，计数器是对内部机器周期计数。计数值乘以机器周期就是定时时间。

　　计数器模式时，计数脉冲由 T0(P3.4) 或 T1(P3.5) 引脚输入到计数器。单片机在每个机器周期的 S5P2 期间采样 T0、T1 引脚输入的电平。当某周期采样到一高电平输入，而下一周期又采样到一低电平时，则计数器加 1（但更新的计数值要在下一个机器周期的 S3P1 期间装入计数器）。因此检测一个从 1 到 0 的下降沿需要 2 个机器周期。

　　注意：12MHz 晶振时，计数脉冲的周期要大于 $2\mu s$（即最高计数频率低于 0.5MHz）。

5.3.2　定时/计数器的控制

　　80C51 单片机定时/计数器的工作由两个特殊功能寄存器控制。**TMOD 用于设置其工作方式；TCON 用于控制其启动和中断申请。**

1. 工作方式寄存器 TMOD

　　工作方式寄存器 TMOD 用于设置定时/计数器的工作方式，低 4 位用于 T0 的设置，高 4 位用于 T1 的设置。其格式如下：

	7	6	5	4	3	2	1	0	
TMOD	GATE	C/$\overline{\text{T}}$	M1	M0	GATE	C/$\overline{\text{T}}$	M1	M0	字节地址：89H

- GATE：门控位。GATE＝0 时，只要用软件使 TCON 中的 TR0 或 TR1 为 1，就可以启动定时/计数器工作；GATA＝1 时，要用软件使 TR0 或 TR1 为 1，同时外部中断引脚 $\overline{\text{INT0}}$ 或 $\overline{\text{INT1}}$ 也为高电平时，才能启动定时/计数器工作。即此时定时器的启动，要加上了 $\overline{\text{INT0}}$ 或 $\overline{\text{INT1}}$ 引脚为高电平这一条件。
- C/$\overline{\text{T}}$：定时/计数模式选择位。C/$\overline{\text{T}}$＝0 为定时模式；C/$\overline{\text{T}}$＝1 为计数模式。
- M1M0：工作方式设置位。四种工作方式由 M1M0 进行设置，如表 5.2 所示。

　　应注意的是，由于 **TMOD 不能进行位寻址**，所以只能用字节指令设置定时/计数器的工作方式。复位时 TMOD 所有位清 0,一般应重新设置。

表 5.2　定时/计数器工作方式设置表

M1M0	工作方式	说　　明
00	方式 0	13 位定时/计数器
01	方式 1	16 位定时/计数器
10	方式 2	8 位自动重装定时/计数器
11	方式 3	T0 分成两个独立的 8 位定时/计数器;T1 此方式停止计数

2. 控制寄存器 TCON

TCON 的低 4 位与外部中断设置相关,已在前面介绍。TCON 的高 4 位用于控制定时/计数器的启动和中断申请。其格式如下:

位地址:　　8FH　8EH　8DH　8CH　8BH　8AH　89H　88H

| TCON | TF1 | TR1 | TF0 | TR0 | IE1 | IT1 | IE0 | IT0 | 字节地址:88H |

- TF1:T1 溢出中断请求标志位。计数溢出时由硬件自动置 TF1 为 1。CPU 响应中断后 TF1 由硬件自动清 0。在 T1 工作时 CPU 可随时查询 TF1 的状态。所以,TF1 可用作查询测试的标志。TF1 用软件置 1 或清 0,可以产生同硬件置 1 或清 0 同样的效果。
- TR1:T1 运行控制位。TR1 置 1 时 T1 开始工作;TR1 置 0 时 T1 停止工作。TR1 要由软件置 1 或清 0(即启动与停止要由软件控制)。
- TF0:T0 溢出中断请求标志位,其功能与 TF1 类同。
- TR0:T0 运行控制位,其功能与 TR1 类同。

5.3.3　定时/计数器的工作方式

T0 有 4 种工作方式(方式 0、1、2、3),T1 有 3 种工作方式(方式 0、1、2)。前 3 种工作方式,T0 和 T1 除了所使用的寄存器、有关控制位、标志位不同外,其他操作完全相同。为了简化叙述,下面以 T0 为例进行介绍。

1. 方式 0

当 TMOD 的 M1M0 为 00 时,定时/计数器工作于方式 0,如图 5.7 所示。

方式 0 为 13 位计数,由 TL0 的低 5 位(高 3 位未用)和 TH0 的 8 位组成。TL0 的低 5 位溢出时向 TH0 进位,TH0 溢出时,置位 TCON 中的 TF0 标志,向 CPU 发出中断请求。

定时器模式时,C/$\overline{\text{T}}$=0。若 t 为定时时间,N 为计数值,T_{cy} 为机器周期,则:

$$N=t/T_{cy}$$

这里需要根据计数值求出送入 TH1、TL1 和 TH0、TL0 中的计数初值。如果 X 为

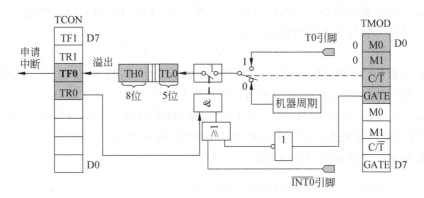

图 5.7　T0 方式 0 的逻辑结构

计数初值,则 X 可由下面格式获得:

$$X = 2^{13} - N = 8192 - N$$

初值还可以采用计数个数取补获得。 如 N 为 2,初值为: $X = 8192 - 2 = 8190 =$ 1FFEH,对计数个数 0 0000 0000 0010B 取反再加 1 则为: 1 1111 1111 1110B(即 1FFEH)。

计数模式时,$C/\overline{T} = 1$。计数脉冲是 T0 引脚上的外部脉冲。

门控位 GATE 具有特殊的作用。当 GATE = 0 时,经反相后使或门输出为 1,此时仅由 TR0 控制与门的开启,与门输出 1 时,控制开关接通,计数开始;当 GATE = 1 时,由 $\overline{\text{INT0}}$ 控制或门的输出,此时与门的开启由 $\overline{\text{INT0}}$ 和 TR0 共同控制。当 TR0 = 1 时,$\overline{\text{INT0}}$ 引脚的高电平启动计数,$\overline{\text{INT0}}$ 引脚的低电平停止计数。利用 GATE 可以**测量 $\overline{\text{INT0}}$ 引脚上正脉冲的宽度**。

注意:方式 0 采用 13 位计数器是为了与早期的单片机兼容,计数初值的高 8 位和低 5 位的确定比较麻烦,所以在实际应用中常由 16 位的方式 1 取代。

2. 方式 1

当 M1M0 为 01 时,定时/计数器工作于方式 1,其电路结构和操作方法与方式 0 基本相同,它们的差别仅在于计数的位数不同,如图 5.8 所示。

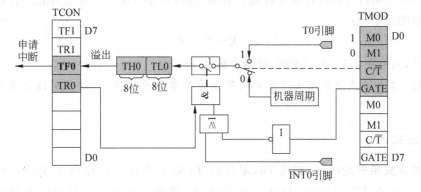

图 5.8　T0 方式 1 的逻辑结构

方式 1 的计数位数是 16 位,由 TL0 作为低 8 位、TH0 作为高 8 位,组成了 16 位加 1 计数器。计数个数与计数初值的关系为:

$$X = 2^{16} - N = 65\,536 - N$$

计数个数为 65 536 时,初值 X 为 0;计数个数为 1 时,初值 X 为 65 535。计数初值要分解成 2 个字节并分别送入 TH0 和 TL0(对于 T1 则为 TH1 和 TL1)中。

因为 $t = N \cdot T_{cy}$,对于 11.0592MHz 的晶振,延时时间为 5ms、10ms、20ms 及 50ms 时,可以算出初值分别为:EE00H、DC00H、B800H 和 4C00H。

计数初值的计算也可用下面的语句完成:

```
TH0= (65536-N)/256    ;商为计数初值的高字节
TL0= (65536-N)%256    ;余数为计数初值的低字节
```

3. 方式 2

当 M1M0 为 10 时,定时/计数器工作于方式 2,其逻辑结构如图 5.9 所示。

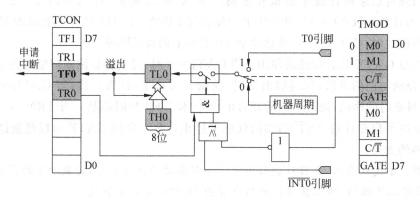

图 5.9　T0 方式 2 的逻辑结构

方式 2 为自动重装初值的 8 位计数方式。TH0、TL0 均装入 8 位初值。当 TL0 计满溢出时,由硬件使 TF0 置 1,向 CPU 发出中断请求,并将 TH0 中的计数初值自动送入 TL0。TL0 从初值重新进行加 1 计数。周而复始,直至 TR0=0 才会停止。计数个数与计数初值的关系为:

$$X = 2^8 - N$$

可见,初值在 255~0 范围时,**计数个数为 1~256**。

注意:工作方式 2 时省去了用户软件中重装常数的程序,所以特别适合于脉冲信号发生器。

4. 方式 3

方式 3 只用于定时/计数器 T0,定时器 T1 处于方式 3 时相当于 TR1=0,停止计数。当 T0 的方式字段中的 M1M0 为 11 时,T0 被设置为方式 3,其逻辑结构如图 5.10 所示。

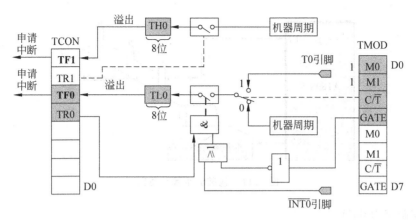

图 5.10　T0 方式 3 的逻辑结构

方式 3 时,T0 分成为两个独立的 8 位计数器 TL0 和 TH0,TL0 使用 T0 的所有控制位:C/$\overline{T}$、GATE、TR0、TF0 和 $\overline{INT0}$。当 TL0 计数溢出时,由硬件使 TF0 置 1,向 CPU 发出中断请求。

TH0 固定为定时方式(不能进行外部计数),并且借用了 T1 的控制位 TR1、TF1。因此,TH0 的启动和停止受 TR1 控制,TH0 的溢出将置位 TF1。

在 T0 方式 3 时,因 T1 的控制位 C/$\overline{T}$、M1M0 仍然有效,T1 仍可按方式 0、1、2 工作,只是不能使用运行控制位 TR1 和溢出标志位 TF1,也不能发出中断请求信号。方式设定后,T1 将自动运行,如果要停止工作,只需将其定义为方式 3 即可。

在单片机的串行通讯应用中,T1 常作为串行口波特率发生器(工作在不使用 TR1 和 TF1,也不用中断请求的方式 2)。这时将 T0 设置为方式 3,可以使单片机的定时/计数器资源得到充分利用。

5.3.4　定时/计数器应用举例

80C51 单片机的定时/计数器是可编程的。因此,在利用定时/计数器进行定时或计数之前,首先,要通过软件对它进行初始化。

初始化程序应完成如下工作:

- 对 TMOD 赋值,以确定 T0 和 T1 的工作方式。
- 计算初值,并将其写入 TH0、TL0 或 TH1、TL1。
- 中断方式时,要对 IE 赋值,开放中断。
- 使 TR0 或 TR1 置位,启动定时/计数器开始定时或计数。

1. 计数应用

【例 5-3】　有一包装流水线,产品每计数 12 瓶时发出一个包装控制信号。试编写程序完成这一计数任务。用 T0 完成计数,用 P3.7 发出控制信号。

解:用 T0 完成计数,用 P3.7 发出控制信号,如图 5.11 所示。

(1) T0 工作在计数的方式 2 时,控制字 TMOD 配置为 M1M0＝10,GATE＝0,C/$\overline{T}$＝

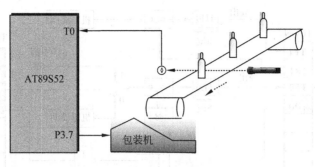

图 5.11　包装流水线示意图

1,方式控制字为 06H。

（2）求计数初值 X：

$$N=12$$

$$X=2^8-N=256-12=244=F4H$$

即应将 F4H 送入 TH0 和 TL0 中。

（3）实现程序如下：

```
#include<reg52.h>
#define  uchar unsigned char
#define  uint unsigned int
uchar     Flag,Counter=0;

uchar code SegCode[]=                      //段码
{
0xc0,0xf9,0xa4,0xb0,0x99,0x92,0x82,0xf8,0x80,0x90,
0x88,0x83,0xc6,0xa1,0x86,0x8e};

sbit P37=P3^7;

void DelayMs(uint n)
{
    uchar j;
    while (n--)                          //当频率为 11.0592MHz 时延时常数为 113
    {
        for (j=0; j<113; j++);
    }
}

void C0Isr() interrupt 1
{
    Flag=1;
    Counter++;
```

```
        if(Counter==13)Counter=0;
}


void main(void)
{
    TMOD=0x06;                          //8 位重装,T0 计数
    TH0=0xf4;
    TL0=0xf4;
    IE=0x82;                            //开放中断
    TR0=1;                              //启动计数

    P0=0x8c;
    P2=0xfe;
    while(1)
    {
        if(Flag==1)
        {
            Flag=0;
            P37=0;
            P0=SegCode[Counter];
            DelayMs(20);
            P37=1;
        }
    }
}
```

2. 定时应用

1) 定时时间较小时(使用 11.0592MHz 的晶振时,小于 70ms)

晶振为 11.0592MHz 时,T_{cy} 为 $(12/11.0592)\mu s$。在 4 种工作方式中,方式 1 具有最大的定时能力,大约为 70ms。当定时要求小于 70ms 时,可以直接采用方式 1 完成定时任务。

【例 5-4】 利用定时/计数器 T0 的方式 1,产生 10ms 的定时,并使 P2.7 引脚上输出周期为 20ms 的方波,采用中断方式,设系统的晶振频率为 11.0592MHz。

解:

(1) T0 工作在定时的方式 1 时,控制字 TMOD 的配置为 M1M0＝01,GATE＝0,C/$\overline{\text{T}}$＝0,方式控制字为 01H。

(2) 计算计数初值 X。

由于晶振为 11.0592MHz,所以:

$$N=t/T_{cy}=10\times10^{-3}/(12/11.0592)\times10^{-6}=9216$$

$$X=2^{16}-N=65536-9216=56320=\text{DC00H}$$

即应将 DCH 送入 TH0 中,00H 送入 TL0 中。

(3) 实现程序如下:

```c
#include<reg52.h>
#define  uchar unsigned char
#define  uint unsigned int
sbit P27=P2^7;

void main(void)
{
    TMOD=0x01;
    TL0=0x00;
    TH0=0xDC;
    IE=0x82;
    TR0=1;
    while(1);
}

void T0Isr() interrupt 1
{
    P27=~ P27;
    TL0=0x00;
    TH0=0xDC;
}
```

2) 定时时间较大时(使用 11.0592MHz 的晶振时,大于 70ms)

当定时时间要求较大时,可以采用两种方法实现。一是采用 1 个定时器定时一定的时间间隔(如 20ms),然后用软件进行计数(在主程序或中断服务程序中均可);二是采用 2 个定时器级联,其中一个定时器用来产生周期信号(如 20ms 为周期),然后将该信号送入另一个计数器的外部脉冲输入端进行脉冲计数,以获得所需的定时时间。

【例 5-5】 试编写程序,实现用定时/计数器 T0 定时,使 P2.7 引脚输出周期为 1s 的方波。设系统的晶振频率为 11.0592MHz。

解:采用定时 20ms,然后再计数 25 次的方法实现。

(1) T0 工作在定时方式 1 时,控制字 TMOD 的配置为 M1M0=01,GATE=0,C/$\overline{\text{T}}$=0,可取方式控制字为 01H。

(2) 计算计数初值 X。

晶振为 11.0592MHz,所以机器周期 T_{cy} 为 $(12/11.0592)\mu$s。

$$N=t/T_{cy}=20\times10^{-3}/(12/11.0592)\times10^{-6}=18432$$
$$X=2^{16}-N=65536-18432=47104=\text{B800H}$$

即应将 B8H 送入 TH0 中,00H 送入 TL0 中。

(3) 实现程序如下:

```c
#include<reg52.h>
#define  uchar unsigned char
```

```
#define   uint unsigned int
sbit P27= P2^7;

void main(void)
{
    TMOD= 0x01;                          //T0:16位,定时
    TL0= 0x00;
    TH0= 0xB8;
    IE  = 0x82;
    TR0= 1;
    while(1);
}

void T0Isr() interrupt 1
{
    static uchar  Counter;
    Counter++;
    if(Counter==25)
    {
        P27= ~ P27;
        Counter= 0;
    }
    TL0= 0x00;
    TH0= 0xB8;
}
```

3) 单定时器产生多定时间隔

利用一个定时器,可以采用计数的方法产生多个定时时间间隔,这可以有效地利用定时器资源,同时可以方便地完成时间触发的多任务调度。参见本章渐进实践案例。

3. 门控位的应用

【例 5-6】 测量 $\overline{INT0}$ 引脚上出现的正脉冲宽度,并将结果(以机器周期的形式)存放在变量 high 和 low 两个单元中。

解: 被测信号与计数的关系如图 5.12 所示。将 T0 设置为方式 1 的定时方式,且 GATE=1,计数器初值为 0,将 TR0 置 1。当 $\overline{INT0}$ 引脚上出现高电平时,加 1 计数器开始对机器周期计数,当 $\overline{INT0}$ 引脚上信号变为低电平时,停止计数,然后读出 TH0、TL0 的值。

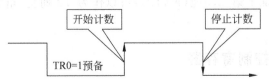

图 5.12　被测信号与计数的关系

实现程序如下：

```
#include<reg52.h>
#define   uchar unsigned char
uint   Count;
uchar   High,Low;
sbit   P32=P3^2;

void main(void)
{
    while(1)
    {
        TMOD=0x09;
        TL0=0;
        TH0=0;
        while(P32);
        TR0=1;
        while(!P32);
        while(P32);
        Count=TH0;
        Count<<=8;
        Count|=TL0;
    }
}
```

运行上述程序后，Count 变量的内容就是脉冲宽度的微秒数(使用 12MHz 晶振时)，可以直接在数码管上显示出来。

5.4　80C52 的定时/计数器 T2

在增强型单片机 80C52 系列的产品中，除了片内的 ROM 和 RAM 的容量增加了一倍外，还增加了一个定时/计数器 T2，因此，相应地增加了一个中断源 T2(矢量地址002BH)。T2 具备 T0 和 T1 的基本功能的同时，还增加了 16 位自动重装、捕获及加减计数方式。

增强型单片机的 P1.0 增加了第二功能(T2)，可以作为 T2 的外部脉冲输入和定时脉冲输出；P1.1 也增加了第二功能(EXT2)，可以作为 T2 捕捉/重装方式的触发和检测控制。

5.4.1　T2 的相关控制寄存器

与 T2 相关的寄存器有 6 个(总的 SFR 个数增到了 27 个)，功能如下：

1. 工作模式寄存器 T2MOD

T2MOD 用于设置 T2 的工作模式。只有低 2 位有效。格式如下：

	7	6	5	4	3	2	1	0	
T2MOD							T2OE	DCEN	字节地址：C9H

- T2OE：输出允许位。T2OE＝0 时，禁止定时时钟从 P1.0 输出；T2OE＝1 时，允许定时时钟从 P1.0 输出。复位时 T2OE 为 0。
- DCEN：计数方向控制使能位。DCEN＝0 时，引脚 P1.1 状态对计数方向无影响（采用默认的加计数）。DCEN＝1 时，计数方向与 P1.1 状态有关（0，加计数；1，减计数）。复位时 DCEN 为 0。

2. 控制寄存器 T2CON

T2CON 用于对 T2 的各种功能进行控制。复位时状态为 00H。格式如下：

	7	6	5	4	3	2	1	0	
T2CON	TF2	EXF2	RCLK	TCLK	EXEN2	TR2	C/$\overline{\text{T2}}$	CP/$\overline{\text{RL2}}$	字节地址：C8H

- TF2：T2 溢出中断标志。T2 溢出时置位并向 CPU 申请中断，且只能由用户软件清 0（而 TF0 和 TF1 可由硬件自动清 0）。当 RCLK＝1 或 TCLK＝1 时，T2 溢出不对 TF2 置位。
- EXF2：T2 外部中断标志。在捕捉和自动重装方式下，当 EXEN2＝1 时，在 T2EX 引脚发生负跳变会使 EXF2 置位。如果此时 T2 中断被允许，则 EXF2＝1 会使 CPU 响应中断。EXF2 由用户软件清 0。
- RCLK：串行口接收时钟选择。当 RCLK＝1 时，串行口的接收时钟（方式 1 和方式 3）采用 T2 的溢出脉冲。RCLK＝0 时，接收时钟采用 T1 的溢出脉冲。
- TCLK：串行口发送时钟选择。当 TCLK＝1 时，串行口的发送时钟（方式 1 和方式 3）采用 T2 的溢出脉冲。TCLK＝0 时，发送时钟采用 T1 的溢出脉冲。
- EXEN2：外部触发使能位。对于捕捉和重装方式，若 EXEN2＝1 时，T2EX 引脚的负跳变会触发捕捉或重装动作。EXEN2＝0 时，T2EX 引脚的电平变化对 T2 没有影响。
- TR2：T2 的运行控制位。利用软件使 TR2＝1 时，启动 T2 运行，TR2＝0 时，停止 T2 运行。
- C/$\overline{\text{T2}}$：T2 的定时或计数功能选择位。C/$\overline{\text{T2}}$＝0 时，T2 为内部定时器，C/$\overline{\text{T2}}$＝1 时，T2 为外部事件计数器（下降沿触发）。
- CP/$\overline{\text{RL2}}$：捕捉或重装选择位。CP/$\overline{\text{RL2}}$＝1 时，T2 工作于捕捉方式；CP/$\overline{\text{RL2}}$＝0 时，T2 工作于重装方式。

5.4.2　T2 的工作方式

1. 捕捉方式(CP/$\overline{\text{RL2}}$＝1)

其结构和原理如图 5.13 所示。

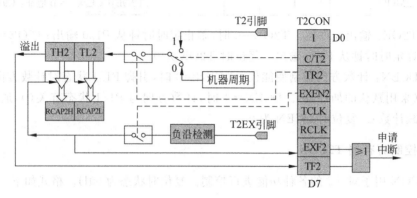

图 5.13　定时计数器 T2 的捕捉方式

1) EXEN2＝0 时,普通的定时/计数方式

T2 为 16 位定时/计数器。由 C/$\overline{\text{T2}}$位决定是作为计数器还是定时器。若作为定时器,其计数输入为振荡脉冲的 12 分频信号;若作为计数器,以 T2 的外部输入引脚(P1.0)上的输入脉冲作为计数脉冲。溢出时 TF2 置位,向 CPU 申请中断。

2) EXEN2＝1 时,捕捉方式

T2 在能够完成普通定时/计数功能的同时,还增加了捕捉功能。在引脚 T2EX(P1.1)的电平发生有效负跳变时,会把 TH2 和 TL2 的内容锁入捕捉寄存器 RCAP2H 和 RCAP2L 中,并使 EXF2 置位,向 CPU 申请中断。

注意:计数溢出和外部触发信号均能引起中断;但仅外部触发信号可引起捕捉动作。

2. 自动重装入方式(CP/$\overline{\text{RL2}}$＝0)

1) DCEN＝0 时(仅向上计数)的计数和触发重装。

EXEN2＝0 时,仅向上计数溢出事件使 RCAP2H 和 RCAP2L 的值重装到 TH2 和 TL2 中,并使 TF2 置位,并向 CPU 申请中断。

EXEN2＝1 时,T2EX(P1.1)引脚电平发生负跳变也会使 RCAP2H 和 RCAP2L 的值重装到 TH2 和 TL2 中,并使 EXF2 置位,并向 CPU 申请中断。其结构和原理如图 5.14 所示。

注意:EXEN2＝1 时,向上计数溢出和外部触发信号均能引起重装和中断。

2) DCEN＝1(计数方向可选)时的计数重装

当 DCEN＝1 时,T2EX(P1.1)引脚电平为方向控制。当 P1.1＝0 时,T2 减计数,当 TH2 和 TL2 与 RCAP2H 和 RCAP2L 的值对应相等时,计数器溢出,并将 FFH 加载到 TH2 和 TL2;当 P1.1＝1 时,T2 加计数,溢出时 TH2 和 TL2 自动重装为 RCAP2H 和

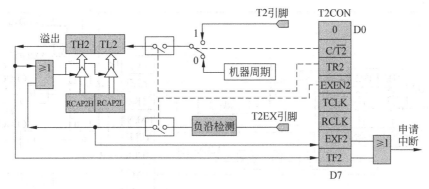

图 5.14   常数自动重装入方式(DCEN＝0)

RCAP2L 的值。无论哪种溢出,均置位 TF2 向 CPU 申请中断。其结构和原理如图 5.15 所示。

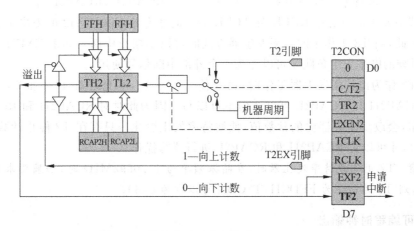

图 5.15   常数自动重装入方式(DCEN＝1)

注意:DCEN＝1 时,外部引脚用作方向控制,外部信号不再用来触发中断。T2CON 为 0x04 时,对于 12MHz 的晶振,重装定时可达 65ms(而 T0 或 T1 仅为 250μs)。

3. 波特率发生器方式

当 RCLK＝1 和 TCLK＝1 时,T2 用作波特率发生器。结构原理如图 5.16 所示。

$$波特率＝T2 溢出率/16$$

T2 波特率发生器方式类似于常数自动重装入方式,其 16 位常数值是由 RCAP2L 和 RCAP2H 装入的,而捕捉寄存器里的初值则由软件置入。由于 T2 的溢出率是由 T2 的工作方式所确定,而 T2 可以用作定时器或计数器,最典型的应用是把 T2 设置为定时器,即置 C/$\overline{T}$＝0,这时,T2 的输入计数脉冲为振荡频率的二分频信号,当 TH2 计数溢出时,溢出信号控制将 RCAP2L 和 RCAP2H 寄存器中的初值重新装入 TL2 和 TH2 中,并从此初值开始重新计数,由于 T2 的溢出率是严格不变的,因而使串行口方式 1、方式 3 的波特率非常稳定,即:

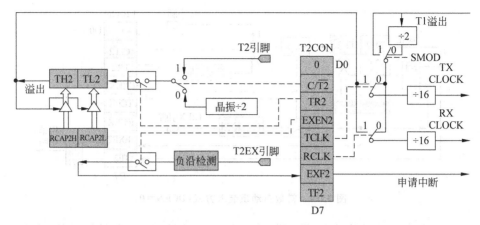

图 5.16　T2 波特率发生器方式

$$波特率=振荡频率/\{32\times[65\,536-(RCAP2H、RCAP2L)]\}$$

波特率发生器只有在 RCLK 及 TCLK 为 1 时才有效,此时 TH2 的溢出不会将 TF2 置位。因此,当 T2 工作于波特率发生器方式时可以不禁止中断。如果 EXEN2 被置位,T2EX 引脚的电平发生负跳变可以作为一个外部中断信号使用。

当 T2 作为波特率发生器工作时(已经使 TR2=1),不允许对 TL2 和 TH2 进行读写,对 RCAP2H 和 RCAP2L 可以读但不可以写。因为此时对 RCAP2H 和 RCAP2L 进行写操作,会改变寄存器内的常数值,使波特率发生变化。只有在 T2 停止计数后(即让 TR2=0),才可以对 RCAP2H 和 RCAP2L 进行读写操作。

注意:T2 用作波特率发生器时,在晶振频率为 11.0592MHz 时,如果要求的波特率为 9600,则 T2 的初值为 FFDCH,T2CON 可以设为 0x30。

4. 可编程时钟输出

当 T2CON 中的 C/$\overline{T2}$=0 ,T2MOD 中的 T2OE=1 时,定时器可以通过编程在 P1.0 输出占空比为 50% 的时钟脉冲。此时 T2 的结构原理如图 5.17 所示。

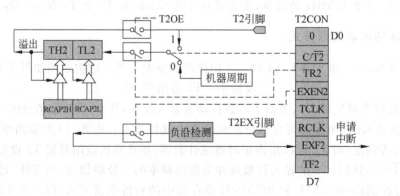

图 5.17　T2 的时钟输出方式

时钟输出频率为：

$$频率＝振荡频率/\{4\times[65\ 536-(RCAP2H、RCAP2L)]\}$$

用作时钟输出时，TH2 的溢出不会产生中断，这种情况与波特率发生器方式类似。定时器 T2 用作时钟发生器时，同时也可以作为波特率发生器使用，只是波特率和时钟频率不能分别设定(因为二者都使用 RCAP2H 和 RCAP2L)。

5.5　渐 进 实 践
——外部中断次数计数器及其 Proteus 仿真

1. 任务分析

计数值的显示采用数码管，数码管电路与前面章节用过的电路相同，采用共阴极接法，由 2003 反相驱动器驱动。中断引脚利用按键 AN2(即外部中断 1 引脚)。

2. 编写 C51 程序

```
#include< reg52.h>
#define uchar unsigned char
#define uint unsigned int
sbit AN2=P3^3;

uint    Count;
uchar code SegCode[]=                    //共阴接法段码,高电平"1"有效
{0xAF,0xA0,0xC7,0xE5,0xE8,0x6D,0x6F,0xA1,0xEF,0xE9,
0xeb,0x6e,0x0f,0xe6,0x4f,0x4b,0XCB,0X10,0X00,0X40};
                                         //P、、暗、-
uchar code BitCode[]=
{0x04,0x20,0x10,0x08};                   //位码:个位在先,P2 口 1 有效

//显示缓冲区
uchar DispBuf[]={0,0x12,0x12,0x12};

void DelayMs(uint n)
{
    uchar j;
    while (n--)                          //11.0592MHz--113
    {
        for (j=0; j<113; j++);
    }
}

void NumToBuf(void)
{
```

```
    DispBuf[3]=Count/1000;
    DispBuf[2]=Count/100%10;
    DispBuf[1]=Count/10%10;
    DispBuf[0]=Count%10;
}

void BufToSeg()                              //显示缓冲区数据
{
    uchar i;
    for(i=0;i<4;i++)
    {
        P0=SegCode[DispBuf[i]];
        P2=BitCode[i];
        DelayMs(1);
        P2&=0xc3;
    }
}



void Int1_Isr(void)interrupt 2
{
    EX1=0;
    if(++Count==10000)Count=0;
    EX1=1;
}

void main(void)
{
    IT1=1;
    EX1=1;
    EA  =1;
    while(1)
    {
        NumToBuf();
        BufToSeg();
        DelayMs(5);
    }
}
```

3. 生成可执行文件

在 μVision 环境编译、连接,生成可执行文件。

4. 在 Proteus 环境仿真

进入 Proteus 软件,加入已经生成的目标程序,按仿真运行按钮,仿真效果如图 5.18

所示。该程序运行后,首先显示 0000,然后每按 AN2 键 1 次,数码管显示的内容就加 1。

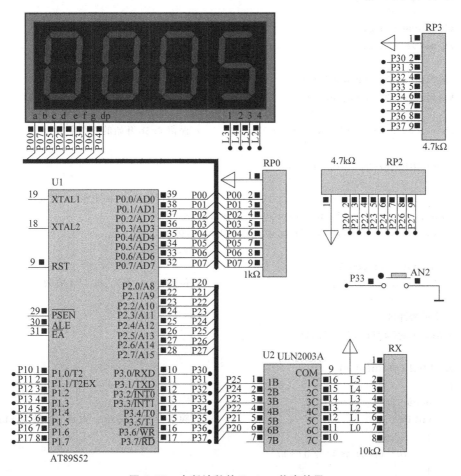

图 5.18　中断计数的 Proteus 仿真效果

5. 实板验证

将在 μVision 环境生成的可执行文件写入实物电路板的单片机存储器,上电自动运行,操作 AN2 观察效果。

5.6　渐进实践
——简易秒表的定时器实现及其 Proteus 仿真

1. 任务分析

用 4 位数码管实现秒表显示,数码管电路与前面章节用过的电路相同,采用共阴极接法,由 2003 反相驱动器驱动。秒与分之间采用小数点分隔。

2. 编写 C51 程序

```
#include<reg52.h>
#include<stdio.h>

#define uchar unsigned char
#define uint   unsigned int

char code reserve [3] _at_ 0x3b;              //保留 0x3b 开始的 3 个字节

uchar Minute,Second,Counter;

uchar code SegCode[]=                         //共阴接法段码,高电平"1"有效
{0xAF,0xA0,0xC7,0xE5,0xE8,0x6D,0x6F,0xA1,0xEF,0xE9,
0xeb,0x6e,0x0f,0xe6,0x4f,0x4b,0XCB,0X10,0X00,0X40};
                                              //P、.、暗、-
uchar code BitCode[]=
{0x04,0x20,0x10,0x08};                        //位码:个位在先,P2 口 1 有效

//显示缓冲区
uchar DispBuf[]={4,3,2,1};

void DelayMs(uint n)
{
    uchar j;
    while (n--)                               //频率为 11.0592MHz 时延时常数为 113
    {
        for (j=0; j<113; j++);
    }
}


void BufToSeg()                               //显示缓冲区数据
{
    uchar i;
    for(i=0;i<4;i++)
    {
        if(i==2)
        P0=SegCode[DispBuf[i]]|0x10;
        else
        P0=SegCode[DispBuf[i]];
        P2=BitCode[i];
        DelayMs(1);
        P2&=0xc3;                             //PROTEUS
    }
}
```

```
void Count_To_Buff()
{
    DispBuf[3]=Minute/10;               //分十位
    DispBuf[2]=Minute%10;               //分个位
    DispBuf[1]=Second/10;               //秒十位
    DispBuf[0]=Second%10;               //秒个位
}

void main(void)
{
    TMOD=0x01;                          //T0 方式 1
    TH0=0x4C;                           //50ms
    TL0=0x00;
    ET0=1;
    EA=1;
    TR0=1;

    while(1)
    {
        Count_To_Buff();
        BufToSeg();                     //显示缓冲区数据
    }
}

void T0_Isr(void) interrupt 1
{
    Counter++;
    if(Counter==20)
    {
        Counter=0;
        Second++;
        if(Second==60)
        {
            Second=0;
            Minute++;
            if(Minute==60)
            Minute=0;
        }
    }
    TH0=0x4C;
    TL0=0x00;
}
```

3. 生成可执行文件

在 μVision 环境编译、连接，生成可执行文件。

4. 在 Proteus 环境仿真

进入 Proteus 软件,加入已经生成的目标程序,按仿真运行按钮,仿真效果如图 5.19 所示。该程序运行后,首先显示 0000,然后每隔 1s,显示内容加 1。

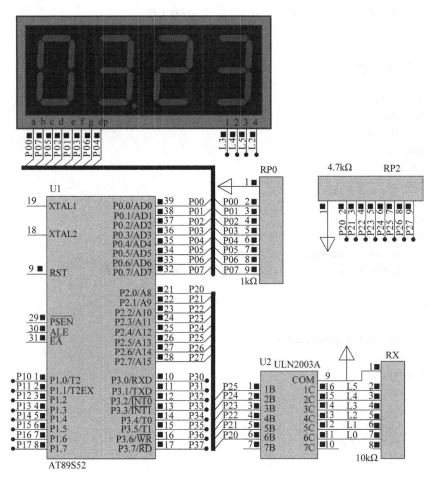

图 5.19　简易秒表的 Proteus 仿真效果

5. 实板验证

将在 μVision 环境生成的可执行文件写入实物电路板的单片机存储器,上电自动运行,操作 AN2 观察效果。

本 章 小 结

80C51 单片机中断系统提供了 5 个中断源,即外部中断 0 和外部中断 1,定时/计数器 T0 和 T1 的溢出中断,串行口的接收和发送中断。这 5 个中断源可分为 2 个优先级,由寄存器 IP 设定它们的优先级。同一优先级别的中断优先权,按由系统硬件确定的自然优先级排队。

5 个中断源的中断请求是借用定时/计数器的控制寄存器 TCON 和串行控制寄存器 SCON 中的有关位作为标志,某一中断源申请中断有效时,系统硬件将自动置位 TCON 中的相应标志位。两个外部中断源的触发方式可由 TCON 中的 ITx 位设定为电平触发或边沿触发方式。

CPU 对所有中断源以及某个中断源的开放和禁止,是由中断允许寄存器 IE 管理的。

单片机的定时/计数器 T0 和 T1,实质上是特殊功能寄存器中的两个 16 位寄存器对 TH0、TL0 和 TH1、TL1。每个定时/计数器都可以通过 TMOD 中的 C/$\overline{\text{T}}$ 位设定为定时或计数模式。不论作定时器用,还是作计数器用,它们都有四种工作方式,由 TMOD 中的 M1M0 设定。

定时/计数器的启、停由 TMOD 中的 GATE 位和 TCON 中的 TR1、TR0 位控制(软件控制),或由 $\overline{\text{INT0}}$、$\overline{\text{INT1}}$ 引脚输入的外部信号控制(硬件控制)。

思考题及习题

1. 80C51 有几个中断源? 各中断标志是如何产生的? 又是如何复位的? CPU 响应各中断时,其中断入口地址是多少?

2. 外部中断源有电平触发和边沿触发两种触发方式,这两种触发方式所产生的中断过程有何不同? 怎样设定?

3. 定时/计数器工作于定时和计数方式时有何异同点?

4. 定时/计数器的 4 种工作方式各有何特点?

5. 要求定时/计数器的运行控制完全由 TR1、TR0 确定和完全由 $\overline{\text{INT0}}$、$\overline{\text{INT1}}$ 高低电平控制时,其初始化编程应作何处理?

6. 当定时/计数器 T0 用作方式 3 时,定时/计数器 T1 可以工作在何种方式下? 如何控制 T1 的开启和关闭?

7. 利用定时/计数器 T0 从 P1.0 输出周期为 1s,脉宽为 20ms 的正脉冲信号,晶振频率为 12MHz。试设计程序。

8. 要求从 P1.1 引脚输出 1000Hz 方波,晶振频率为 12MHz。试设计程序。

9. 试用定时/计数器 T1 对外部事件计数。要求每计数 100,就将 T1 改成定时方式,控制 P1.7 输出一个脉宽为 10ms 的正脉冲,然后又转为计数方式,如此反复循环。设晶振频率为 12MHz。

10. 利用定时/计数器 T0 产生定时时钟,由 P1 口控制 8 个指示灯。编一个程序,使 8 个指示灯依次闪动,闪动频率为 1 次/秒(即,亮 1s 后熄灭并点亮下一个)。

第6章

80C51 单片机的串行口

学习目标

(1) 了解 80C51 单片机串行口结构。

(2) 掌握 80C51 单片机串行口的使用方法。

(3) 建立起计算机串行通信应用极为广泛的概念。

重点内容

(1) 80C51 单片机串行口接收和发送数据的实现方法。

(2) 80C51 单片机串行通信的格式规定。

(3) 80C51 单片机串行通信的程序设计思想。

通信是指信息的交换。**计算机通信**是将计算机技术与通信技术相结合,完成计算机与外部设备或计算机与计算机之间的信息的交换。

6.1 计算机串行通信基础

计算机通信有并行通信和串行通信两种方式。**并行通信**是将收发设备的所有数据位用多条数据线连接并**同时传送**,如图 6.1 所示。

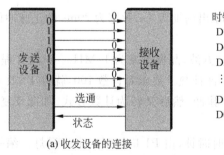
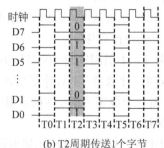

(a) 收发设备的连接 　　　　　(b) T2 周期传送 1 个字节

图 6.1 并行通信示意图

并行通信时除了数据线外还要有通信控制线。发送设备在发送数据时要先检测接收设备的状态,若接收设备处于可以接收数据的状态,发送设备就发出选通信号。在选通信号的作用下各数据位信号同时(图 6.1 示出了 T2 时刻)传送到接收设备。可以看出,传送 1 个字节数据仅用了 1 个周期。

　　并行通信的特点：传送控制简单、速度快，但距离长时传输线较多，成本高。

　　串行通信是将数据字节分成一位一位的形式，在一条传输线上逐个传送，如图 6.2 所示。串行通信时，数据发送设备先将数据代码由并行形式转换成串行形式，然后一位一位地逐个放在传输线上进行传送；数据接收设备将接收到的串行位形式的数据转换成并行形式进行存储或处理。串行通信必须采取一定的方法进行数据传送的起始及停止控制。

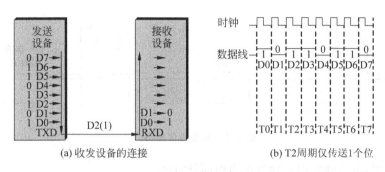

　　　　　(a) 收发设备的连接　　　　　　　　(b) T2周期仅传送1个位

图 6.2　串行通信示意图

　　串行通信的特点：传送控制复杂、速度慢，距离长时由于传输线少，成本低。

6.1.1　串行通信的基本概念

1. 异步通信与同步通信

　　对于串行通信，数据信息和控制信息都要在一条线上实现传送。为了对数据和控制信息进行区分，收发双方要事先约定共同遵守的通信协议。

　　通信协议约定内容包括：同步方式、数据格式、传输速率、校验方式等。

　　依发送与接收设备时钟的配置方式串行通信可以分为异步通信和同步通信。

　　1) 异步通信

　　异步通信是指发送和接收设备使用各自的时钟控制数据的传输过程。为使收发双方协调，要求发送和接收设备的时钟频率尽可能一致（误差在允许的范围内），如图 6.3 所示。

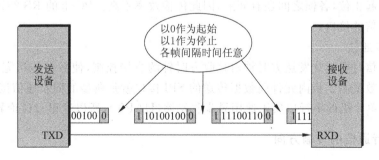

图 6.3　异步通信示意图

异步通信是**以字符(构成的帧)为单位进行传输**,字符与字符之间的间隙(时间间隔)任意,但每个字符中的各位是以固定的时间传送的,即字符之间是异步的(各帧之间不一定有"位间隔"的整数倍的关系)。

异步通信也要求发送设备与接收设备传送数据的同步,采用的办法是使传送的每一个字符都以起始位 0 开始,以停止位 1 结束。这样,传送的每一帧都用起始位来进行收发双方的同步。停止位和间隙作为时钟频率偏差的缓冲,即使收发双方时钟频率略有偏差,积累的误差也仅限制在本帧之内。异步通信的帧格式如图 6.4 所示。

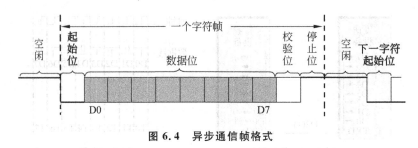

图 6.4 异步通信帧格式

由图可见,异步通信的每帧数据由四部分组成:

- 起始位(1 位);
- 数据位(8 位);
- 奇偶校验位(1 位,也可以没有校验位);
- 停止位(1 位)。

图中给出的是 1 位起始位、8 位数据位、1 位校验位和一位停止位,共 11 位组成一个传输的字符帧。数据传送时低位先传送,高位后传送。字符之间允许有不定长度的空闲位。起始位 0 作为传输开始的联络信号,它告诉接收方传送的开始,接下来就是数据位和奇偶校验位,停止位 1 表示一个字符帧的结束。

接收设备在接收状态时不断地检测传输数据线,看是否有起始位到来。当收到一系列的 1(空闲位或停止位)之后,检测到一个 0,说明起始位出现,就开始接收所规定的数据位和奇偶校验位以及停止位。串行接口电路将停止位去掉后把数据位拼成一个并行字节,再经校验无误才算正确地接收到一个字符。一个字符接收完毕后,接收设备又继续测试传输线,监视"0"电平的到来(下一个字符开始),直到全部数据接收完毕。

异步通信的特点是不要求收发双方时钟的严格一致,易于实现,但每个字符要附加 2 或 3 位用于起止位,各帧之间还有间隔,因此传输效率不高。PC 上的 RS-232C 接口是典型的异步通信的接口。

2) 同步通信

同步通信时要建立发送方时钟对接收方时钟的直接控制,使数据传送完全同步。同步通信传输效率高。板内元件间数据传送的 SPI 接口就是典型的同步通信接口。

80C51 单片机的串行口属于通用异步收发器(UART),所以这里只讨论异步通信。

2. 串行通信的传输方向

串行通信依数据传输方向及时间关系可分为:单工、半双工和全双工,如图 6.5

所示。

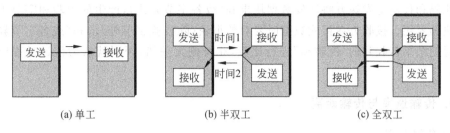

(a) 单工　　　　　　　(b) 半双工　　　　　　　(c) 全双工

图 6.5　三种传输方向

单工是指数据传输仅能沿一个方向，不能实现反向传输。如图 6.5(a)所示。**半双工**是指数据传输可以沿两个方向，但需要分时进行，如图 6.5(b)所示。**全双工**是指数据可以同时进行双向传输，如图 6.5(c)所示。

3．信号的调制与解调

计算机远距离通信时要借用现有的公用电话网。由于电话网是为音频模拟信号设计的，不合适于二进制数据传输。为此在发送时需要对二进制数据进行数字到模拟的信号调制，使之适合在电话网上传输。在接收时，要进行解调以将模拟信号还原成数字信号。

利用调制器(Modulator)把数字信号转换成模拟信号，然后送到通信线路上去；由解调器(Demodulator)把从通信线路上收到的模拟信号转换成数字信号。由于通信是双向的，调制器和解调器常合并在一个装置中，这就是调制解调器(Modem)，如图 6.6 所示。

图 6.6　利用调制解调器通信的示意图

图中的调制解调器是进行数据通信所需的设备，因此把它叫做**数据通信设备**(DCE)。而计算机属于**数据终端设备**(DTE)。通信线路是电话线，也可以是专用线。

4．串行通信的错误校验

通信过程中，往往要对数据传送的正确与否进行校验。校验是保证准确无误传输数据的关键。在单片机应用系统中常采用的方法为**奇偶校验**及**代码和校验**。

1) 奇偶校验

在发送数据时，数据位尾随的 1 位为奇偶校验位(1 或 0)。当约定为奇校验时，数据中 1 的个数与校验位 1 的个数之和应为奇数；当约定为偶校验时，数据中 1 的个数与校验位 1 的个数之和应为偶数。接收方与发送方的校验方式应一致。接收字符时，对 1 的个数进行校验，若发现不一致，则说明传输数据过程中出现了差错。

2）代码和校验

代码和校验是发送方将所发数据块求和(或各字节异或)，产生的校验和字节附加到数据块的末尾。接收方在接收数据时要对数据块(除校验字节外)求和(或各字节异或)，将所得的结果与收到的"校验和"进行比较，相符则无差错，否则就认为传送过程出现了差错。

5. 传输速率与传输距离

1）传输速率

单片机通信属于**基带传输**(每个码元带有 1 或 0 这 **1**bit 信息)，可以用**波特率**来描述传输速率，它表示每秒钟传输信息的位数，用 bps 表示。标准的波特率有：110bps、300bps、600bps、1200bps、1800bps、2400bps、4800bps、**9600bps**、14.4kbps、19.2kbps、28.8kbps、33.6kbps、56kbps。

2）传输距离与传输速率的关系

传输距离与波特率及传输线的电气特性有关。通常传输距离随波特率的增加而减小。如使用非屏蔽双绞线(50pF/0.3m)时，波特率 9600 bps 时最大传输距离为 76m，若再提高波特率，传输距离将大大减小。

6.1.2　串行通信接口标准

RS-232 是 EIA(美国电子工业协会)于 1962 年制定的标准。1969 年修订为 RS-232C，后来又多次修订。由于内容变化不多，所以人们习惯于早期的名字 RS-232C。

RS-232C 定义的是 DTE 与 DCE 间的接口标准(见图 6.6)。它规定了接口的机械特性、功能特性和电气特性几方面内容。

1. 机械特性

RS-232C 采用 25 针连接器，连接器的尺寸及每个插针的排列位置都有明确的定义。一般的应用中并不一定用到 RS-232C 定义的全部信号，这时常采用 9 针连接器替代 25 针连接器。连接器引脚定义如图 6.7 所示。图中所示为**阳头定义**，**常用于计算机侧**，对应的**阴头用于连接线侧**。

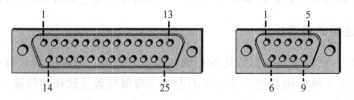

图 6.7　DB-25(阳头)和 DB-9(阳头)连接器定义

2. 功能特性

RS-232C 接口的主要信号线的功能定义如表 6.1 所示。

表 6.1　RS-232C 标准接口主要引脚定义

插针序号	信号名称	功　　能	信号方向
1	PGND	保护接地	
2(3)	**TXD**	**发送数据（串行输出）**	DTE→DCE
3(2)	**RXD**	**接收数据（串行输入）**	DTE←DCE
4(7)	RTS	请求发送	DTE→DCE
5(8)	CTS	允许发送	DTE←DCE
6(6)	DSR	DCE 就绪（数据建立就绪）	DTE←DCE
7(5)	**SGND**	**信号接地**	
8(1)	DCD	载波检测	DTE←DCE
20(4)	DTR	DTE 就绪（数据终端准备就绪）	DTE→DCE
22(9)	RI	振铃指示	DTE←DCE

注：插针序号栏中，()内为 9 针非标准连接器的引脚号。

3. 电气特性

RS-232C 采用负逻辑电平，规定（-3～-25V）为逻辑"1"，（+3～+25V）为逻辑 0。-3～+3V 是未定义的过渡区。TTL 电平与 RS-232C 逻辑电平的比较如图 6.8 所示。

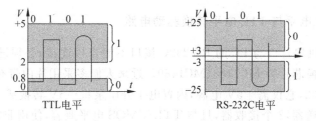

图 6.8　TTL 与 RS-232C 逻辑电平的比较

由于 RS-232C 的逻辑电平与通常的 TTL 电平不兼容，为了实现与 TTL 电路的连接，需要外加电平转换电路（如 MAX232）。

RS-232C 发送方和接收方之间的信号线采用多芯信号线，要求多芯信号线的总负载电容不能超过 2500pF。

注意：通常 RS-232C 接口的传输距离为几十米，传输速率小于 20kbps。

4. 过程特性

过程特性规定了信号之间的时序关系，以便正确地接收和发送数据。如果通信双方均具备 RS-232C 接口（如 PC），它们可以直接连接，不必考虑电平转换问题。

对于单片机与普通的 PC 通过 RS-232C 的连接，就必须考虑电平转换问题，因为 80C51 单片机串行口不是标准 RS-232C 接口。

远程 RS-232C 通信需要调制解调器,其连接如图 6.9 所示。

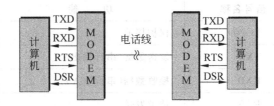

图 6.9 远程 RS-232C 通信连接

近程 RS-232C 通信时(距离<15m),可以不用调制解调器,如图 6.10 所示。

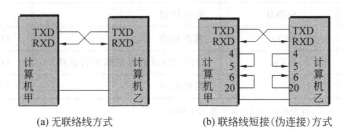

(a) 无联络线方式   (b) 联络线短接(伪连接)方式

图 6.10 近程 RS-232C 通信连接

注意:对于 PC,采用无联络线方式时,串口驱动语句要用汇编指令。如果采用高级语言的标准函数或汇编语言的中断调用就要采用联络线短接(伪连接)方式。

5. RS-232C 电平与 TTL 电平转换驱动电路

80C51 单片机串行口与 PC 的 RS-232C 接口不能直接连接,必须进行电平转换。早期常用的电平转换芯片为 MC1488、MC1489。近来人们多采用片内带有自升压电路的芯片。如 MAXM232,它仅需+5V 电源,内置电子升压泵将+5V 转换成$-10\sim+10$V。该芯片内含 2 个发送器,2 个接收器,且与 TTL/CMOS 电平兼容,使用非常方便。

6. 采用 RS-232C 接口存在的问题

(1) 传输距离短、速率低。

RS-232C 标准受电容允许值的约束,传输距离一般不超过 15m。最高传送速率为 20kbps。

(2) 有电平偏移。

RS-232C 接口**收发双方共地**。当通信距离较远时,信号地上的**地电流**产生的压降会使逻辑电平发生偏移,严重时会发生逻辑错误。

(3) 抗干扰能力差。

RS-232C 采用**单端输入输出**,传输过程中的干扰和噪声会混在正常的信号中。为了提高信噪比,RS-232C 标准不得不采用比较大的电压摆幅。

针对 RS-232C 标准存在的问题,EIA 制定了新的串行通信标准 RS-422A 和 RS-485。这些标准改善了串行通信的传输特性。

6.2　80C51 单片机的串行口

80C51 片内的串行口是一个全双工的通用异步收发器（UART）。另外它还也可作为同步移位寄存器（用于扩展并口）使用。帧格式可以为 8 位、10 位或 11 位，可以设置多种不同的波特率。通过引脚 RXD 和引脚 TXD 与外界进行信息传输。

6.2.1　80C51 串行口的结构

80C51 串行口的内部简化结构如图 6.11 所示。

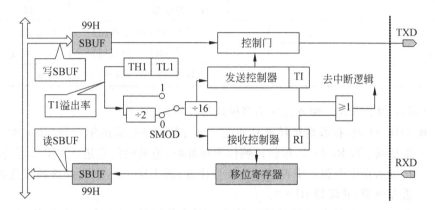

图 6.11　串行口简化结构

图中**有两个物理上独立的接收、发送缓冲器 SBUF，它们占用同一地址 99H**，可同时发送、接收数据（全双工）。发送缓冲器只能写入，不能读出；接收缓冲器只能读出，不能写入。定时器 T1 作为串行通信的波特率发生器，T1 溢出率先经过 2 分频（也可以不分频）再经 16 分频作为串行发送或接收的移位时钟。

接收时是双缓冲结构，由于在前一个字节从接收缓冲器 SBUF 读走之前，已经开始接收第二个字节（串行输入至移位寄存器），若在第二个字节接收完毕而前一个字节仍未被读走时，就会丢失前一个字节的内容。

串行口的发送和接收都是以 SBUF 的名称进行读或写的，当向 SBUF 发出"写"命令时（如 MOV SBUF，A 指令），即是向发送缓冲器 SBUF 装载并开始由 TXD 引脚向外串行地发送一帧数据，发送完后便使发送中断标志 TI＝1；当串行口接收中断标志 RI＝0 时，置允许接收位 REN＝1 就会启动接收过程，一帧数据进入输入移位寄存器，并装载到接收 SBUF 中，同时使 RI＝1。执行读 SBUF 的命令（如 MOV A，SBUF 指令），则可以由接收缓冲器 SBUF 取出信息送累加器 A，并存于某个指定的位置。

对于发送缓冲器，因为发送时 CPU 是主动的，所以不会产生重叠错误。

6.2.2　80C51 串行口的控制寄存器

串行口控制寄存器是可编程的，对它初始化编程只需将两个控制字分别写入特殊功能寄存器 SCON 和电源控制寄存器 PCON 即可。

SCON 用于设定串行口的工作方式、进行接收和发送控制以及设置状态标志。字节地址为98H,可进行位寻址,其格式为:

位地址:	9FH	9EH	9DH	9CH	9BH	9AH	99H	98H
SCON	SM0	SM1	SM2	REN	TB8	RB8	TI	RI	字节地址:98H

* SM0 和 SM1:串行口工作方式选择位,可选择 4 种工作方式,见表 6.2 所示。

表 6.2　串行口的工作方式

SM0	SM1	方式	说　　明	波特率
0	0	0	移位寄存器	$f_{osc}/12$
0	1	1	10 位 UART(8 位数据)	可变
1	0	2	11 位 UART(9 位数据)	$f_{osc}/64$ 或 $f_{osc}/32$
1	1	3	11 位 UART(9 位数据)	可变

* SM2:用于方式 2 和方式 3 的多机通信控制。
  * SM2=1 时,接收**地址帧甄别**使能。此时利用接收到的第 9 位(即 RB8)来甄别地址帧:若 RB8=1,接收该帧作为地址帧,地址帧信息进入 SBUF,并使 RI 为 1,进而在中断服务中再进行地址号比较;若 RB8=0,不允许该帧作为地址帧,丢弃该帧,并保持 RI=0。
  * SM2=0 时,接收地址帧筛别禁止。不论收到的 RB8 为 0 或 1,均可以使接收帧进入 SBUF,并使 RI=1。此时的 RB8 通常为校验位。

对于方式 0 和方式 1 的双机通信方式,要置 SM2=0。

* REN:串行接收使能位。由软件置 REN=1,则启动串行口接收数据;若软件置 REN=0,则禁止接收。
* TB8:在方式 2 或方式 3 中,是发送数据的第 9 位,可以用软件规定其作用。可以用作数据的奇偶校验位,或在多机通信中,作为地址帧/数据帧的标志位。

在方式 0 和方式 1 中,该位不用。

* RB8:在方式 2 或方式 3 中,是接收到数据的第 9 位,作为奇偶校验位或地址帧/数据帧的标志位。在方式 0 时不用 RB8(置 SM2=0)。在方式 1 时也不用 RB8(置 SM2=0,进入 RB8 的是停止位)。
* TI:发送中断标志位。在方式 0 时,当串行发送第 8 位数据结束时,或在其他方式,串行发送停止位的开始时,由内部硬件使 TI 置 1,向 CPU 发中断申请。在中断服务程序中,必须用软件将其清 0,取消此中断申请。
* RI:接收中断标志位。在方式 0 时,当串行接收第 8 位数据结束时,或在其他方式,串行接收停止位时,由内部硬件使 RI 置 1,向 CPU 发中断申请。必须在中断服务程序中,用软件将其清 0,取消此中断申请。

电源控制寄存器 PCON。在电源控制寄存器 PCON 中只有一位 SMOD 与串行口工作有关,其格式为:

SMOD：波特率倍增位。在串行口方式 1、方式 2、方式 3 时，波特率与 SMOD 有关，当 SMOD＝1 时，波特率提高一倍。复位时，SMOD＝0。

6.2.3　80C51 串行口的工作方式

80C51 串行口可设置四种工作方式，由 SCON 中的 SM0、SM1 进行定义。

1. 方式 0

方式 0 时，串行口为**同步移位寄存器**的输入输出方式。主要用于扩展并行输入或输出口。数据由 RXD 引脚输入或输出，移位脉冲由 TXD 引脚输出。发送和接收均为 8 位数据，低位在先，高位在后。**波特率固定为 $f_{osc}/12$。**

1）数据输出

方式 0 的数据输出时序如图 6.12 所示。

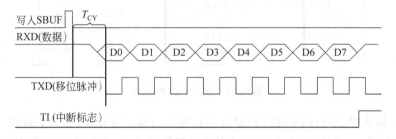

图 6.12　方式 0 数据输出时序

执行"写入 SBUF"指令后，就启动了串行口的发送过程。内部的定时逻辑在"写入 SBUF"脉冲后，经过一个完整的机器周期（T_{CY}），输出移位寄存器的内容逐次送 RXD 引脚输出。移位脉冲由 TXD 引脚输出，它使 RXD 引脚输出的数据移入外部移位寄存器。当数据的最高位 D7 移至输出移位寄存器的输出位时，再移位一次后就完成了一个字节的输出，这时中断标志 TI 置 1。如果还要发送下一字节数据，必须用软件先将 TI 清 0。

2）数据输入

方式 0 的数据输入时序如图 6.13 所示。

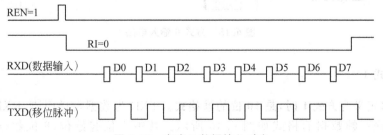

图 6.13　方式 0 数据输入时序

在 RI 为 0 的条件下,用指令"SETB REN"使接收允许位 REN＝1 时,就会启动串行口的接收过程。RXD 引脚为串行输入引脚,移位脉冲由 TXD 引脚输出。当接收完一帧数据后,内部控制逻辑自动将输入移位寄存器中的内容写入 SBUF,并使接收中断标志 RI 置 1。如果还要再接收数据,必须用软件将 RI 清 0。

方式 0 输出时,串行口可以外接串行输入并行输出的移位寄存器(如 74LS164、CD4094 等),其接口逻辑如图 6.14 所示。TXD 引脚输出的移位脉冲将 RXD 引脚输出的数据(低位在先)逐位移入 74LS164。CLR 引脚用于对 74LS164 清 0,不使用清 0 功能时,可以将该引脚上拉成高电平。A、B 是互为选通控制的串行输入端(A 为选通控制时,B 为输入;B 为选通控制时,A 为输入),较简单的方式是将它们短接后作为串行数据的输入。

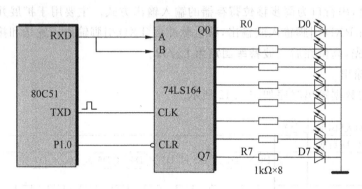

图 6.14　方式 0 输出电路

方式 0 输入时,串行口外接并行输入串行输出的移位寄存器,如 74LS165。其接口逻辑如图 6.15 所示。74LS165 的 S/$\overline{\text{L}}$ 引脚的下降沿装入并行数据,该引脚的高电平启动向单片机移入并行数据。$\overline{\text{INH}}$ 是时钟输入禁止控制引脚,通常是将其接地。

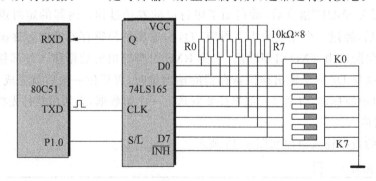

图 6.15　方式 0 输入电路

2. 方式 1

串行口定义为**方式 1 时,是 10 位的帧格式**。TXD 为数据发送引脚,RXD 为数据接收引脚,传送一帧数据的格式如图 6.16 所示。其中 1 位起始位,8 位数据位,1 位停止位。

图 6.16　串行口方式 1 的帧格式

1）串行发送

当执行一条写 SBUF 的指令时,就启动了串行口发送过程。在发送移位时钟(由波特率决定)的同步下,从 TXD 引脚先送出起始位,然后是 8 位数据位,最后是停止位。一帧 10 位数据发送完后,中断标志 TI 置 1。方式 1 的发送时序如图 6.17 所示。

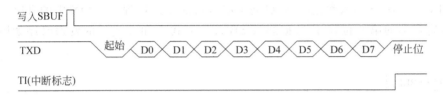

图 6.17　方式 1 的发送时序

2）串行接收

方式 1 的接收时序如图 6.18 所示。

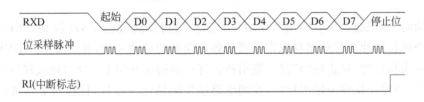

图 6.18　方式 1 的接收时序

在 RI＝0 的条件下,用软件置 REN 为 1 时,接收器以所选择波特率的 16 倍速率采样 RXD 引脚电平,检测到 RXD 引脚输入电平发生负跳变时,则说明起始位有效,将其移入输入移位寄存器,并开始接收这一帧信息的其余位。接收过程中,数据从输入移位寄存器右边移入,起始位移至输入移位寄存器最左边时,控制电路进行最后一次移位。方式 1 时接收到的第 9 位信息是停止位,它将进入 RB8,而数据的 8 位信息会进入 SBUF,这时内部控制逻辑使 RI 置 1,向 CPU 请求中断,CPU 应将 SBUF 中的数据及时读走,否则会被下一帧收到的数据所覆盖。

3. 方式 2 和方式 3

串行口工作于**方式 2 或方式 3 时,为 11 位的帧格式**。TXD 为数据发送引脚,RXD 为数据接收引脚,传送一帧数据的格式如图 6.19 所示。

图 6.19　串行口方式 2、方式 3 的帧格式

由图可见,此时起始位 1 位,数据 9 位(含 1 位附加的第 9 位,发送时为 SCON 中的 TB8,接收时为 RB8),停止位 1 位,一帧数据共 11 位。方式 2 的波特率固定为晶振频率的 1/64 或 1/32,方式 3 的波特率由定时器 T1 的溢出率决定。

1) 串行发送

CPU 向 SBUF 写入数据时,就启动了串行口的发送过程。SCON 中的 TB8 写入输出移位寄存器的第 9 位,8 位数据装入 SBUF。方式 2 和方式 3 的发送时序如图 6.20 所示。

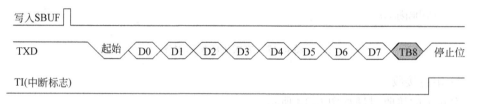

图 6.20　方式 2 和方式 3 的发送时序

开始时,先把起始位 0 输出到 TXD 引脚,然后再发送数据位 D0 位到 TXD 引脚,之后每一个移位脉冲都使输出移位寄存器的各位向低端移动一位,并由 TXD 引脚输出。

第一次移位时,停止位“1”移入输出移位寄存器的第 9 位上,以后每次移位高端都会移入“0”。当停止位移至输出位时,检测电路能检测到这一条件,使控制电路进行最后一次移位,并置 TI＝1,向 CPU 请求中断。

2) 串行接收

在 RI＝0 的条件下,软件使接收允许位 REN 为 1 后,接收器就以波特率的 16 倍速率开始采样 RXD 引脚的电平状态,当检测到 RXD 引脚发生负跳变时,说明起始位有效,将其移入输入移位寄存器,开始接收这一帧数据。接收时序如图 6.21 所示。

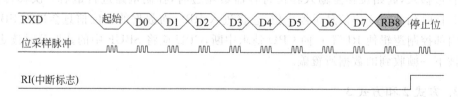

图 6.21　方式 2、方式 3 的接收时序

接收时,数据从输入移位寄存器的低端移入,一个完整的帧除了起始位和停止位之

外还包含 9 位信息。当 SM2＝0(不筛选地址帧,第 9 位信息是奇偶校验位)或当 SM2＝1 且 RB8＝1(此第 9 位信息是筛选地址帧时的地址帧标志)时,接收到的信息会自动地装入 SBUF,并置 RI 为 1,向 CPU 请求中断。而当 SM2＝1(筛选地址帧,第 9 位信息作为地址帧标志),但 RB8＝0(该帧不是地址帧)时,数据将不被接收(丢弃),且不置位 RI。

6.2.4　80C51 波特率确定与初始化步骤

1. 波特率的确定

1) 波特率的计算

在串行通信中,收发双方对发送或接收数据的速率要有约定。通过软件可对单片机串行口编程为四种工作方式,方式 0 和方式 2 的波特率是固定的,计算公式为:

$$方式 0 波特率＝f_{osc}/12$$

$$方式 2 波特率＝(2^{SMOD}/64)\cdot f_{osc}$$

方式 1 和方式 3 的波特率是可调整的,由定时器 T1 的溢出率来决定。用 T1 作为波特率发生器时,典型的用法是使 T1 工作在自动重装的 8 位定时方式(即定时方式 2)。这时溢出率取决于 TH1 中的初值:

$$T1 溢出率＝f_{osc}/\{12\times[256-(TH1)]\}$$

由此可以得到计算方式 1 和方式 3 波特率的公式为:

$$方式 1 波特率＝(2^{SMOD}/32)\cdot(T1 溢出率)$$

$$方式 3 波特率＝(2^{SMOD}/32)\cdot(T1 溢出率)$$

2) 波特率的选择

在实际的应用中,波特率要选择为**标称值**,由于 TH1 的**初值为整数**,为了获得波特率标称值,依公式计算出的晶振频率应选 11.0592MHz。所以,方式 1 和方式 3 波特率与 TH1 初值的对应关系基本上是确定的,如表 6.3 所示。

表 6.3　方式 1 和方式 3 常用波特率与 TH1 初值关系表

波特率/(b/s)	19200	**9600**	4800	2400	1200
TH1 初值	FDH	**FDH**	FAH	F4H	E8H
SMOD	1	0	0	0	0

注：T1 为定时方式 2,晶振频率为 11.0592MHz。

2. 串行口初始化步骤

在使用串行口前,应对其进行初始化,主要内容为:

- 确定 T1 的工作方式(配置 TMOD 寄存器);
- 计算 T1 的初值,装载 TH1、TL1;
- 启动 T1(置位 TR1);
- 确定串行口工作方式(配置 SCON 寄存器);
- 串行口在中断方式工作时,要进行中断设置(编程 IE、IP 寄存器)。

6.3　80C51 单片机串行口应用

6.3.1　利用单片机串口的并行 I/O 扩展

当80C51的串行口没有用于串行通信时,可以将其用于键盘和显示器的接口扩展。这里仅给出接口电路,如图6.22所示。

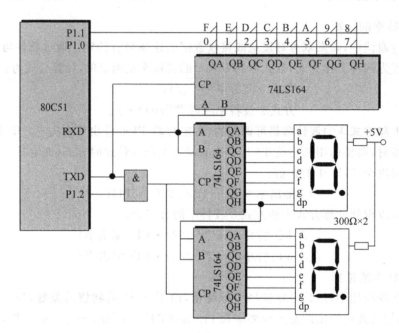

图 6.22　串行口键盘及显示接口电路

6.3.2　单片机与 PC 间的串行通信

单片机与 PC 的通信涉及单片机端通信软件的编写、通信协议的制订、硬件接线等综合技术,同时还涉及 PC 端的软件编程及一些串行口调试方法和技巧。

1. 单片机端的电平转换

PC 串行口使用的是 RS-232C 标准,所以单片机的串行口要由 TTL 电平转换成 RS-232C 电平。电平转换的典型器件是 MAX232,它采用单+5V 电源完成 TTL 与 RS-232 电平的转换。该芯片需要 4 个 1~22μF 的钽电容器(有时在 VCC 与 GND 间还要加一个 0.1μF 的去耦电容,以减小噪声对它的影响)。MAX232 的逻辑结构及与单片机的连接如图 6.23 所示。

由于 MAX232 的 OUT 和 IN 引脚与 9 针的连接器接线形式有两种,所以产生了两种不同的连机形式。一是直通连机,如图 6.24 所示;二是交叉连机,如图 6.25 所示。

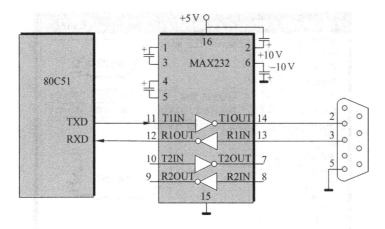

图 6.23　MAX232 的逻辑结构及与单片机的连接

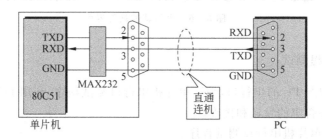

图 6.24　单片机与 PC 的直通连机

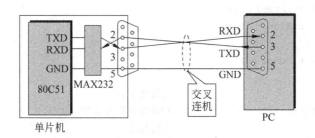

图 6.25　单片机与 PC 的交叉连机

　　PC 的 9 针连接器是标准的(即 2 号线是 RXD,3 号线是 TXD),单片机的接线形式确定后,通信电缆的连机形式就是确定的了。这要进行认真核对,才能进行下一步的工作。

2. PC 串行口检查

　　将 PC 的串行口的收、发信号引脚用连接线短接,运行串口调试软件(网上有多种此类软件提供下载试用),在发送区输入发送信息,在接收区会显示出与发送信息相同的接收信息。如图 6.26 所示。

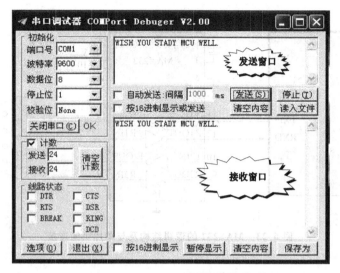

图 6.26　串口调试软件界面

3. 连机编程测试

连接单片机与 PC 的串行口,编写单片机串行口测试程序,利用 PC 的串行口调试软件实现字符或字符串的发送和接收。

【例 6-1】　单片机串行口测试程序。

```c
#include<reg52.h>
#define uchar unsigned char
#define uint  unsigned int

void Uart_WByte(uchar ch)
{
    SBUF=ch;                    //发送字符
    while (!TI);                //等待数据发送完
    TI=0;                       //清标志
}
void Uart_Init(void)            //中断方式如下
{
    TMOD|=0x20;                 //置定时器 1 方式 2,自动重载模式
    SCON=0x50;                  //置串口方式 1,REN=1
    TH1=0xfd;                   //波特率 9600
    TL1=0xfd;
    TR1=1;                      //启动定时器
    ES=1;                       //串口中断允许
    EA=1;
}
void Uart_Isr(void) interrupt 4
{
```

```
    uchar Recv;

    while (!RI);
    RI=0;
    Recv=SBUF;
    Uart_WByte(Recv);
}
void main(void)
{
    Uart_Init();
    while(1);
}
```

该程序运行后,在串口调试软件的发送区键入的字符会由 PC 的串行口发送到单片机串行口,单片机串行口接收的这些信息再由单片机的串行口发送到 PC,并由串口调试软件显示在接收区,如图 6.27 所示。

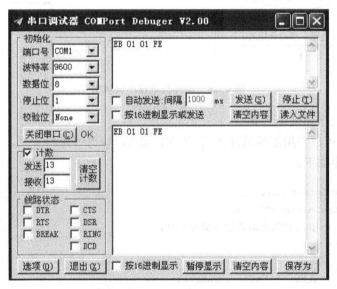

图 6.27　串口连机测试

4. 通信程序的扩充和完善

在硬件连接和软件通信测试正常无误的基础上,进一步的工作就是系统功能的扩充和完善,这包括单片机和 PC 两端通信协议的设计与实现、传送数据的组织与规划、数据传输的可靠性处理等内容。

1) 通信协议

采用方式 1 进行通信,每帧数据为 8 位,1 位起始位,1 位停止位,无校验,波特率为 9600 波特时,T1 工作在定时器方式 2,晶振的振荡频率采用 11.0592MHz,查表 6.3 可以得到 TH1=TL1=0FDH,且 PCON 寄存器的 SMOD 位为 0。

　　PC作为主机处于发送命令状态,单片机作为从机处于待命状态。主机命令由4个字符形成的字符串构成,首字符'$'是同步头,次字符为命令关键字,其他2个字符未定义。设关键字为1时,单片机要将缓冲区的数据以由前至后的顺序发送到PC端,当命令字为2时,单片机要将缓冲区的数据以由后至前的顺序发送到PC端,其他关键字未定义。

　　2) 测试程序示例

　　【例6-2】　单片机端程序流程如图6.28所示。

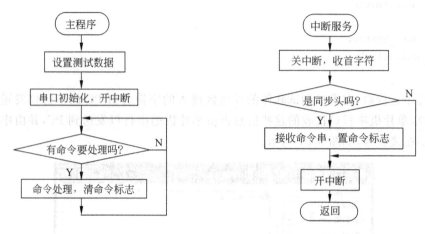

图6.28　单片机端程序流程图

单片机端程序详见6.4节。

　　PC端程序可以采用汇编语言、C语言、VB或VC语言等进行开发。这里仅给出VB语言的测试程序如下:

```
Private Sub Cmdsend_Click()
    If Textsend.Text="" Then
        pp=MsgBox("发送的数据不能为空!", 16)
        Exit Sub
    End If
    MSComm1.Output=Trim(Textsend.Text)
    For i=1 To 20000000
    Next i
End Sub

Private Sub Form_Load()
    MSComm1.CommPort=1                  '设置通信端口号为COM1
    MSComm1.Settings="9600,n,8,1"       '设置串口参数
    MSComm1.InputMode=0                 '接收文本型数据
    MSComm1.PortOpen=True               '打开串行口
End Sub

Private Sub Timer1_Timer()
    Dim buf$
```

```
    buf=Trim(MSComm1.Input)          '将缓冲区内的数据读入 buf 变量中
    If Len(buf)<>0 Then              '判断缓冲区内是否存在数据
        TextReceive.Text=TextReceive.Text+Chr(13)+Chr(10)+buf
    End If
End Sub
```

PC 端程序运行界面如图 6.29 所示。

图 6.29　PC 端测试界面

为便于理解和验证,程序中没有进行奇偶校验及代码和校验,也没有设置较复杂的握手联系,但这些工作在此程序的基础上是很容易进行扩展的。

6.3.3　单片机与单片机间的串行通信

有两个单片机子系统,它们均独立地完成主系统的某一功能,且这两个子系统具有一定的信息交换需求,这时就可以用串行通信的方式将两个子系统联系起来。

1. 硬件连接

两个单片机子系统如果共在一个电路板上或同处于一个机箱内,这时只要将两个单片机的 TXD 和 RXD 引出线交叉相连即可;若两子系统不在一个机箱内,且相距有一定距离(几米或几十米),这时要采用 RS-232C 接口进行连接。图 6.30 为近程与远程连接的比较。

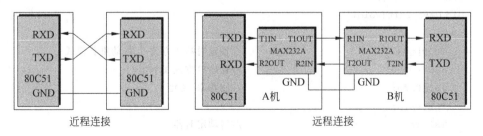

图 6.30　近程与远程连接的比较

2. 通信协议

采用方式1进行通信,每帧数据为8位;波特率为9600波特,T1工作在定时器方式2,晶振的振荡频率采用11.0592MHz,查表6.3可以得到TH1=TL1=0FDH,且PCON寄存器的SMOD位为0。

【例6-3】 向对方申请接收数据的单片机(A机或B机)按下本机的请求键(按键接在P3.5引脚),按下键后有3种按键事件可能发生:短击、长击和双击,分别对应3种请求接收数据的命令,即:"$1"、"$2"和"$3"。3种命令会根据发生的按键事件发送到对方;拟发送数据的单片机(B机或A机)依据接收到的命令完成对应的数据发送任务。数据传送采用"!"为同步字符。

程序详见6.5节。

6.4 渐进实践
—— 单片机与PC通信及其Proteus仿真

1. 任务分析

假设PC为主机,可以发送命令$134或$234,这里命令的第一个字符为同步字符,后三个字符为命令字符(本实训仅对第二个字符的1和2进行了定义,其他的多种命令组合没有定义)。单片机为从机,对接收的命令(本实训仅设置两种可能的命令)进行解析,根据接收到的命令完成相应的任务。当接收到$1XX命令时向主机返回0123456789字符串,当接收到$2XX命令时向主机返回9876543210字符串。

2. 编写C51程序

```
#include<reg52.h>
#define uchar unsigned char
#define uint   unsigned int

uchar InFullFlag;
uchar OutBuff[10];
uchar InBuff[4];
void Uart_Init(void)
{
    TMOD|=0x20;              //置定时器1方式2,自动重载模式
    SCON=0x50;              //置串口方式1,REN=1
    TH1=0xfd;              //波特率9600
    TL1=0xfd;
    TR1=1;                  //启动定时器
    ES=1;                  //串口中断允许
    EA=1;                  //CPU开中断
```

```
}

void DataInit(void)                      //设置缓冲区调试数据
{
    uchar i;
    for(i=0;i<10;i++)
    OutBuff[i]=i+0x30;
}

void Uart_WByte(uchar ch)
{
    SBUF=ch;                             //发送字符
    while (!TI);                         //等待数据发送完
    TI=0;
}

void Uart_Isr() interrupt 4
{
    uchar i,ch;
    ES=0;
    ch=SBUF;
    RI=0;

    if(ch==0x24)                         //检测同步头字符$
    {
        InBuff[0]=ch;
        for(i=1;i<4;i++)                 //命令串4个字符送接收缓冲区
        {
        while (!RI);
        RI=0;
        InBuff[i]=SBUF;
        }
        InFullFlag=1;                    //接收缓冲区有命令标志
    }
    ES=1;
}

void main(void)
{
    uchar i;
    DataInit();
    Uart_Init();

    InFullFlag=0;
```

```
while(1)
{
if(InFullFlag)
    {
    switch(InBuff[1])                    //依命令字符完成相应功能
    {
        case 0x31:
            for(i=0;i<10;i++)
            Uart_WByte(OutBuff[i]);
        break;
        case 0x32:
            for(i=0;i<10;i++)
            Uart_WByte(OutBuff[9-i]);
        break;
        default:
        break;
    }
    InFullFlag=0;
    }
}
}
```

3. 生成可执行文件

在 μVision 环境编译、连接,生成可执行文件。

4. 安装软件

(1) 在 PC 上安装虚拟串口软件(如 Configure Virtual Serial Port Driver 6.9),配置一对互联的虚拟串口,如 COM3 和 COM4。

(2) 在 PC 上安装串口调试助手软件,配置串口设为 COM4,波特率设为 9600,校验位设为 NONE,数据位设为 8,停止位设为 1,单击"打开串口"按钮。

(3) 在 Proteus 环境仿真。进入 Proteus 软件,加入已经生成的目标程序,编辑 COMPIM 组件属性,配置为串口 COM3,还有其他属性都要与串口调试助手软件的配置一致。按仿真运行按钮。

(4) 程序运行后,在串口调试助手的发送区输入 S134,正常情况时,在串口调试助手的接收区会显示接收到的字符串 0123456789,在 Proteus 软件侧的虚拟终端会显示 PC 发送给单片机的命令 S134。然后再输入 S234 命令,观察运行情况。

输入 S134 时的仿真运行效果如图 6.31 所示。

5. 实板验证

首先将生成的目标码写入单片机。然后利用串口线连接单片机串口和 PC 串口(如

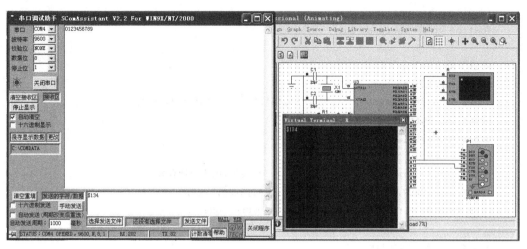

图 6.31　输入命令 $ 134 时的仿真效果

果 PC 采用的是笔记本电脑,还有配备 USB 转串口线)。打开串口调试软件,进行简单的串口及波特率等配置,在串口调试助手的发送区输入 S134,这时在接收区会显示接收到的字符串 0123456789。

6.5　渐 进 实 践
——单片机与单片机通信及其 Proteus 仿真

1. 任务分析

假设两台单片机分别为 1♯机和 2♯机,且两台单片机功能相同。每个单片机接有一个按键,该按键可发出 3 种命令:短按时命令为 $1,长按时为 $2,双击时为 $3。

单片机上电后从 0 号单元开始循环显示本机发送数据缓冲区的数据,缓冲区共10 个单元,原始数据为 10 个"0x35"。

对于 1♯机,短按键发送命令"$1"时,2♯机接收到该命令后,将自己的数据发送缓冲区置入数据串:0x30,0x31,…,0x39;长按键发送命令"$2"时,2♯机接收到该命令后,将自己的数据发送缓冲区置入数据串:0x39,0x38,…,0x30;双击按键发送命令"$3"时,2♯机接收到该命令后,将自己的数据发送缓冲区置入数据串:0x38,0x38,…,0x38。置入的数据在 2♯机的 LED 数码管循环显示。这一功能对于 2♯机发送命令时情况也是相同的。

发送命令方发送完命令后,接收方就会根据不同的命令向自己的发送数据缓冲区置入不同的数据,该数据一方面发送给数据请求方,另一方面在自己的数码管上显示出来。根据发送方发送的命令,对比接收方显示的内容,可以判断发送和接收过程是否正确。

2. 编写 C51 程序

```
#include<reg52.h>
```

```c
#define uchar unsigned char
#define uint   unsigned int

sbit   AN1=P1^5;
uchar InFullFlag,Num;
uchar OutBuff[10]={'5','5','5','5','5','5','5','5','5','5'};
uchar InDaBuff[10];
uchar InCdBuff[2];

uchar code   SegCode[]=                    //共阴,P0 口"1"有效
{0xAF,0xA0,0xC7,0xE5,0xE8,0x6D,0x6F,0xA1,0xEF,0xE9,
0xEB,0x6E,0x0F,0xE6,0x4F,0x4B,0xCB,0x10,0x00,0x40};
                                           //P、、暗、-
uchar code BitCode[]=
{0x04,0x20,0x10,0x08};                     //位码:个位在先,P2 口"1"有效

                                           //显示缓冲区
uchar DispBuf[]={4,3,2,1};

#define T2N (110592 * 10/120)              //10ms,Proteus 仿真取 20

uchar Minute,Second,Tick100Ms,Tick10Ms;
bit    fSYS_1s,fSYS_100Ms,fSYS_10Ms;

void DelayMs(uint n)
{
        uchar j;
        while (n--)                        //11.0592MHz--113
        {
            for (j=0; j<113; j++);
        }
}

void Update_Buff(void)              //显存更新
{
    static uchar nn;
    DispBuf[3]=     nn;
    DispBuf[2]=    19;
    DispBuf[1]=    OutBuff[nn]/16;
    DispBuf[0]=OutBuff[nn]%16;
    if(++nn==10)nn=0;

}
```

```c
void Disp_Buff(void)                 //显示缓冲区数据
{
    uchar i;
    for(i=0;i<4;i++)
    {
        P0=SegCode[DispBuf[i]];
        P2=BitCode[i];
        DelayMs(2);
        P2 &=0xc3;
    }
}


void T2_Init(void)
{
    RCAP2H=(65536-T2N)/256;          //10ms
    RCAP2L=(65536-T2N)%256;
    TH2=RCAP2H;
    TL2=RCAP2L;
    TR2=1;
    ET2=1;
    EA=1;
}


void T2_Isr(void) interrupt 5
{
    TF2=0;                           //TF2要软件清零,与T0和T1不同
    Tick10Ms++;
    fSYS_10Ms=1;

    if(Tick10Ms==10)
    {
        Tick10Ms=0;
        fSYS_100Ms=1;
        Tick100Ms++;
        if(Tick100Ms==10)
        {
            Tick100Ms=0;
            fSYS_1s=1;
            Second++;
            if(Second==60)
            {
                Second=0;
                Minute++;
                if(Minute==60)
```

```
                    Minute=0;
                }
            }
        }
    }

void Uart_Init(void)
{
    TMOD|=0x20;                      //置定时器 1 方式 2,自动重载模式
    SCON=0x50;                       //置串口方式 1,REN=1
    TH1=0xfd;                        //波特率 9600
    TL1=0xfd;
    TR1=1;                           //启动定时器
    ES=1;                            //串口中断允许
    EA=1;                            //CPU 开中断
}

void Uart_WByte(uchar ch)
{
    SBUF=ch;                         //发送字符
    while(!TI);                      //等待数据发送完
    TI=0;
}

uchar GetKey(void)
{
    uint dNum=0;                     //按下计数器
    uint uNum=0;                     //释放计数器
    if(AN1==0)                       //是否有键按下
    {
        DelayMs(10);
        if(AN1==0)
        {                            //确认按下
            do
            {                        //按下计数器计数
                dNum++;
                DelayMs(10);
            }while(AN1==0);
            if(dNum<50)              //释放,按下计数小于设定值:短击或双击
            {
                DelayMs(10);
                do
                {                    //释放计数器开始计数
                    uNum++;
```

```
                    DelayMs(10);
                }while((uNum<40)&&(AN1==1));     //小于设定值或无键按下持续计数
                DelayMs(10);                     //按下去抖
                do
                {
                }while(AN1==0);                  //第二次的按键发生
                if(uNum<40)
                    Num=3;                       //未到释放设定值:双击
                else Num=1;                      //超过释放设定值:短击
            }
            else Num=2;                          //按下计数超设定值:长击
        }                                        //抖动退出
    }                                            //无键退出
    return Num;
}


void Uart_Isr() interrupt 4
{
    uchar i,ch;
    ES=0;
    ch=SBUF;
    RI=0;
    if(ch==0x24)                                 //命令同步字符$
    {
        InCdBuff[0]=ch;
        while (!RI);
        RI=0;
        InCdBuff[1]=SBUF;                        //接收命令存命令缓冲区
        InFullFlag=1;                            //缓冲区有命令标志
    }

    if(ch==0x21)                                 //数据同步字符!
    {
        InDaBuff[0]=ch;
        for(i=1;i<10;i++)                        //接收数据存数据缓冲区
        {
            while (!RI);
            RI=0;
            InDaBuff[i]=SBUF;
        }
    }
    ES=1;
}
```

```c
void KeyTask(void)
{
    uchar ch,i;
    ch=GetKey();
    if(ch!=0)
    {
        Uart_WByte(0x24);
        Uart_WByte(0x30+ch);
        Num=0;
    }
    if(InFullFlag)
    {
        switch(InCdBuff[1])                      //依命令字符完成相应功能
        {
            case 0x31:
                for(i=0;i<10;i++)
                    OutBuff[i]=0x30+i;
            break;
            case 0x32:
                for(i=0;i<10;i++)
                    OutBuff[i]=0x39-i;
                break;
            case 0x33:
                for(i=0;i<10;i++)
                    OutBuff[i]=i;
            break;
            default:
            break;
        }
        for(i=0;i<10;i++)Uart_WByte(OutBuff[i]);
        InFullFlag=0;
    }
}

void TimeTaskLoop()
{
    if(fSYS_10Ms)
    {
        fSYS_10Ms=0;
        KeyTask();
        Disp_Buff();
    }
    if(fSYS_100Ms)
```

```
    {
        fSYS_100Ms=0;
    }
    if(fSYS_1s)                                //1s 定时任务
    {
        fSYS_1s=0;
        Update_Buff();
    }
}


void main(void)
{
    Uart_Init();
    T2_Init();
    InFullFlag=0;

    while(1)
    {
        TimeTaskLoop();
    }
}
```

3. 生成可执行文件

在 μVision 环境编译、连接,生成可执行文件。

4. 在 Proteus 环境仿真

进入 Proteus 软件,两个单片机均载入相同的目标程序,单击仿真运行按钮。

程序运行后,开始时 1♯机和 2♯机均从“0-35”开始显示,缓冲单元号增加,数值不变 (均为 35);短按 1♯机按键后,2♯机数码管从“0-30”开始显示,显示数值每次加 1,直到 “9-39”后又重新循环;长按 1♯机按键后,2♯机数码管从“0-39”开始显示,显示数值每次 减 1,直到“9-30”后又重新循环;双击 1♯机按键后,2♯机数码管从“0-38”开始显示,显示 数值不变,直到“9-38”后又重新循环。2♯机发送命令与 1♯机相似。两个单片机系统进 行通信的仿真运行效果如图 6.32 所示。

5. 实板验证

首先将生成的目标码分别写入两个单片机。然后将两个单片机的串口引脚(含地) 交叉连接(可以经过 RS-232 电平转换,也可以不经过 RS-232 转换)。按键发送命令,观 察对方显示效果。

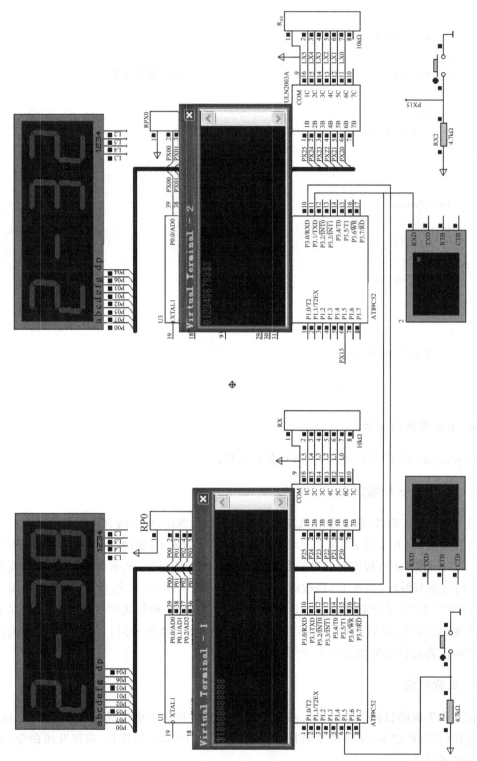

图 6.32 两个单片机系统通信的仿真效果

本 章 小 结

集散控制和多微机系统以及现代测控系统中信息的交换经常采用串行通信。串行通信有异步通信和同步通信两种方式。异步通信是按字符传输的,每传送一个字符,就用起始位来进行收发双方的同步;同步串行通信进行数据传送时,发送和接收双方要保持完全的同步,因此要求接收和发送设备必须使用同一时钟。同步通信的优点是可以提高传送速率(达 56kbps 或更高),但硬件比较复杂。

串行通信中,按照在同一时刻数据流的方向可分成两种基本的传送模式,这就是全双工和半双工。RS-232C 通信接口是一种广泛使用的标准的串行接口,有多种可供选择的信息传送速率,但信号传输距离仅为几十米。RS-232C 采用负逻辑电平,规定(−3～−25V)为逻辑"1",(+3～+25V)为逻辑"0"。−3～+3V 是未定义的过渡区。RS-232C 采用单端输入输出,传输过程中的干扰和噪声会混在正常的信号中。为了提高信噪比,RS-232C 标准不得不采用比较大的电压摆幅。

80C51 单片机串行口有四种工作方式:同步移位寄存器输入输出方式、8 位数据的异步通信方式及波特率不同的两种 9 位数据的异步通信方式。

方式 0 和方式 2 的波特率是固定的,但方式 1 和方式 3 的波特率是可变的,由定时器 T1 的溢出率来决定。

思考题及习题

1. 80C51 单片机串行口有几种工作方式? 如何选择? 简述其特点。
2. 串行通信的接口标准有哪几种?
3. 在串行通信中通信速率与传输距离之间的关系如何?
4. 在利用 RS-422/RS-485 通信的过程中,如果通信距离(波特率固定)过长,应如何处理?
5. 参照例 6-1,编写程序完成单片机与 PC 通信测试。
6. 参照实践 6B,编写程序完成单片机与单片机通信测试。

第7章

80C51 的串行总线扩展

学习目标

(1) 理解一线总线时序及与单片机的接口方法。

(2) 理解 I^2C 总线时序及与单片机的接口方法。

(3) 理解 SPI 总线时序及与单片机的接口方法。

重点内容

(1) 单片机与 DS18B20 的接口方法。

(2) 单片机与 AT24C02 接口方法。

(3) 单片机与 TLC5615 和 TLC549 的方法。

近年来由于集成电路芯片技术的进步,单片机应用系统越来越多地采用串行接口电路进行扩展。采用串行接口电路进行扩展时连接线根数少,通常省去了专门的母板和插座,而直接用导线进行器件连接,使系统的硬件设计简化、体积减小、可靠性提高。因此,采用串行总线扩展方法是当前单片机应用系统设计的流行趋势。

目前单片机应用系统常用的串行器件有:一线总线器件 DS18B20 温度传感器;二线总线器件 AT24CXX 系列存储器(属于 Inter IC BUS,即 I^2C 总线器件);三线总线器件 DS1302 时钟芯片及 TLC5615 D/A 转换器和 TLC549 A/D 转换器(属于 Serial Peripheral Interface,即 SPI 总线器件)。

本章将对单片机应用系统中最典型的串行总线器件进行介绍。其基本原理和时序控制可以推广到其他类似总线标准的器件。

7.1 一线总线接口及其扩展

一线总线标准的接线方式经济灵活,非常容易组成传感器测控网络,为单片机监测系统的总体构建创造了条件。

DALLAS 公司的 DS18B20 数字温度传感器是"一线总线"的典型代表,DS18B20 的温度测量范围为 $-55℃ \sim +125℃$,在 $-10℃ \sim +85℃$ 范围内,精度为 $\pm 0.5℃$。采用"一线总线"方式传输,可以大大提高了系统的抗干扰能力,所以 DS18B20 广泛用于温度采集及监控领域。

7.1.1　单总线接口及其扩展

1. DS18B20 的引脚

DS18B20 的引脚定义及实物如图 7.1 所示。

(1) GND,电源地;

(2) DQ,数字信号输入输出端;

(3) V_{DD},外接供电电源输入端(在寄生电源接线方式时接地)。

图 7.1　DS18B20 引脚定义及实物图

2. DS18B20 的内部结构

DS18B20 温度传感器主要由 64 位 ROM、高速缓冲存储器、CRC 生成器、温度敏感器件、高低温触发器及配置寄存器等部件组成。内部结构如图 7.2 所示。

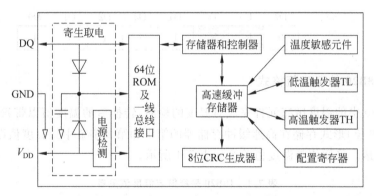

图 7.2　DS18B20 引脚及内部结构框图

1) DS18B20 的 64 位 ROM

每个 DS18B20 都有 64 位的 ROM,出厂前 ROM 固化有确定的内容,如图 7.3 所示。

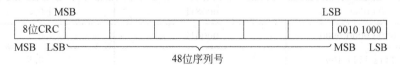

图 7.3　DS18B20 器件 ROM 的配置

低 8 位(固定为 28H)是产品类型标识号,接着的 48 位是该 DS18B20 的序列号,高 8 位是前面 56 位的循环冗余校验码。由于每个 DS18B20 都有自己的序列号,这样就可以实现一根总线上挂接多个 DS18B20 的目的。

2) DS18B20 的高速缓冲存储器

在 DS18B20 的内部有 9 个字节**高速缓冲储存单元**。各单元分配的功能如图 7.4 所示。第 1 及第 2 字节存放转换完成的温度值;第 3 和第 4 字节分别存放上、下限报警值 TH 和 TL;第 5 字节为配置寄存器;第 6、7、8 字节为工厂保留字节;第 9 字节是前 8 字节的 CRC 校验码,用来提高串行传输的可靠性。

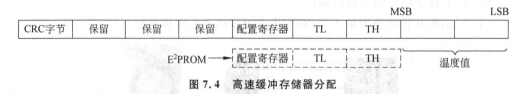

图 7.4　高速缓冲存储器分配

另外在 DS18B20 的内部还用 3 个 E²PROM 单元存放上下限报警值 TH、TL 和配置寄存器的设定值。数据先写入高速缓冲存储器,然后再传给 E²PROM 单元。

配置寄存器字节的最高位 D7 为测试模式位,出厂时为 0,用户不要改动。D6D5 位用于设置 DS18B20 的转换分辨率,分辨率有 9、10、11 和 12 位四种选择,对应的转换时间分别为:93.73ms、187.5ms、275ms 和 750ms。其余的低 5 位为保留位(均为 1)。配置寄存器格式如下所示(出厂时默认值为 7FH,即分辨率为 12 位):

位:	D7	D6	D5	D4	D3	D2	D1	D0
	0	R1	R0	1	1	1	1	1

3. DS18B20 的温度值格式

DS18B20 中的温度敏感元件完成对温度的检测,转换后的温度值以带符号扩展的二进制补码(16 位)形式存储在高速缓冲存储器的第 1 和第 2 字节中。温度值以 0.0625℃/ LSB 形式表达。采样值与温度值关系如表 7.1 所示。

表 7.1　18B20 采样值与温度值关系

二进制采样值	十六进制表示	十进制温度/℃
0000 0111 1101 0000	07D0H	+125
0000 0001 1001 0001	0191H	+25.0625
0000 0000 0000 1000	0008H	+0.5
0000 0000 0000 0000	0000H	0
1111 1111 1111 1000	FFF8H	−0.5
1111 1110 0110 1111	FE6FH	−25.0625
1111 1100 1001 0000	FC90H	−55

12 位分辨率时的温度值格式如图 7.5 所示。

图 7.5   在 12 位分辨率时的温度值格式

当符号位 S 为 0 时,表示温度为正,只要将二进制采样值转换为十进制数就可以得到十进制表示的温度值;当符号位 S 为 1 时,表示温度为负(用补码表示),这时要对读取的采样值取补(取反加 1),再转换为十进制数才能得到十进制表示的温度值。

7.1.2   DS18B20 的操作命令

1. ROM 操作命令

ROM 命令主要用于一线总线上接有多个 DS18B20 的情况,ROM 操作命令与总线上具体 DS18B20 器件的序列号相关。ROM 操作命令有 5 条,如表 7.2 所示。

表 7.2   DS18B20 的 ROM 操作命令

指令及代码		说 明
读 ROM	33H	读总线上 DS18B20 的序列号
匹配 ROM	55H	依序列号访问确定的 DS18B20 器件
跳过 ROM	CCH	只使用 RAM 命令,操作在线的 DS18B20 器件
搜索 ROM	F0H	对总线上的多个 DS18B20 进行识别
报警搜索	ECH	主机搜索越限报警的 DS18B20 器件

2. RAM 操作命令

单片机利用 ROM 操作命令,与总线上指定的 DS18B20 器件建立起联系后,就可以对这个指定器件实施 RAM 操作命令。这些操作命令允许单片机写入或读出 DS18B20 器件缓冲器的内容。RAM 操作命令有 6 条,如表 7.3 所示。

表 7.3   DS18B20 的 RAM 操作命令

指 令	代码	说 明
温度转换	44H	启动 DS18B20 开始转换
读缓冲器	BEH	读缓冲器的 9 个字节数据
写缓冲器	4EH	向 DS18B20 写 TH、TL 及配置寄存器数据
复制缓冲器	48H	将缓冲器的 TH、TL 和配置寄存器值送 E^2PROM
回读 E^2PROM	B8H	将 E2PROM 中的 TH、TL 和配置寄存器值送缓冲器
读供电方式	B4H	检测供电方式:寄生或外接方式

7.1.3　DS18B20 的操作时序

在一线总线传输数据时,逻辑 0 用一段持续的低电平表示,逻辑 1 用一段持续的高电平表示。单片机向 DS18B20 器件传输数据时产生写时隙,单片机从 DS18B20 器件读取数据时产生读时隙。读时隙和写时隙均以单片机驱动总线产生低电平开始。

1. DS18B20 的初始化时序

单片机与 DS18B20 器件进行通信是以初始化开始的,初始化序列包括单片机产生复位脉冲和 DS18B20 器件回应的应答脉冲,如图 7.6 所示。

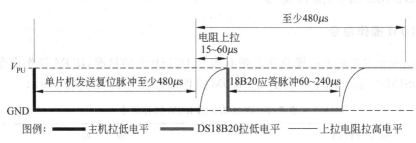

图 7.6　DS18B20 的复位时序

复位脉冲由单片机拉低总线 480~960μs 产生;然后单片机释放总线(输出高电平),这时总线会在上拉电阻作用下恢复高电平,恢复时间约 15~60μs;DS18B20 器件收到单片机发来的复位脉冲后,向总线回应应答脉冲,应答脉冲会使总线拉低 60~240μs。

2. DS18B20 的写时序

DS18B20 器件的写时序由写 0 时隙和写 1 时隙组成,如图 7.7 所示。

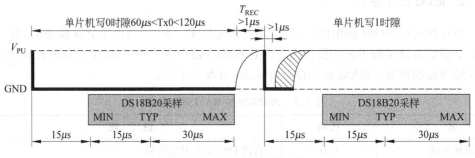

图 7.7　DS18B20 的写时序

对于写 0 时隙,单片机拉低总线并保持低电平至少 60μs,然后释放总线;对于写 1 时隙,单片机拉低总线,然后在 15μs 内要释放总线。

3. DS18B20 的读时序

DS18B20 器件的读时序由读 0 时隙和读 1 时隙组成,如图 7.8 所示。

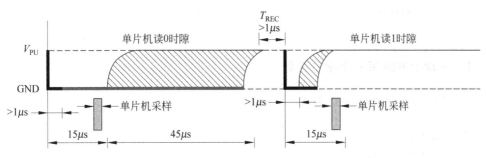

图 7.8　DS18B20 的读时序

读操作时单片机要首先拉低总线至少 $1\mu s$，单片机释放总线后，总线电平就由 DS18B20 器件决定，但 DS18B20 器件发出的数据仅能保持 $15\mu s$，所以单片机应在 $15\mu s$ 内采样总线电平。

7.1.4　DS18B20 的操作函数

1. DS18B20 的初始化函数

```
void DS18B20_Init(void)
{
    uchar x=0;
    DQ=1;
    Delay10Us(9);
    DQ=0;
    Delay10Us(80);
    DQ=1;
    Delay10Us(37);
}
```

2. 自 DS18B20 读一个字节函数

```
uchar DS18B20_RByte(void)
{
    uchar i=0;
    uchar dat=0;
    for (i=8;i>0;i--)
    {
        DQ=0;
        dat>>=1;
        DQ=1;
        if(DQ)
        dat|=0x80;
        Delay10Us(5);              //54
    }
```

```
        return(dat);
    }
```

3. 向 DS18B20 写一个字节函数

```
void DS18B20_WByte(uchar dat)
{
    uchar i=0;
    for (i=8; i>0; i--)
    {
        DQ=0;
        DQ=dat&0x01;
        Delay10Us(5);                    //54
        DQ=1;
        dat>>=1;
    }
}
```

7.1.5 DS18B20 应用实例

DS18B20 与单片机系统硬件接线如图 7.9 所示。

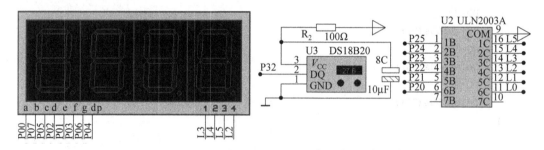

图 7.9 DS18B20 与单片机系统接线图

编写程序完成采集温度,并显示在 LED 数码管上。程序如下:

```
#include<reg52.h>
#include<intrins.h>
#define uchar unsigned char
#define uint unsigned int

sbit DQ=P3^2;
uchar code SegCode[]=                      //共阴,P0 口 1 有效
{0xAF,0xA0,0xC7,0xE5,0xE8,0x6D,0x6F,0xA1,0xEF,0xE9,
0xEB,0x6E,0x0F,0xE6,0x4F,0x4B,0xCB,0x10,0x00,0x40};
                                           //P、.,-
uchar code PlaceCode[]=
```

```
{0x04,0x20,0x10,0x08};                //位码：个位在先,P2 口 1 有效
//显示缓冲区
uchar DispBuf[]={18,18,18,18};

typedef union
{
  uint   T;
  uchar tt[2];
}myt;

myt Tbuff;

void Delay7Us(void)                   //11.0592MHz
{
    _nop_();;_nop_();_nop_();
}

void Delay10Us(uchar n)
{
    do                                //7.6μs
    {
        Delay7Us();
    }while(--n);
}

void DelayMs(uchar n)
{
    uchar j;
    while (n--)                       //频率为 11.0592MHz 时延时常为 113
    {
        for (j=0; j<113; j++);
    }
}

void Seg7_Disp()
{
    uchar i;
    for(i=0;i<4;i++)
    {
        P0=DispBuf[i];
        P2=PlaceCode[i];
        DelayMs(3);
    }
}
```

```
void DS18B20_Init(void)
{
    uchar x=0;
    DQ=1;
    Delay10Us(9);
    DQ=0;
    Delay10Us(80);
    DQ=1;
    Delay10Us(37);
}

uchar DS18B20_RByte(void)
{
    uchar i=0;
    uchar dat=0;
    for (i=8;i>0;i--)
    {
        DQ=0;
        dat>>=1;
        DQ=1;
        if(DQ)
        dat|=0x80;
        Delay10Us(5);                  //54
    }
    return(dat);
}

void DS18B20_WByte(uchar dat)
{
    uchar i=0;
    for (i=8; i>0; i--)
    {
        DQ=0;
        DQ=dat&0x01;
        Delay10Us(5);                  //54
        DQ=1;
        dat>>=1;
    }
}

uint DS18B20_R_T(void)
{
    uchar a=0;
```

```
    uint t=0;
    float tt=0;
    DS18B20_Init();
    DS18B20_WByte(0xCC);
    DS18B20_WByte(0x44);
    DS18B20_Init();
    DS18B20_WByte(0xCC);
    DS18B20_WByte(0xBE);
    a=DS18B20_RByte();
    t=DS18B20_RByte();
    t<<=8;
    t=t|a;
    tt=t * 0.0625;
    t=tt * 10+0.5;
    return(t);
}


void T_to_Buff()
{
    uchar shi,ge,xshu;

    shi=Tbuff.T / 100;              //十位
    ge=Tbuff.T / 10- shi * 10;      //个位
    xshu=Tbuff.T- shi * 100- ge * 10;  //小数位
    DispBuf[3]=SegCode[16];
    DispBuf[2]=SegCode[shi];
    DispBuf[1]=SegCode[ge]|0x10;
    DispBuf[0]=SegCode[xshu];
}


void main(void)
{
    uchar i;
    while (1)
    {
        DS18B20_Init();
        DS18B20_WByte(0xCC);
        DS18B20_WByte(0xBE);
        Tbuff.T=DS18B20_R_T();
        T_to_Buff();
        for (i=0; i<100; i++)
        Seg7_Disp();
    }
}
```

7.2 I²C 总线接口及其扩展

I²C(Inter Integrated Circuit)总线是指集成电路间的一种串行总线。它最初是 Philips 公司在 20 世纪 80 年代为把控制器连接到外设芯片上研制的一种低成本总线。后来发展成为嵌入式系统设备间通信的全球标准。I²C 总线广泛用于各种新型芯片中，如 I/O 电路、A/D 转换器、D/A 转换器、温度传感器及微控制器等。许多器件生产厂商都采用了 I²C 总线设计产品，如 Atmel 公司的 E²PROM 器件、Philips 公司的 LED 驱动器等。

7.2.1 I²C 总线基础

1. I²C 总线架构

I²C 总线只有两根连线。一根是数据线 SDA，另一根是时钟线 SCL。所有连接到 I²C 总线上器件的数据线都接到 SDA 线上，各器件的时钟线均接到 SCL 线上。I²C 总线的基本架构如图 7.10 所示(图中上拉电阻 R_P 取值大约 5.1kΩ)。

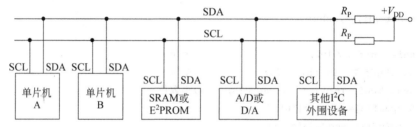

图 7.10 I²C 总线的基本架构

2. I²C 总线的特点

1) 采用 2 线制

采用 2 线制连接，可以使器件的引脚减少，器件间连接电路设计简单，电路板的体积会有效减小，系统的可靠性和灵活性将大大提高。

2) 传输速率高

标准模式传输速率为 100kbps，快速模式为 400kbps，高速模式为 3.4Mbps。

3) 支持多主和主/从两种工作方式

多主方式时，要求各主单片机配备 I²C 总线标准接口；但基本型 80C51 单片机没有 I²C 总线标准接口，只能工作于主/从方式(扩展外围从器件)。本节我们仅就这种方式进行介绍，并将 80C51 单片机称为主机，扩展的器件称为从器件。

3. I²C 总线的数据传输

在 I²C 总线上，每一位数据位的传输都与时钟脉冲相对应。逻辑 0 和逻辑 1 的信号电平取决于相应的电源电压，使不同的半导体制造工艺，如 CMOS、NMOS 等类型的电路都可以接入总线。对于数据传输，I²C 总线协议规定了如下信号时序：

1) 起始和停止信号

起始和停止信号如图 7.11 所示。

- SCL 为高电平期间，SDA 由高电平向低电平的变化表示起始信号。
- SCL 为高电平期间，SDA 由低电平向高电平的变化表示停止信号。

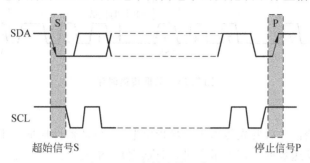

图 7.11　起始和终止信号

总线空闲时，SCL 和 SDA 两条线都是高电平。SDA 线的起始信号和停止信号由主机发出。在起始信号后，总线处于被占用的状态；在停止信号后，总线处于空闲状态。

2) 字节格式

传输字节数没有限制，但每个字节必须是 8 位长度。先传最高位（MSB），每个被传输字节后面都要跟随应答位（即一帧共有 9 位），如图 7.12 所示。

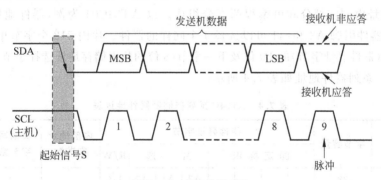

图 7.12　字节传送时序

从器件接收数据时，在第 9 个时钟脉冲要发出应答脉冲，但在数据传输一段时间后无法继续接收更多的数据时，从器件可以采用"非应答"通知主机，主机在第 9 个时钟脉冲检测到 SDA 线无有效应答负脉冲（即非应答）则会发出停止信号以结束数据传输。

与主机发送数据相似，主机在接收数据时，它收到最后一个数据字节后，必须向从器件发出一个结束传输的"非应答"信号。然后从器件释放 SDA 线，以允许主机产生停止信号。

3) 数据传输时序

对于数据传输，I²C 总线协议规定：

- SCL 由主机控制，从器件在自己忙时拉低 SCL 线以表示自己处于"忙状态"。
- 字节数据由发送器发出，响应位由接收器发出。
- SCL 高电平期间，SDA 线数据要稳定，SCL 低电平期间，SDA 线数据允许更新。

数据传输时序如图 7.13 所示。

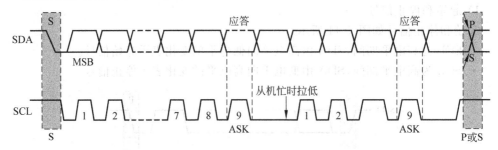

图 7.13　数据传输时序

4) 寻址字节

主机发出起始信号后要先传送 1 个**寻址字节**：7 位从器件地址，1 位传输方向控制位（用"0"表示主机发送数据，"1"表示主机接收数据）。格式为：

位：	D7	D6	D5	D4	D3	D2	D1	D0
	器件地址							R/$\overline{\text{W}}$

D7～D1 位组成从器件的地址。D0 位是数据传送方向位。主机发送地址时，总线上的每个从器件都将这 7 位地址码与自己的地址进行比较。如果相同，则认为自己正被主机寻址。

器件地址由固定部分和可编程两部分组成。以 AT24C04 为例，器件地址的固定部分为 1010，器件引脚 A2 和 A1 可以选择 4 个同样的器件。片内 512 个字节单元的访问，由第 1 字节(器件寻址字节)的 P0 位及下一字节(8 位的片内储存地址选择字节)共同寻址。

AT24C 系列器件地址如表 7.4 所示。

表 7.4　AT24C 系列存储器器件地址表

器件型号	字节容量	器件寻址字节						内部地址字节数	页面写字节数	最多可挂器件数
		固定标识			片　选		R/W			
AT24C01A	128				A2	A1	A0	1/0		8	8
AT24C02	256				A2	A1	A0	1/0		8	8
AT24C04	512				A2	A1	P0	1/0	1	16	4
AT24C08A	1K	1	0	1	A2	P1	P0	1/0		16	2
AT24C16A	2K			0	P2	P1	P0	1/0		16	1
AT24C32A	4K				A2	A1	A0	1/0		32	8
AT24C64A	8K				A2	A1	A0	1/0		32	8
AT24C128B	16K				A2	A1	A0	1/0	2	64	8
AT24C256B	32K				A2	A1	A0	1/0		64	8
AT24C512B	64K				A2	A1	A0	1/0		128	8

　　注意：该表的片选引脚中，AT24C04 器件不用 A0 引脚，但要用 P0 位区分页地址，每页有 256 个字节（这里的"页"不要与页面写字节数中的"页"混淆），在主机发出的寻址字节中，使 P0 位为 0 或 1，就可以访问 AT24C04 的 512B 的内容。器件 AT24C08 和 AT24C16 的情况与此类似。

7.2.2　80C51 的 I²C 总线时序模拟

　　对于没有配置 I²C 总线接口的单片机（如 AT89S51 等），可以利用通用并行 I/O 口线模拟 I²C 总线接口的时序。

1. 典型信号时序

　　I²C 总线的数据传输有严格的时序要求。I²C 总线的起始信号、停止信号、发送应答（"0"）及发送非应答（"1"）的时序如图 7.14 所示。

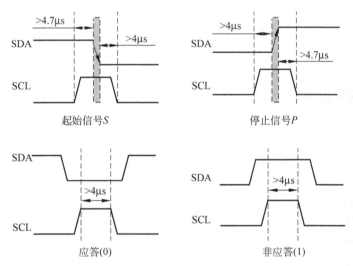

图 7.14　典型信号的时序

2. 典型信号模拟子程序

　　设主机采用 89S51 单片机，晶振频率为 11.0592MHz（即机器周期为 1.085μs），下面给出几个典型信号的模拟子程序。

　　先定义延时时间：

```
#define NOP5() {_nop_();_nop_();_nop_();_nop_();_nop_();}
```

1. 起始信号

```
void Start(void)
{
    SDA=1;
```

```
    SCL=1;
    NOP5();
    SDA=0;
    NOP5();
    SCL=0;
}
```

2. 停止信号

```
void Stop(void)
{
    SDA=0;
    SCL=1;
    NOP5();
    SDA=1;
    NOP5();
    SCL=0;
}
```

3. 发送应答位"0"

```
void Ack(void)
{
    SDA=0;
    SCL=1;
    NOP5();
    SCL=0;
    SDA=1;
}
```

4. 发送非应答位"1"

```
void Nack(void)
{
    SDA=1;
    SCL=1;
    NOP5();
    SCL=0;
    SDA=0;
}
```

7.2.3　80C51 与 AT24C02 的接口

　　串行 E^2PROM 的优点是体积小、功耗低、占用 I/O 口线少,性能价格比高。典型产品如 ATMEL 公司的 AT24C02,其引脚定义及与 89S51 单片机的连接如图 7.15 所示。

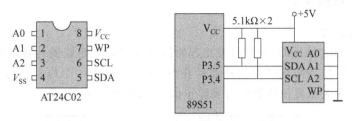

图 7.15　AT24C02 的引脚及与单片机的接口

AT24C02 内含 256B,擦写次数大于 100 万次,写入周期不大于 10ms。图中仅扩展一个器件,所以将 A2、A1、A0 这 3 条地址线接地。WP 为写保护控制端,接地时允许写入。SDA 是数据输入输出线。SCL 为串行时钟线。

1. 主机写数据操作

1) 写单字节

对 AT24C02 写入时,单片机发出起始信号后接着发送的是**器件寻址写操作**(即 1010(A2)(A1)(P0)0),然后释放 SDA 线并在 SCL 线上产生第 9 个时钟信号;被选中的 AT24C02 在 SDA 线上产生一个应答信号;单片机再发送要写入的**片内单元地址**;收到 AT24C02 应答 0 后单片机发送数据字节,AT24C02 返回应答;然后单片机发出停止信号 P,AT24C02 启动片内擦写过程。时序如图 7.16 所示。

S	器件寻址写	A	片内地址写	A	Data 1	A	P

图 7.16　写入单字节的传输时序

2) 写多字节

要写入多个字节,可以利用 AT24C02 的页写入模式。AT24C02 的页为 8 字节。与字节写相似,首先单片机分别完成**起始信号操作、器件寻址写操作及片内单元首地址写操作**,收到从器件应答 0 后单片机就逐个发送各数据字节,但每发送一个字节后都要等待应答。如果没有数据要发送了,**单片机就发出停止信号 P,从器件 AT24C02 就启动内部擦写周期,完成数据写入工作(约 10ms)**。

AT24C02 片内地址指针在接收到每一个数据字节后都自动加 1,在芯片的“页面写字节数”(8 字节)限度内,只需输入首地址。传送数据的字节数超过芯片的“页面写字节数”时,地址将“上卷”,前面的数据将被覆盖。写入 n 个字节(对于 AT24C02 芯片 n 小于 8)的数据格式如图 7.17 所示。

S	器件寻址写	A	片内地址写	A	Data 1	A	...	Data n	A	P

图 7.17　写入 n 个字节的传输时序

2. 主机读数据操作

1) 当前地址读

从 AT24C02 读数据时,单片机发出起始信号后接着要**完成器件寻址读操作**,在第 9 个脉冲等待从器件应答;被选中的从器件在 SDA 线上产生一个应答信号,并向 SDA 线发送数据字节;单片机发出应答信号和停止信号 P,如图 7.18 所示。

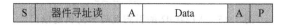

图 7.18　当前地址读传输时序

2) 随机读

随机读时,单片机也要先完成该器件寻址写操作和数据地址写操作(属于"伪写",即方向控制位仍然为"0"),均在第 9 个脉冲处等待从器件应答。被选中的从器件在 SDA 线上产生一个应答信号。

收到器件应答后,单片机要先**重复一次起始信号**并完成器件寻址读操作(方向位为 1),收到器件应答后就可以读出数据字节,每读出一个字节,单片机都要回复应答信号。当最后一个字节数据读完后,单片机应返回以"非应答"(高电平),并发出停止信号。随机读时序如图 7.19 所示。

| S | 器件寻址写 | A | 片内地址写 | A | S | 器件寻址读 | A | Data 1 | A | ⋯ | Data n | $\overline{A}$ | P |

注:图中深底色表示主机控制SDA线,白底色表示从器件控制SDA线(但起动位始终由主机控制)。

图 7.19　随机读时序

3. 基本操作子程序

1) 应答位检测

```
bit TAck()
{
    bit abit;
    SDA=1;
    SCL=1;
    NOP5();
    abit=SDA;
    SCL=0;
    NOP5();
    return abit;
}
```

2) 发送一个字节

```
void WByte(uchar wdata)
{
```

```
    uchar i;
      for (i=0; i<8; i++)
      {
        SDA= (bit)(wdata &0x80);          //发送位送 SDA 线
        SCL=1;
        NOP5();
        SCL=0;                            //SDA 线上数据变化
        wdata<<=1;                        //调整发送位
      }
}
```

3) 从 E^2PROM 读一个字节

```
uchar RByte()
{
    uchar i, rdata;
    SDA=1;                                //置 SDA 为输入方式
    for (i=0; i<8; i++)
    {
        SCL=1;                            //使 SDA 数据有效
        rdata<<=1;                        //调整接收位
        if (SDA)
              rdata++;
        SCL=0;                            //继续接收数据
    }
    return (rdata);
}
```

4) 向 E^2PROM 发送 n 个字节

```
void WriteNByte(uchar addr, uchar n)
{
    uchar x;
    Start();
    WByte(OperatWrite);                   //写 0xa0
    Ack();
    WByte(addr);                          //写存储地址
    Ack();
    while (n--)
    {
        WByte(DispCode[x++]);             //写数据
        Ack();
        DelayMs(1);
    }
    Stop();                               //发送结束
}
```

5) 从 E²PROM 读取 n 个字节

```c
void ReadNByte(uchar addr, uchar n)
{
    uchar x=0;
    while (n--)
    {
        Start();
        WByte(OperatWrite);          //写 0xa0
        while(TAck());
          WByte(addr);               //写读取地址
          while(TAck());
          Start();
          WByte(OperatRead);         //写 0xa1
          while(TAck());
          DispBuff[x++]=RByte();      //读出数据写入相应显存
          Ack();                     //发送应答位
          DelayMs(2);
          Stop();                    //发送结束
          addr++;
    }
}
```

4. 应用示例

单片机与 AT24C02 接口电路如图 7.9 所示。编程实现将字符 0 至 F 的段码送 AT24C02 从 00H 开始的储存区,然后再将 AT24C02 中的段码读到一个新的段码表中。利用新的段码表进行秒计数显示。程序如下:

1) 主程序

```c
#include< reg52.h>
#include "mytype.h"
#include "timer.h"
#include "led.h"

void main(void)
{
    T2_Init();
    Init_24C02();
    while(1)
    {

        TimeTaskLoop();              //更新信息
        Display();                   //显示信息
```

```
        }
    }
```

2）显示程序

```
#include< reg52.h>
#include "mytype.h"
#include "led.h"
#include "delay.h"
#include "24C02.h"
#define GW 0x04
#define SW 0x20
#define BW 0x10
#define QW 0x08


uchar code PlaceCode[]={GW,SW,BW,QW};          //个、十、百、千
uchar code SegCode[]=                          //段码,共阴: P0 口,"1"有效
{0xAF,0xA0,0xC7,0xE5,0xE8,0x6D,0x6F,0xA1,0xEF,0xE9,
0xEB,0x6E,0x0F,0xE6,0x4F,0x4B,0xCB,0x10,0x00,0x40};
                                               //P、、暗、-
uchar SegCode24[16];
uchar DispBuf[]={0x01,0x02,0x03,0x04};

uint Counter;
extern uchar Minute,Second,Tick100Ms,Tick10Ms;
extern bit    fSYS_1s,fSYS_100Ms,fSYS_10Ms;

void Init_24C02()
{
    uchar i;
    for(i=0;i<16;i++)
    {
        I2C_W_Addr_Dat(i,SegCode[i]);
    }
    for(i=0;i<16;i++)
    {
        SegCode24[i]=I2C_R_Addr_Dat(i);
    }

}

void Display()                                 //显示
{
    uchar i;
    for(i=0;i<4;i++)
```

```
    {
        P0=DispBuf[i];
        P2=PlaceCode[i];
        DelayMs(1);
    }
}

void TimeTaskLoop()
{
    if(fSYS_10Ms)
    {
        fSYS_10Ms=0;
    }
    if(fSYS_100Ms)
    {
        fSYS_100Ms=0;
        DispBuf[3]=SegCode24[Counter/1000];
        DispBuf[2]=SegCode24[Counter/100%10];
        DispBuf[1]=SegCode24[Counter/10%10];
        DispBuf[0]=SegCode24[Counter%10];
    }
    if(fSYS_1s)                        //1s 时间到
    {
        fSYS_1s=0;

        Counter++;
        if(Counter>9999)Counter=0;
    }
}
```

3) 24C02 程序

```
#include<reg52.h>
#include "mytype.h"
#include "delay.h"
#include "24C02.h"
sbit SDA=P1^4;
sbit SCL=P1^3;

void I2C_Start(void)
{
    SCL=1;
    SDA=1;
    NOP5();
    SDA=0;
```

```
    NOP5();
    SCL=0;                                      //不可去掉
}

void I2C_Stop(void)
{
    SDA=0;
    SCL=1;
    NOP5();
    SDA=1;
    NOP5();
    SDA=0;
}

void I2C_ACK()
{
    SDA=0;
    SCL=1;
    NOP5();
    SCL=0;
    SDA=1;
}

void I2C_NOACK()
{
    SDA=1;
    SCL=1;
    NOP5();
    SCL=0;
    SDA=0;
}

void I2C_WByte(uchar dat)
{
    uchar i;
    for(i=0;i<8;i++)
    {
        SDA=(bit)(dat&0x80);
        SCL=1;
        NOP5();
        SCL=0;
        dat<<=1;
    }
    I2C_ACK();
```

```
    }

uchar I2C_R8Bit()
{
    uchar i,temp;
    SDA=1;                                  //置输入方式
    for(i=0;i<8;i++)
    {
        SCL=1;
        temp<<=1;
        temp|=SDA;
        SCL=0;
    }
    return temp;
}


void I2C_W_Addr_Dat(uchar add,uchar dat)
{
    I2C_Start();
    I2C_WByte(0xa0);
    I2C_WByte(add);
    I2C_WByte(dat);
    I2C_Stop();
    DelayMs(10);
}
uchar I2C_RByte()
{
    uchar temp;
    I2C_Start();
    I2C_WByte(0xa1);
    temp=I2C_R8Bit();
    I2C_NOACK();
    I2C_Stop();
    return temp;
}


uchar I2C_R_Addr_Dat(uchar addr)
{
    I2C_Start();
    I2C_WByte(0xa0);
    I2C_WByte(addr);
    I2C_Stop();
    return I2C_RByte();
}
```

7.3 SPI 总线接口及其扩展

SPI(Serial Peripheral interface) 是 Motorola 公司推出的同步串行接口标准,它广泛用于 E^2PROM、实时时钟、A/D 转换器、D/A 转换器等器件。SPI 总线允许 MCU 与各种外围设备以串行方式进行同步通信,它属于高速、全双工通信总线,由于只占用四个芯片的管脚,节约了芯片的管脚资源,同时为 PCB 的布局上也提供了方便。正是由于这些优点,现在越来越多的芯片集成了这种接口。

SPI 工作模式有两种:主模式和从模式,它允许一个主设备启动一个从设备进行同步通讯,从而完成数据的同步交换和传输。只要主设备有 SPI 控制器(也可用模拟方式),就可以与基于 SPI 的各种芯片传输数据。

基本型 80C51 单片机没有配置 SPI 总线接口,但是可以利用其并行口线模拟 SPI 串行总线的时序,这样就可以广泛地利用 SPI 串行接口芯片资源。

7.3.1 单片机扩展 SPI 总线的系统结构

对于 80C51 单片机,通常采用"主 MCU＋多个从器件"的**主从模式**,图 7.20 所示为单片机扩展 3 个 SPI 从器件的系统结构图。

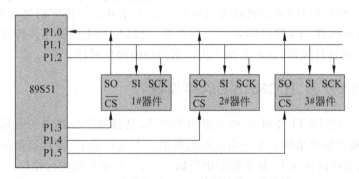

图 7.20 单片机扩展 SPI 从器件的系统结构

通常 SPI 器件有 4 个引脚:串行时钟线(SCK)、主机输入/从机输出数据线 MISO(SO)、主机输出/从机输入数据线 MOSI(SI)和低电平有效的从机选择线$\overline{\text{CS}}$。MISO 和 MOSI 用于串行接收和发送数据,先为 MSB(高位),后为 LSB(低位)。在 SPI 设置为主机方式时,MISO 是主机数据输入线,MOSI 是主机数据输出线。SCK 用于提供时钟脉冲完成串行数据的传送。

7.3.2 SPI 总线的数据传输时序

在片选信号$\overline{\text{CS}}$有效时,对数据传输线(SI 或 SO)上的采样在 SCK 信号的上升沿或下降沿均可。如果采样跳变沿是 SCK 信号的第 1 个跳变沿,则相位控制位 CPHA 为 0,如果采样跳变沿是 SCK 信号的第 2 个跳变沿,则相位控制位 CPHA 为 1。CLK 空闲时有两种极性,低电平对应 CPOL 为 0,高电平对应 CPOL 为 1。图 7.21 所示为 SPI 总线 4 种工作模式的时序图。

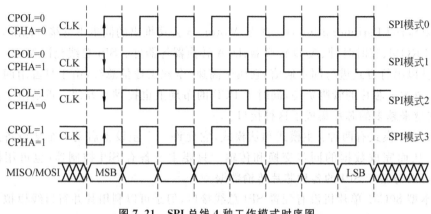

图 7.21　SPI 总线 4 种工作模式时序图

从时序图可以看出,SPI 协议仅规定了每一帧数据如何传输,并未对帧结构的组成进行规定。CPOL 和 CPHA 两个控制位决定了 SPI 的四种工作模式。CPOL 位控制在没有数据传输时时钟的空闲状态电平为 0 或 1 状态,CPHA 位控制数据采样的时钟是第 1 个边沿还是第 2 个边沿。

具有标准 SPI 接口的微控制器可以通过配置工作方式与相应的外设接口器件进行连接。对于没有标准 SPI 接口的 80C51 单片机,要想与 SPI 扩展器件传输数据,就要利用通用 I/O 口的软件模拟,这时必须严格依据器件的操作时序。

7.3.3　80C51 扩展 TLC5615 D/A 转换器

TLC5615 为美国 TI 公司 1999 年推出的产品,是具有串行接口的数模转换器,其输出为电压型,最大输出电压是基准电压值的两倍。上电时 DAC 寄存器复位为全 0。通过 3 根串行总线就可以完成 10 位数据的串行输入,易于与单片机进行接口。

1. TLC5615 的引脚定义

TLC5615 的引脚定义如图 7.22 所示。

- DIN:串行数据输入端;
- OUT:模拟电压输出端;
- SCLK:串行时钟输入端;
- $\overline{CS}$:芯片选用通端,低电平有效;

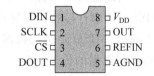

图 7.22　TLC5615 的引脚定义

- DOUT:用于级联时的串行数据输出端;
- AGND:模拟地;
- REFIN:基准电压输入端,$2 \sim (V_{DD}-2)$;
- V_{DD}:正电源端,$4.5 \sim 5.5V$,通常取 5V。

2. TLC5615 的功能框图

TLC5615 的内部结构如图 7.23 所示。

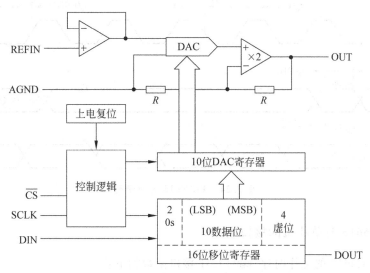

图 7.23　TLC5615 的内部结构图

　　TLC5615 由几部分构成：10 位 DAC 电路；16 位移位寄存器，用于接收串行移入的二进制数，并且有一个级联的数据输出端 DOUT；并行输入输出的 10 位 DAC 寄存器，为 10 位 DAC 电路提供待转换的二进制数据；电压跟随器，为参考电压端 REFIN 提供高输入阻抗（约 10MΩ）；乘 2 电路，提供最大值为 2 倍于 REFIN 的输出；上电复位及控制电路。

　　由结构图可见，16 位移位寄存器分为高 4 位虚拟位、低两位填充位以及 10 位有效位。在单片 TLC5615 工作时，只需要向 16 位移位寄存器按先后输入 10 位有效位和低 2 位填充位，2 位填充位数据任意，这是第一种方式，即 12 位数据序列。

　　还可以工作于级联方式，此时为 16 位数据序列，可以将本片的 DOUT 接到下一片的 DIN，需要向 16 位移位寄存器先后输入高 4 位虚拟位、10 位有效位和低 2 位填充位，由于增加了高 4 位虚拟位，所以需要 16 个时钟脉冲。

3. TLC5615 的工作时序

TLC5615 工作时序如图 7.24 所示。

　　可以看出，只有当片选 $\overline{CS}$ 为低电平时，串行输入数据才能被移入 16 位移位寄存器。当 $\overline{CS}$ 为低电平时，在每一个 SCLK 时钟的上升沿将 DIN 的一位数据移入 16 位移寄存器。注意，二进制最高有效位被首先移入。然后 $\overline{CS}$ 的上升沿将 16 位移位寄存器的 10 位有效数据锁存 10 位 DAC 寄存器，供 DAC 电路进行转换；当片选 $\overline{CS}$ 为高电平时，串行输入数据不能被移入 16 位移位寄存器。注意，$\overline{CS}$ 的上升和下降都必须发生在 SCLK 为低电平期间。

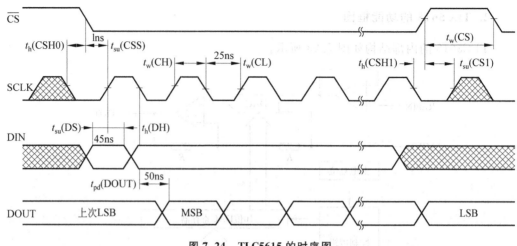

图 7.24　TLC5615 的时序图

4. TLC5615 与单片机的接口函数

根据 TLC5615 的工作时序,编写 C51 接口函数如下:

```
void TLC5615_DAC(uint dat)
{
    uchar i;

    dat<<=2;                              //左移 2 位,补 2 位 0
    TLC5615_CLK=0;
    TLC5615_CS=0;
    for (i=0;i<16;i++)
    {
        TLC5615_DI=(bit)(dat & 0x8000);
        TLC5615_CLK=0;
        dat<<=1;
        TLC5615_CLK=1;
    }
    TLC5615_CS=1;
    TLC5615_CLK=0;
    Delay10Us(1);                         //15.2μS
}
```

7.3.4　80C51 扩展 TLC549 A/D 转换器

TLC549 是 TI 公司生产的一种低价位、高性能的 8 位 A/D 转换器,它以 8 位开关电容逐次逼近的方法实现 A/D 转换,其转换速度小于 $17\mu s$,最大转换速率为 $40000Hz$。工作电压为 $3\sim6V$。它可以采用三线串行方式与单片机进行接口。

1. TLC549 的引脚定义

TLC549 的引脚如图 7.25 所示。

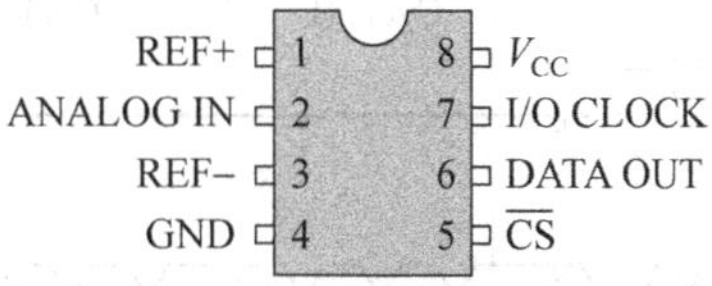

* REF＋：正基准电压，$2.5\text{V} \leqslant \text{REF}＋ \leqslant V_{cc}＋$
  0.1；
* REF－：负基准电压，$-0.1\text{V} \leqslant \text{REF}－ \leqslant$
  2.5V。且要求：

$$(\text{REF}＋)－(\text{REF}－) \geqslant 1\text{V}；$$

图 7.25　TLC549 的引脚定义

* V_{cc}：系统电源，$3\text{V} \leqslant V_{cc} \leqslant 6\text{V}$；
* GND：接地端；
* $\overline{\text{CS}}$：芯片选择输入端，要求输入高电平 $\text{VIN} \geqslant 2\text{V}$，输入低电平 $\text{VIN} \leqslant 0.8\text{V}$；
* DATA OUT：转换结果数据串行输出端，与 TTL 电平兼容，输出时高位在前，低位在后；
* ANALOG IN：模拟信号输入端，$0 \leqslant \text{ANALOG IN} \leqslant V_{cc}$，当 ANALOG IN $\geqslant$
  REF＋ 电压时，转换结果为全"1"（0FFH），ANALOG IN $\leqslant$ REF－ 电压时，转换结果为全"0"（00H）；
* I/O CLOCK：外接输入输出时钟输入端，同于同步芯片的输入输出操作，无需与芯片内部系统时钟同步。

2. TLC549 的功能框图

TLC5615 由采样保持器、模/数转换器、输出数据寄存器、数据选择与驱动器及相关控制逻辑电路组成。TLC549 的内部结构如图 7.26 所示。

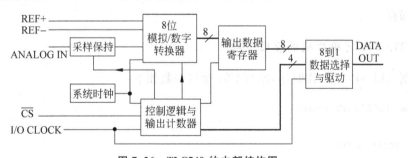

图 7.26　TLC549 的内部结构图

TLC549 带有片内系统时钟，该时钟与 I/O CLOCK 是独立工作的，无需特殊的速度及相位匹配。当 $\overline{\text{CS}}$ 为高时，数据输 DATA OUT 端处于高阻状态，此时 I/O CLOCK 不起作用。这种 $\overline{\text{CS}}$ 控制作用允许在同时使用多片 TLC549 时，共用 I/O CLOCK，以减少多片 A/D 使用时的 I/O 控制端口。

3. TLC549 的工作时序

TLC549 工作时序如图 7.27 所示。

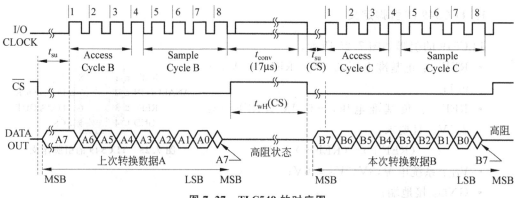

图 7.27　TLC549 的时序图

（1）$\overline{\text{CS}}$置低电平,内部电路在测得$\overline{\text{CS}}$下降沿后,在等待两个内部时钟上升沿和一个下降沿后,再确认这一变化,最后自动将前一次转换结果的最高位 D7 输出到 DATA OUT。

（2）在前 4 个 I/O CLOCK 周期的下降沿依次移出 D6、D5、D4、D3,片上采样保持电路在第 4 个 I/O CLOCK 下降沿开始采样模拟输入。

（3）接下来的 3 个 I/O CLOCK 周期的下降沿可移出 D2、D1、D0 各位。

（4）在第 8 个 I/O CLCOK 后,$\overline{\text{CS}}$必须为高电平或 I/O CLOCK 保持低电平,这种状态需要维持 36 个内部系统时钟周期以等待保持和转换工作的完成。

应注意,此时的输出是前一次的转换结果而不是正在进行的转换结果。若要在特定的时刻采样模拟信号,则应使第 8 个 I/O CLOCK 时钟的下降沿与该时刻对应。因为芯片虽在第 4 个 I/O CLOCK 时钟的下降沿开始采样,却在第 8 个 I/O CLOCK 的下降沿才开始保存。

4. TLC549 与单片机的接口函数

根据 TLC549 的工作时序,编写 C51 接口函数如下:

```
uchar TLC549_ADC(void)
{
    uchar i, temp;
    TLC549_CLK=0;
    TLC549_CS=0;
    for(i=0; i<8; i++)
    {
        temp<<=1;
        tmp|=TLC549_DO;
        TLC549_CLK=1;
        TLC549_CLK=0;
    }
    TLC549_CS=1;
```

```
        Delay10Us(1);                                      //15.2
        return (temp);
}
```

D/A 转换 A/D 转换的示例详见渐进案例。

7.4　渐 进 实 践
——基于 AT24C02 的简易密码锁及其 Proteus 仿真

1. 任务分析

简易密码锁设计主要用于验证 AT24C02 芯片在断电时的储存性能,利用 AT24C02 储存密码,用户输入密码正确时,系统给出开锁信号(用蜂鸣器模拟),密码输入错误时系统无反应。系统硬件配置仅是在单片机最小系统的基础上另外配置:1 个 AT24C02 芯片、3 个按键、4 位数码管和 1 路控制信号即可。功能要求:

(1) 系统上电时,初始显示 4567。

(2) 按 AN1 键以小数点指示密码设置位置,按 AN2 键,位置增 1,按 AN3 键,位置减 1。

(3) 当 4 位密码输入完后,再按 AN1 键,系统会自动将输入的密码与 AT24C02 储存的密码进行对比。如果密码匹配,系统发出控制开锁信号(用蜂鸣器模拟)。如果不匹配,系统无动作。

2. 编写 C51 程序

(1) 按键扫描模块(key.c):

```
#include<reg52.h>
#include<string.h>
#include "mytype.h"
#include "24C02.h"
#include "led.h"
sbit AN2=P3^3;
sbit AN3=P3^4;
sbit AN1=P1^5;
sbit BEEP=P2^0;

uchar KeyVal,KeyTime,KeyTask,StateNUM=4;
extern uchar Minute,Second,DispBuf[],MemBuf[];
uchar KeyRead(void)
{
    if(AN1==0) return 1;
    if(AN2==0) return 2;
    if(AN3==0) return 3;
```

```
        return  0;
    }

    void Key_Scan(void)
    {
        static uchar temp;
        temp=KeyRead();                 //无键按下返回0,有键按下返回1、2或3

        switch(KeyTask)
        {
            case 0:                     //初态 0
                if(temp !=0)            //有键按下
                    {
                        KeyTime=20;     //置延时初值
                        KeyTask++;
                    }
                break;
            case 1:                     //按下键时去抖──1
                KeyTime--;
                if(KeyTime!=0)KeyTask++;
                break;
            case 2:                     //确认有键按下──2
                if(temp !=0)
                {
                    KeyVal=temp;
                    KeyTask++;
                }
                else   KeyTask=0;       //抖动返回
                break;
            case 3:                     //判断键是否松开──3
                if(temp==0)
                {
                    KeyTime=20;         //设置释放去抖时间
                    KeyTask++;
                }
                break;
            case 4:                     //释放去抖──4
                KeyTime--;
                if(KeyTime==0)KeyTask++;
                break;
            case 5:                     //判断是否释放──5
                if(temp==0)             //释放
                {
                    KeyTask=0;
```

```
            }
            else   KeyTask=3;              //未释放
        break;
        default:
        break;
    }
}


void Key_Proc(void)
{
    static uchar SetFlag;
    if(StateNUM==4)                     //密码比较
    {
        if(strcmp(DispBuf,MemBuf)==0)BEEP=~BEEP;
    }

    if(KeyVal==1)                       //键 1
    {
        KeyVal=0;
        if((StateNUM>=0)&&(StateNUM<=3))SetFlag=1;
        else SetFlag=1;
        if(++StateNUM>4)StateNUM=0;
    }
    if(KeyVal==2)                       //键 2
    {
        if(SetFlag==1)
        {
            KeyVal=0;
            if(++DispBuf[StateNUM]>9)
                DispBuf[StateNUM]=0;
        }

    }
    if(KeyVal==3)                       //键 3
    {
        if(SetFlag==1)
        {

            KeyVal=0;
            if(--DispBuf[StateNUM]==0xff)
                DispBuf[StateNUM]=9;

        }
```

```
    }
}
```

(2) 存储器模块(24C02.c):

```c
#include<reg52.h>
#include<intrins.h>
#include "mytype.h"
#include "delay.h"
#include "24C02.h"


sbit SDA=P1^4;
sbit SCL=P1^3;


/**********************************************
启动程序
在SCL高电平期间 SDA产生负跳变
**********************************************/
void I2C_Start(void)
{
    SCL=1;
    SDA=1;
    NOP5();
    SDA=0;
    NOP5();
    SCL=0;                          //不可去掉
}
/**********************************************
停止函数
在SCL高电平期间,SDA产生一个正脉冲
**********************************************/
void I2C_Stop(void)
{
    SDA=0;
    SCL=1;
    NOP5();
    SDA=1;
    NOP5();
    SDA=0;
}
/**********************************************
发送应答位函数
在SDA低电平期间,SCL产生一个正脉冲
**********************************************/
void I2C_ACK()
```

```
{
    SDA=0;
    SCL=1;
    NOP5();
    SCL=0;
    SDA=1;
}
/**********************************************
发送非应答位函数
在 SDA 高电平期间 SCL 产生一个正脉冲
**********************************************/
void I2C_NOACK()
{
    SDA=1;
    SCL=1;
    NOP5();
    SCL=0;
    SDA=0;
}

void I2C_WByte(uchar dat)
{
    uchar i;
    for(i=0;i<8;i++)
    {
        SDA=(bit)(dat&0x80);
        SCL=1;
        NOP5();
        SCL=0;
        dat<<=1;
    }
    I2C_ACK();
}

uchar I2C_R8Bit()
{
    uchar i,temp;
    SDA=1;                          //置输入方式
    for(i=0;i<8;i++)
    {
        SCL=1;
        temp<<=1;
        temp|=SDA;
        SCL=0;
```

```
    }
    return temp;
}
/*******************************************
在指定地址 addr 处写入 1 个字节
*******************************************/
void I2C_W_Addr_Dat(uchar add,uchar dat)
{
    I2C_Start();
    I2C_WByte(0xa0);
    I2C_WByte(add);
    I2C_WByte(dat);
    I2C_Stop();
    DelayMs(10);
}

uchar I2C_RByte()
{
    uchar temp;
    I2C_Start();
    I2C_WByte(0xa1);
    temp=I2C_R8Bit();
    I2C_NOACK();
    I2C_Stop();
    return temp;
}
/*******************************************
在指定地址 addr 处读出 1 个字节
*******************************************/
uchar I2C_R_Addr_Dat(uchar addr)
{
    I2C_Start();
    I2C_WByte(0xa0);
    I2C_WByte(addr);
    I2C_Stop();
    return I2C_RByte();
}
void I2C_Init(void)
{
    uchar i;
    for(i=0;i<4;i++)
    {
        I2C_W_Addr_Dat(0x80+i,8-i);
        DelayMs(100);
```

```
        }
}
```

(3) 显示模块(led.c)：

```c
#include< reg52.h>
#include "mytype.h"
#include "led.h"
#include "delay.h"
#include "key.h"
#include "24C02.h"
//段连接---依实际调整
#define a   0x01              //P0.0
#define e   0x02              //P0.1
#define d   0x04              //P0.2
#define f   0x08              //P0.3
#define dp 0x10               //P0.4
#define c   0x20              //P0.5
#define g   0x40              //P0.6
#define b   0x80              //P0.7
//段码,共阴:1-有效
uchar code SegCode[]=
{
    a+b+c+d+e+f,              //0
    b+c,                      //1
    a+b+d+e+g,                //2
    a+b+c+d+g,                //3
    b+c+f+g,                  //4
    a+c+d+f+g,                //5
    a+c+d+e+f+g,              //6
    a+b+c,                    //7
    a+b+c+d+e+f+g,            //8
    a+b+c+d+f+g,              //9
    a+b+c+e+f+g,              //A
    c+d+e+f+g,                //b
    a+d+e+f,                  //C
    b+c+d+e+g,                //d
    a+d+e+f+g,                //E
    a+e+f+g,                  //F
    a+b+e+f+g,                //P
    dp,                       //.
    0,                        //暗
    g,                        //-
};
#undef a
```

```
#undef b
#undef c
#undef d
#undef e
#undef f
#undef g

#define GW 0x04                          //P2.2
#define SW 0x20                          //P2.5
#define BW 0x10                          //P2.4
#define QW 0x08                          //P2.3
```

//个、十、百、千扫描码
```
unsigned char code BitCode[]={GW,SW,BW,QW};
```

//低位先扫描
```
uchar DispBuf[5]={0,0,0,0,'\0'};
uchar MemBuf[5]={0,0,0,0,'\0'};

extern uchar Minute,Second,Tick100Ms,Tick10Ms,Tick5Ms;
extern bit fSYS_1s,fSYS_100Ms,fSYS_10Ms,fSYS_5Ms;
extern uchar KeyVal,KeyTime,KeyTask,StateNUM;

void Disp_Buff(uchar Dot)                //显示
{
    uchar i;
    for(i=0;i<4;i++)
    {
        if(i==Dot)                       //加小数点位
        P0=SegCode[DispBuf[i]]|dp;        //dp接P0.4
        else
        P0=SegCode[DispBuf[i]];

        P2=BitCode[i];
        DelayMs(1);
    }
}

void AdjectDisp(void)
{

    Disp_Buff(StateNUM);

}
```

```
void TimeTaskLoop()
{
    if(fSYS_5Ms)
    {
        fSYS_5Ms=0;
        AdjectDisp();
    }

    if(fSYS_10Ms)
    {
        fSYS_10Ms=0;
        Key_Scan();
        Key_Proc();
    }

    if(fSYS_100Ms)
    {
        fSYS_100Ms=0;
    }

    if(fSYS_1s)                             //1s 定时任务
    {
        fSYS_1s=0;
        Update_Buff();
    }
}

void Buff_Init(void)
{

    DispBuf[3]=   4;
    DispBuf[2]=   5;
    DispBuf[1]=   6;
    DispBuf[0]=   7;
}

void At24ToBuff(void)                       //读 24C02
{
    uchar i;
    for(i=0;i<4;i++)
    {
        MemBuf[i]=I2C_R_Addr_Dat(0x80+i);
    }
```

```
}
```

(4) 时标发生模块(time.c):

```c
#include<reg52.h>
#include "mytype.h"
#include "timer.h"

#define T2N (110592*5/120)                      //5ms


uchar Minute,Second,Tick100Ms,Tick10Ms,Tick5Ms;
bit   fSYS_1s,fSYS_100Ms,fSYS_10Ms,fSYS_5Ms;

void T2_Init(void)
{
    RCAP2H= (65536-T2N)/256;
    RCAP2L= (65536-T2N)%256;
    TH2=RCAP2H;
    TL2=RCAP2L;
    TR2=1;
    ET2=1;
    EA=1;
}

void T2_Isr(void) interrupt 5
{
    TF2=0;                          //TF2要软件清零,与T0和T1不同
    Tick5Ms++;
    fSYS_5Ms=1;
    if(Tick5Ms==2)
    {
        Tick5Ms=0;
        fSYS_10Ms=1;
        Tick10Ms++;
        if(Tick10Ms==10)
        {
            Tick10Ms=0;
            fSYS_100Ms=1;
            Tick100Ms++;
            if(Tick100Ms==10)
            {
                Tick100Ms=0;
                fSYS_1s=1;

                Second++;
```

```
                 if(Second==60)
                 {
                 Second=0;
                 Minute++;
                 if(Minute==60)
                 Minute=0;
                 }
             }
         }
     }
}
```

（5）主函数模块（main.c）：

```
#include<reg52.h>
#include "timer.h"
#include "led.h"
#include "key.h"
#include "24C02.h"

void main(void)
{
    T2_Init();
    Buff_Init();
    //I2C_Init();
    At24ToBuff();

    while(1)
    {
        TimeTaskLoop();
    }
}
```

3. 生成可执行文件

在 μVision 环境编译、连接，生成可执行文件。

4. 在 Proteus 环境仿真

进入 Proteus 软件，将单片机载入目标程序，按仿真运行按钮。

程序运行后，开始时数码管显示 4567。按 AN1 键，数码管显示增加了小数点，每按 1 次 AN1 键，小数点的位置向左移动 1 位，移到最左端后返回最右端；按 AN2 键后，对应小数点位置的内容加 1；按 AN3 键后，对应小数点位置的内容减 1。

当经过加减调整的显示数值与实现在 24C02 中设置的初值相等时，蜂鸣器鸣响，代表密码匹配，锁可以打开。仿真运行界面如图 7.28 所示。

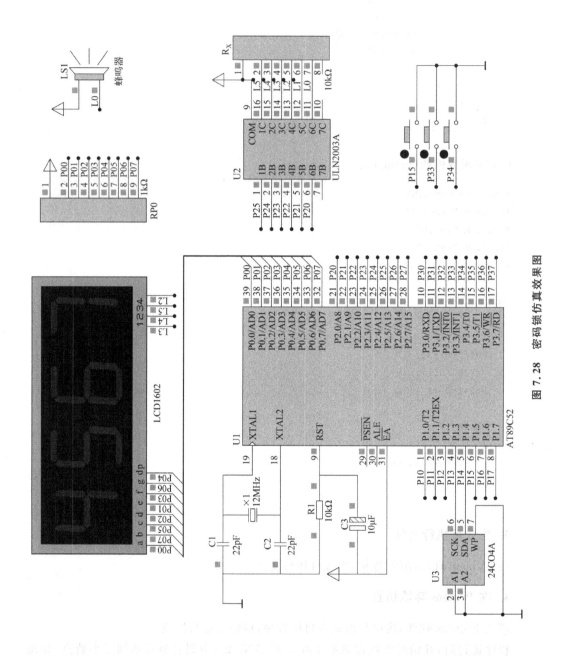

图 7.28 密码锁仿真效果图

5. 实板验证

将生成的目标码写入实物单片机。上电运行,观察效果。

7.5　渐进实践

——基于 TLC5615 的正弦信号发生器及其 Proteus 仿真

1. 任务分析

程序运行时,每隔 1ms 输出 1 个正弦波数据,输出 256 个点的数据时间为 256ms(此时频率约为 4Hz),采用 TLC5615 实现。

2. 编写 C51 程序

```c
#include< reg52.h>
#include< intrins.h>
#define uchar unsigned char
#define uint   unsigned int

#define T0N (110592 * 1/120)              //1ms

sbit   CLK=P1^6;                          //时钟信号
sbit   CS=P2^7;                           //片选信号
sbit   DIN=P2^6;                          //5615数据输入

uint   Ybcount;

void Delay7Us(void)                       //11.0592MHz
{
    _nop_();_nop_();_nop_();
}

void Delay10Us(uchar n)
{
    do                                    //7.6μs
    {
        Delay7Us();
    }while(--n);
}

uchar   code SinTab[256]=
{
    0x80,0x83,0x86,0x89,0x8d,0x90,0x93,0x96,0x99,0x9c,
```

```
0x9f,0xa2,0xa5,0xa8,0xab,0xae,0xb1,0xb4,0xb7,0xba,
0xbc,0xbf,0xc2,0xc5,0xc7,0xca,0xcc,0xcf,0xd1,0xd4,
0xd6,0xd8,0xda,0xdd,0xdf,0xe1,0xe3,0xe5,0xe7,0xe9,
0xea,0xec,0xee,0xef,0xf1,0xf2,0xf4,0xf5,0xf6,0xf7,
0xf8,0xf9,0xfa,0xfb,0xfc,0xfd,0xfd,0xfe,0xff,0xff,
0xff,0xff,0xff,0xff,0xff,0xff,0xff,0xff,0xff,0xff,
0xfe,0xfd,0xfd,0xfc,0xfb,0xfa,0xf9,0xf8,0xf7,0xf6,
0xf5,0xf4,0xf2,0xf1,0xef,0xee,0xec,0xea,0xe9,0xe7,
0xe5,0xe3,0xe1,0xde,0xdd,0xda,0xd8,0xd6,0xd4,0xd1,
0xcf,0xcc,0xca,0xc7,0xc5,0xc2,0xbf,0xbc,0xba,0xb7,
0xb4,0xb1,0xae,0xab,0xa8,0xa5,0xa2,0x9f,0x9c,0x99,
0x96,0x93,0x90,0x8d,0x89,0x86,0x83,0x80,0x80,0x7c,
0x79,0x76,0x72,0x6f,0x6c,0x69,0x66,0x63,0x60,0x5d,
0x5a,0x57,0x55,0x51,0x4e,0x4c,0x48,0x45,0x43,0x40,
0x3d,0x3a,0x38,0x35,0x33,0x30,0x2e,0x2b,0x29,0x27,
0x25,0x22,0x20,0x1e,0x1c,0x1a,0x18,0x16,0x15,0x13,
0x11,0x10,0x0e,0x0d,0x0b,0x0a,0x09,0x08,0x07,0x06,
0x05,0x04,0x03,0x02,0x02,0x01,0x00,0x00,0x00,0x00,
0x00,0x00,0x00,0x00,0x00,0x00,0x00,0x00,0x01,0x02,
0x02,0x03,0x04,0x05,0x06,0x07,0x08,0x09,0x0a,0x0b,
0x0d,0x0e,0x10,0x11,0x13,0x15,0x16,0x18,0x1a,0x1c,
0x1e,0x20,0x22,0x25,0x27,0x29,0x2b,0x2e,0x30,0x33,
0x35,0x38,0x3a,0x3d,0x40,0x43,0x45,0x48,0x4c,0x4e,
0x51,0x55,0x57,0x5a,0x5d,0x60,0x63,0x66,0x69,0x6c,
0x6f,0x72,0x76,0x79,0x7c,0x80
};

void Timer0Init(void)
{
    TMOD=0x01;
    TH0=(65536-T0N)/256;                    //1ms
    TL0=(65536-T0N)%256;
    TR0=1;
    ET0=1;
    EA=1;
}

void TLC5615_DAC(uint da)
{
    uchar i;

    da<<=2;                                 //左移2位,补2位0
    CLK=0;
    CS=0;
```

```
    for (i=0;i<16;i++)
    {
        DIN= (bit)(da&0x8000);
        CLK=0;
        da<<=1;
        CLK=1;
    }
    CS=1;
    CLK=0;
    Delay10Us(1);                              //15.2
}

void Time0Isr(void) interrupt 1
{
    TH0= (65536-T0N)/256;                      //1ms
    TL0= (65536-T0N)%256;
    TLC5615_DAC(SinTab[Ybcount]);
    if(++Ybcount>255)Ybcount=0;
}

void main(void)
{
    Timer0Init();

    while(1)
    {

    }
}
```

3. 生成可执行文件

在 μVision 环境编译、连接,生成可执行文件。

4. 在 Proteus 环境下仿真

进入 Proteus 软件,将单片机载入目标程序,按仿真运行按钮。

程序运行后,在虚拟示波器上可以看到正弦波,该正弦波的频率约为 4Hz。仿真运行界面如图 7.29 所示。

5. 实板验证

将生成的目标码写入实物单片机。上电运行后,用示波器观察运行效果。

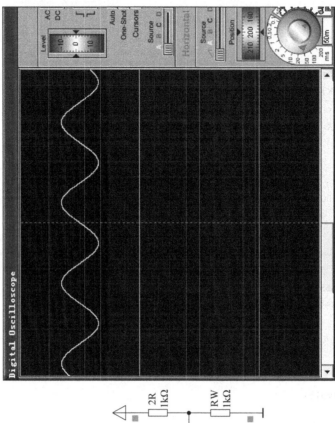

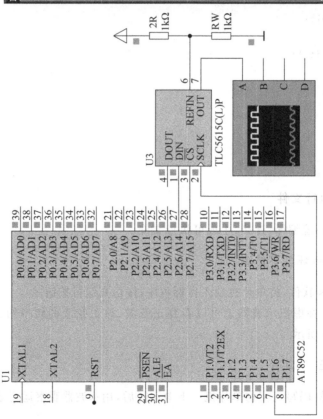

图 7.29　正弦波信号发生器仿真效果图

7.6 渐进实践

——基于 TLC549 的数字电压表及其 Proteus 仿真

1. 任务分析

程序运行时利用电位器可以调整被测电压,测得的电压采用 4 位数码管显示,A/D 输入端可以切换至 D/A 转换器输出,由数码管显示 D/A 的输出电压。

2. 编写 C51 程序

```c
#include< reg52.h>
#include< stdio.h>
#include< intrins.h>
#define uchar unsigned char
#define uint  unsigned int
#define T2N (110592 * 50/120)              //50ms

uchar code PlaceCode[]={0x04,0x20,0x10,0x08};      //位码
uchar code   SegCode[]=
{0xAF,0xA0,0xC7,0xE5,0xE8,0x6D,0x6F,0xA1,0xEF,0xE9,
0xeb,0x6e,0x0f,0xe6,0x4f,0x4b,0XCB,0X10,0X00,0X40};
                                           //P、、-
//显示缓冲区
uchar DispBuf[]={4,3,2,1};

char code reserve [3] _at_ 0x3b;           //保留 0x3b 开始的 3 个字节

sbit    ADDA_CLK=P1^6;                      //时钟信号
sbit    TLC549_DO=P1^7;
sbit    ADDA_CS=P2^7;                       //片选信号

uint    volt;
uchar   Read_549;

void Delay7Us(void)                        //11.0592MHz
{
    _nop_();_nop_();_nop_();
}

void Delay10Us(uchar n)
{
    do                                     //7.6μs
    {
        Delay7Us();
```

```
        }while(--n);
    }

    void DelayMs(uint n)
    {
        uchar j;
        while(n--)                          //当频率为11.0592MHz时延时常数为113
        {
            for(j=0;j<113;j++);
        }
    }

    void DispBuff(uchar dot)                //显示缓冲区数据
    {
        uchar i;
        for(i=0;i<4;i++)
        {
            if(i==dot)
            P0=SegCode[DispBuf[i]]|0x10;
            else
            P0=SegCode[DispBuf[i]];
            P2=PlaceCode[i];
            DelayMs(3);
            P2 &=0xc3;
        }
    }

    void UpdataBuff(void)
    {
        DispBuf[3]=0x10;
        DispBuf[2]=volt/1000;
        DispBuf[1]=volt/100 % 10;
        DispBuf[0]=volt/10 % 10;
        //DispBuf[0]=Volt % 10;
    }

    void T2_Init(void)
    {
        RCAP2H=(65536-T2N)/256;
        RCAP2L=(65536-T2N)%256;
        TH2=RCAP2H;
        TL2=RCAP2L;
        TR2=1;
        ET2=1;
        EA=1;
    }
```

```
uchar TLC549_ADC(void)
{
    uchar i, tmp;

    ADDA_CLK=0;
    ADDA_CS=0;
    for(i=0; i<8; i++)
    {
        tmp<<=1;
        tmp|=TLC549_DO;
        ADDA_CLK=1;
        ADDA_CLK=0;
    }
    ADDA_CS=1;
    Delay10Us(1);                       //15.2
    return (tmp);
}

void T2_Isr(void) interrupt 5
{
    TF2=0;
    Read_549=TLC549_ADC();
    volt=5.0 / 256 * Read_549 * 1000;
}
void main(void)
{

    T2_Init();

    while (1)
    {
        UpdataBuff();
        DispBuff(2);
    }
}
```

3. 生成可执行文件

在 μVision 环境编译、连接，生成可执行文件。

4. 在 Proteus 环境仿真

进入 Proteus 软件，将单片机载入目标程序，按仿真运行按钮。

程序运行后，LED 数码管上可以看到显示的电压数值，调节电位器的位置，数码管显示数值会发生变化。仿真运行界面如图 7.30 所示。

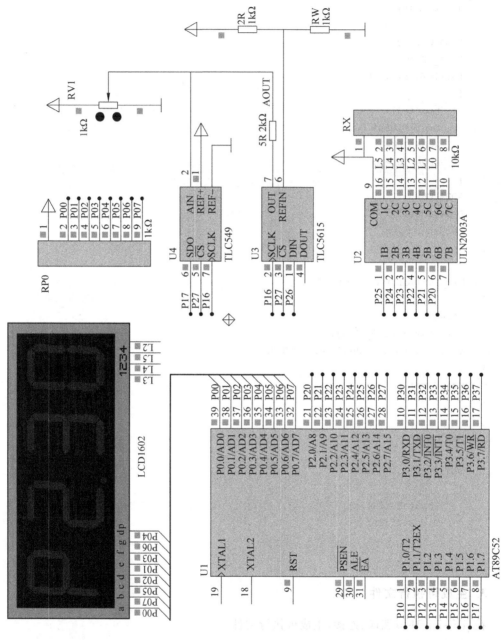

图 7.30　数字电压表仿真效果图

5. 实板验证

将生成的目标码写入实物单片机。上电运行后,用示波器观察运行效果。

本 章 小 结

DALLAS 公司的 DS18B20 数字温度传感器是"一线总线"传输方式的典型代表,DS18B20 的温度测量范围为 $-55℃ \sim +125℃$,在 $-10℃ \sim +85℃$ 范围内,精度为 $±0.5℃$。采用"一线总线"方式传输,可以大大提高了系统的抗干扰能力,所以 DS18B20 广泛用于温度采集及监控领域。

I^2C 总线是具备多主机系统所需的包括总线裁决和高低速器件同步功能的高性能串行总线。它只有两根信号线,一根是双向的数据线 SDA,另一根是双向的时钟线 SCL。所有连接到 I^2C 总线上的器件的串行数据都接到总线的 SDA 线上,而各器件的时钟均接到总线的 SCL 线上。

在实际应用中,多数单片机系统仍采用单主结构的形式,在主节点上可以采用不带 I^2C 总线接口的单片机,如 AT89S51 等单片机。这些单片机的普通 I/O 口完全可以完成 I^2C 总线的主节点对 I^2C 总线器件的读、写操作。

I^2C 总线数据传送的模拟大大地扩展了 I^2C 总线器件的适用范围,使这些器件的使用不受系统中的单片机必须带有 I^2C 总线接口的限制。

SPI 是一种高速、全双工、同步通信总线,广泛用于 E^2PROM、实时时钟、A/D 转换器、D/A 转换器等器件。

标准型 80C51 单片机没有配置 SPI 总线接口,但是可以利用其并行口线模拟 SPI 串行总线时序,这样就可以广泛地利用 SPI 串行接口芯片资源。

思考题及习题

1. DS18B20 属于什么总线?
2. 简述 DS18B20 输出数据的格式。
3. I^2C 总线的特点是什么?
4. I^2C 总线的起始信号和停止信号是如何定义的?
5. I^2C 总线的数据传送方向如何控制?
6. 具备 I^2C 总线接口的 E^2PROM 芯片有哪几种型号? 容量如何?
7. AT24C 系列芯片的读写格式如何?
8. SPI 接口线有哪几个? 作用如何?
9. 简述 SPI 数据传输的基本过程。

80C51 应用系统设计

学习目标

（1）了解 80C51 单片机应用系统的一般设计步骤。

（2）了解提高实时时钟芯片的基本原理。

（3）了解 HMI 的基本使用方法和 MODBUS 协议。

重点内容

（1）单片机应用系统的一般设计步骤。

（2）DS1302 芯片的接口及操作方法。

（3）HMI 的配置和 MODBUS 协议的使用。

单片机作为微型计算机的一个分支，其应用系统的设计方法和思想与一般的微型计算机应用系统的设计在许多方面是一致的。但由于单片机应用系统通常作为系统的最前端，设计时更应注意应用现场的工程实际问题，使系统的可靠性能够满足用户的要求。

8.1 单片机应用系统设计

8.1.1 系统设计的基本要求

1. 可靠性好

系统前端信号的采集和控制输出是单片机应用系统的基本任务，系统若出现故障，控制输出的错误信息必将造成整个相同控制过程的混乱，从而产生严重的后果。因此，对可靠性的考虑应贯穿于单片机应用系统设计的整个过程。

首先，在系统规划时就要对系统**应用环境**进行细致的了解，认真分析可能出现的各种影响系统可靠性的环境因素，并采取必要的措施预防故障隐患；其次，在**系统功能**设计时应考虑系统的故障自动检测和处理功能，从而使系统运行时，能够定时地进行各个功能模块的自诊断，并对外界的异常情况做出快速处理；最后，对于无法解决的问题，应及时切换到**后备装置**或报警。

2. 操作简便

在设计观念上,系统设计应注重使用和维修方便,尽量降低对操作人员的专业知识的要求,以便于系统的广泛使用。

在功能配置上,控制开关不要太多,操作顺序应简单明了;参数的输入输出应采用十进制,功能符号要简明直观。

在实施方案上,系统硬件和软件都要模块化,便于产品功能升级。

3. 性价比高

为了使系统具有良好的市场竞争力,在提高系统功能指标的同时,还要注意优化系统设计方案,采用硬件软化技术提高系统的性价比。

8.1.2　系统设计的步骤

1. 确定任务

单片机应用系统可以分为智能仪器仪表和工业测控系统两大类。无论哪一类,都必须以市场需求为前提。所以,在系统设计前,首先要进行广泛的市场调查,了解该系统的市场应用概况,分析系统当前存在的问题,研究系统的市场前景,确定系统设计的目的和目标。简单地说,就是**通过调研克服旧缺点、开发新功能**。

在确定了大的方向的基础上,就应该对系统的具体实现进行规划。包括应该采集的信号的种类、数量、范围,输出信号的匹配和转换,控制算法的选择,技术指标的确定等。

2. 方案设计

确定了研制任务后,就可以进行系统的总体方案设计。包括:

1) 单片机型号的选择
* 功能上要适合完成的任务,避免过多的功能闲置。
* 性价比要高,以提高整个系统的性能价格比。
* 结构要熟悉,以缩短开发周期。
* 货源要稳定,有利于批量的增加和系统的维护。

2) 硬件与软件的功能划分

系统的硬件和软件要进行统一规划。因为一种功能往往是既可以由硬件实现,又可以由软件实现。要根据系统的实时性和系统的性能要求综合考虑。

一般情况下,**用硬件实现速度比较快**,可以节省 CPU 的时间,但系统的硬件接线复杂、系统成本较高;**用软件实现较为经济**,但要更多地占用 CPU 的时间。所以,在 CPU 时间不紧张的情况下,应尽量采用软件。如果系统回路多、实时性要求强,则要考虑用硬件完成。

例如,在显示接口电路设计时,为了降低成本可以采用软件译码的动态显示电路。但是,如果系统的采样路数多、数据处理量大时,则应改为硬件静态显示。

3）应采取可靠性措施

原理实现与现场应用在具体电路上有许多不同,可靠性措施是现场应用的基本前提。

3. 硬件设计

硬件的设计是根据总体设计要求,在选择完单片机机型的基础上,具体确定系统中所要使用的元件,并设计出系统的电路原理图,经过必要的实验后完成工艺结构设计、电路板制作和样机的组装。主要硬件设计包括:

1）单片机基本系统设计

单片机基本系统设计主要包括时钟电路、复位电路、供电电路的设计。

2）扩展电路和输入输出通道设计

扩展电路和输入输出通道设计主要包括程序存储器、数据存储器、I/O 接口电路的设计及传感器电路、放大电路、多路开关、A/D 转换电路、D/A 转换电路、开关量接口电路、驱动及执行机构电路的设计。

3）人机界面设计

人机界面设计主要包括按键、开关、显示器、报警等电路的设计。

4. 软件设计

应用软件包括数据采集和处理程序、控制算法实现程序、人机交互程序、数据管理程序。软件设计通常采用模块化程序设计、自顶向下的程序设计方法,如图 8.1 所示。

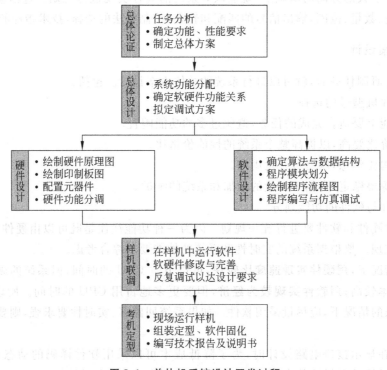

图 8.1　单片机系统设计开发过程

8.1.3　提高系统可靠性的方法

1. 电源干扰及其抑制

在影响单片机系统可靠性的诸多因素中，**电源干扰通常是最值得重视的因素**。据统计，计算机应用系统的运行故障有 90% 以上是由电源噪声引起的。

1) 交流电源干扰及其抑制

多数情况下，单片机应用系统都使用交流 220V、50Hz 的电源供电。在工业现场中，生产负荷的经常变化，大型用电设备的启动与停止，往往要造成电源电压的波动，有时还会产生尖峰脉冲，如图 8.2 所示。这种高能尖峰脉冲的幅度在 50～4000V 之间，持续时间为几纳秒。它对计算机应用系统的影响最大，能使系统的程序"跑飞"或使系统造成"死机"。因此，一方面要使系统尽量远离这些干扰源，另一方面可以采用交流电源滤波器减小它的影响。这种滤波器是一种无源四端网络，如图 8.3 所示。

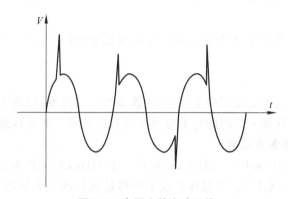

图 8.2　电网上的尖峰干扰

图 8.3　交流电源滤波器

为了提高系统供电的可靠性，还应采用交流稳压器，防止电源的过压和欠压；还要采用 1:1 隔离变压器，防止干扰通过电容效应进入单片机供电系统，如图 8.4 所示。

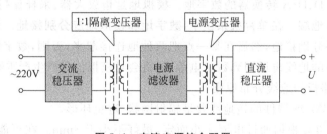

图 8.4　交流电源综合配置

2) 直流电源抗干扰措施

(1) 采用高质量集成稳压电路单独供电。

单片机的应用系统中往往需要几种不同电压等级的直流电源。这时，可以采用相应的低纹波高质量集成稳压电路。每个稳压电路单独对电压过载进行保护，因此不会因某个电路出现故障而使整个系统遭到破坏。而且也减少了公共阻抗的互相耦合，从而使供电系统的可靠性大大提高。

（2）采用直流开关电源。

直流开关电源是一种脉宽调制型电源。它甩掉了传统的工频变压器，具有体积小、重量轻、效率高、电网电压范围宽、变化时不易输出过电压和欠电压，在计算机应用系统中应用非常广泛。这种电源一般都有几个独立的电压输出，如 $\pm 5V$、$\pm 12V$、$\pm 24V$ 等，电网电压波动范围可达交流 220V 的 $+10\% \sim -20\%$，同时直流开关电源还具有较好的初、次级隔离作用。

（3）采用 DC-DC 变换器。

如果系统供电电网波动较大，或者精度要求高，可以采用 DC-DC 变换器。DC-DC 变换器的特点是，输入电压范围大、输出电压稳定且可调整、效率高、体积小、有多种封装形式。近年来在单片机应用系统中获得了广泛的应用。

注意：单片机应用系统最不该节省费用的地方就是电源。

2. 地线干扰及其抑制

在计算机应用系统中，接地是一个非常重要的问题。接地问题处理的正确与否，将直接影响系统的正常工作。

1）一点接地和多点接地的应用

在低频电路中，布线和元件间的寄生电感影响不大，因而**常采用一点接地**，以减少地线造成的地环路。在高频电路中，布线和元件间的寄生电感及分布电容将造成各接地线间的耦合，影响比较突出，此时**应采用多点接地**。

在实际应用中，频率小于 1MHz 时，采用一点接地；频率高于 10MHz 时，采用多点接地；频率处于 1~10MHz 时，若采用一点接地，其地线长度不应超过波长的二十分之一。否则，应采用多点接地。

2）数字地与模拟地的连接原则

数字地是指 TTL 或 CMOS 芯片、I/O 接口电路芯片、CPU 芯片等数字逻辑电路的接地端，以及 A/D、D/A 转换器的数字地。**模拟地**是指放大器、采样保持器和 A/D、D/A 中模拟信号的接地端。**在单片机系统中，数字地和模拟地应分别接地**。即使是一个芯片上有两种地也要分别接地，然后在某一点把两种地连接起来，否则，数字回路的地线电流会通过模拟电路的地线再返回到数字电源，这将会对模拟信号产生严重影响。

3）印刷电路板的地线分布原则

（1）TTL、CMOS 器件的接地线要呈辐射网状，避免环形。

（2）地线宽度要根据通过电流大小而定，最好不小于 3mm。在可能的情况下，地线尽量加宽。

（3）旁路电容的地线不要太长。

（4）功率地线应较宽，必须与小信号地分开。

4）信号电缆屏蔽层的接地

信号电缆可以采用双绞线和多芯线，又有屏蔽和无屏蔽两种情况。双绞线具有抑制电磁干扰的作用，屏蔽线具有抑制静电干扰的作用。

对于屏蔽线,**屏蔽层的最佳接地点是在信号源侧(一点接地)**。

注意:各种接地方法是提高系统可靠性的最为有效的措施。

3. 其他提高系统可靠性的方法

1) 输入输出抗干扰

对于开关量的输入,在软件上可以采取多次(至少两次)读入的方法,几次读入经比较无误后,再行确认。开关量输出时,可以对输出量进行回读,经比较确认无误后再输出。对于按钮及开关,要用定时器延时或软件延时的办法避免机械抖动造成的误读。

在条件控制中,对于条件控制的一次采样、处理、控制输出,应改为循环地采样、处理、控制输出。避免偶然性的干扰造成的误输出。

对于可能酿成重大事故的输出,要注意设置人工干预措施。

当单片机输出一个控制命令时,相应的执行机构就会动作,此时可能伴随火花、电弧等干扰。这些干扰可能会改变端口状态寄存器中的内容。对于这种情况,可以在发出输出命令后,执行机构动作前调用保护程序。保护程序不断地输出状态表的内容到端口状态寄存器,以维持正确的输出。

2) 使用独立的监控电路芯片

为了提高系统的可靠性,许多芯片生产厂商推出了微处理器监控芯片,这些芯片具有如下功能:

- 上电复位;
- 监控电压变化;
- Watchdog 功能。

典型芯片如美国 MAXIM 公司推出的 MAX690A/MAX692A,MAX703~MAX709/813L,MAX791 等。美国 IMP 公司生产的 IMP706 等。

这些产品功能及原理相似,使用方法可查阅有关资料。

3) 使用单片机片内的看门狗(Watchdog)功能

许多单片机片内具有看门狗功能,例如 AT89S51 片内设置有看门狗计数器(WDT)和看门狗复位寄存器(WDTRST)。WDT 为 14 位,最大计数次数为 16384;WDTRST 的 RAM 地址为 A6H,对其顺序写入 1EH 和 E1H("喂狗"),WDT 便开始计数。计数器启动后,必须在 16383 个机器周期内对 WDT 复位一次(喂狗,对 WDTRST 顺序写入 1EH 和 0E1H),以使 WDT 重新开始计数,否则 WDT 将溢出。WDT 溢出时,在 RST 引脚会输出一个高电平脉冲,使单片机复位。

以下程序段为激活 AT89S51 片内看门狗的示例:

```
#include<reg51.h>
sfr   AUXR=0x8E;                 //声明寄存器
sfr   WDTRST=0xA6;

void   ClrWdt()
{
```

```
    WDTRST= 0x1E;                        //喂狗
    WDTRST= 0xE1;
}


main()
{
    AUXR= 0xFF;                          //初始化 AUXR 寄存器
    while(1)
    {
        ClrWdt();
        //其他子程序
    }
}
```

注意事项:

(1) AT89S51 的看门狗必须由程序激活后才能工作,所以必须保证 CPU 有可靠的上电复位。否则看门狗也无法正常工作;看门狗使用 CPU 的晶振,在晶振停振时看门狗也无法正常工作。

(2) AT89S51 看门狗计数器为 14 位,在 16383 个机器周期(晶振频率为 11.0592MHz时约 17.7ms)内必须至少喂狗一次。

8.2　课程设计案例
——LCD 显示数字时钟设计

通常情况下,数字时钟的输入采用按键,输出采用 LED 数码管或 LCD 液晶模块。所以,数字时钟含有最简单的应用系统人机界面,具有典型的单片机应用产品的特征。另外,作为软件载体的硬件电路极为简单,便于在简单的条件下实现。

8.2.1　数字时钟的方案确定

1. 显示方式的选择

对于数字时钟,可以采用两种显示形式,一种是采用 LED 数码管,另一种是采用LCD1602 液晶模块。每位 LED 数码管可以显示 1 个字符,对于年、月、日、星期、小时、分钟和秒信息的同时显示至少需要 13 位数码管,或者采用定时切换的方式以减少 LED 数码管的个数;LCD1602 液晶模块具有两行共 32 个字符显示能力,对于日期和时间的显示非常方便。因此,该设计方案采用 LCD1602 的显示方式。

2. 时间芯片的选择

时间及日期的数据获得,可以采用单片机定时器或专用的实时时钟芯片。由于实时时钟芯片计时精度要比单片机定时器计时精度高得多,所以该方案采用 DS1302 实时时钟芯片。

3. 控制功能的选择

数字时钟的控制需求是指对日期和时间的调整设定。由于调整设定操作不需要经常进行,即操作频率比较低,所以控制按键应该尽可能少。该设计方案采用 3 个按键实现。

（1）K1 键。长按 K1 键完成"运行"与"设置"两种状态的转换。短按 K1 键完成年、月、日、星期、小时、分钟和秒位置的转换。

（2）K2 键。短按 K2 键完成 K1 键指定位置数据的加 1,即实现相应位信息的调整。长按 K2 键完成连续加 1。

（3）K3 键。短按 K3 键完成 K1 键指定位置数据的减 1,即实现相应位信息的调整。长按 K3 键完成连续减 1。

4. 其他附加功能

除完成日期及时间的显示之外,LCD1602 显示模块还具有剩余的显示能力,可以增加温度信息的显示。这里采用的温度传感器是 DS18B20。

1 块 LCD1602、1 片 DS1302 芯片、1 个 DS18B20 传感器、3 个按键,再加上单片机最小系统,就构成了单片机数字时钟的基本系统。

8.2.2　DS1302 芯片简介

系统采用实时时钟芯片 DS1302 进行计时,一方面可以使系统具有较好的精度,同时还可以有效地减小单片机的工作负担。时钟芯片 DS1302 含有实时时钟/日历和 31 字节静态 RAM。与单片机之间采用 3 线同步串行方式进行通信。

1. DS1302 的引脚

DS1302 的引脚如图 8.5 所示。其中:

- X_1、X_2 为晶振接入管脚,晶振频率为 32.768kHz。
- $\overline{RST}$ 为复位引脚,高电平启动输入输出,低电平结束输入
  输出。
- I/O 为数据输入输出引脚。
- SCLK 为串行时钟输入引脚。
- GND 为接地引脚。
- V_{CC2}、V_{CC1} 为工作电源、备份电源引脚。

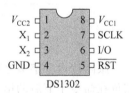

图 8.5　DS1302 引脚

2. DS1302 的操作

1）DS1302 的命令字节格式

对 DS1302 的各种操作由命令字节实现。命令字节的格式为:

位	D_7	D_6	D_5	D_4	D_3	D_2	D_1	D_0
	1	$R/\overline{C}$	A4	A3	A2	A1	A0	$R/\overline{W}$

- D_7 位：固定为 1。
- $R/\overline{C}$ 位：为 0 时选择操作时钟数据，为 1 时选择操作 RAM 数据。
- A4A3A2A1A0：操作地址。
- $R/\overline{W}$ 位：为 0 时进行写操作，为 1 时进行读操作。

2）DS1302 的读写操作时序

（1）字节写操作时序

每次写 1 个字节数据的操作时序如图 8.6 所示。数据在 SCLK 上升沿写入 DS1302。写操作时首先完成低位的传输。

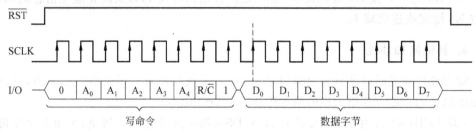

图 8.6　单字节写操作时序

（2）字节读操作时序

每次读 1 个字节数据的操作时序如图 8.7 所示。

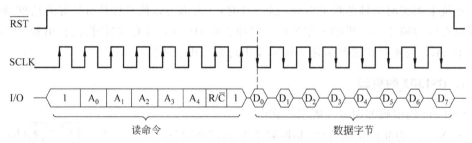

图 8.7　单字节读操作时序

跟随读命令字节之后，数据字节在 8 个 SCLK 的下降沿由 DS1302 送出。第一个数据位在命令字节后的第一个下降沿时产生，数据传送从 D_0 位开始。

（3）多字节操作时序

每次写入或读出 **8 个字节时钟日历数据**或 **31 个字节 RAM 数据**的操作称为**多字节操作**（或称突发模式）。多字节操作的操作命令与单字节时相似，只是要将 $A_0A_1 \cdots A_4$ 换成 11111。

3. DS1302 的寄存器及 RAM

1）日历时钟相关寄存器

DS1302 有 7 个与日历时钟相关的寄存器，数据以 **BCD 码格式**存放，如表 8.1 所示。

表 8.1　DS1302 日历时钟寄存器

寄存器名	命令字节		范　围	位　内　容							
	写	读		D_7	D_6	D_5	D_4	D_3	D_2	D_1	D_0
秒	80H	81H	00～59	CH	秒的十位			秒的个位			
分	82H	83H	00～59	0	分的十位			分的个位			
时	84H	85H	01～12 或 00～23	12/24	0	A/P	HR	小时个位			
日	86H	87H	01～31	0	0	日的十位		日的个位			
月	88H	89H	01～12	0	0	0	0/1	月的个位			
星期	8AH	8BH	01～07	0	0	0	0	0	星期几		
年	8CH	8DH	00～99	年的十位				年的个位			

注：
(1) 秒寄存器的 CH 位：置为 1 时，时钟停振，进入低功耗态；置为 0 时，时钟工作。
(2) 小时寄存器的 D_7 位：置为 1 时，12 小时制（此时 D_5 置为 1 表示上午，置为 0 表示下午）；D_7 位置为 0 时，24 小时制（此时 D_5、D_4 组成小时的十位）。

2）其他寄存器及 RAM

其他寄存器及 RAM 如表 8.2 所示。

表 8.2　其他寄存器及 RAM

寄存器名	命令字节		范　围	位　内　容							
	写	读		D_7	D_6	D_5	D_4	D_3	D_2	D_1	D_0
写保护	8EH	8FH	00H～80H	WP	0						
涓流充电	90H	91H	—	TCS				DS		RS	
时钟突发	BEH	BFH	—	—							
RAM 突发	FEH	FFH	—	—							
RAM0	C0H	C1H	00H～FFH	RAM 数据							
…	…	…	00H～FFH								
RAM30	FCH	FDH	00H～FFH								

注：
(1) WP：写保护位。置为 1 时，写保护；置为 0 时，未写保护。
(2) TCS：1010 时慢充电；DS 为 01 时选 1 个二极管，为 10 选 2 个二极管；11 或 00，禁止充电。
(3) RS：与二极管串联电阻选择。00，不充电；01，2kΩ 电阻；10，4kΩ 电阻；11，8kΩ 电阻。

8.2.3　DS1302 的操作子程序

1. 字节写操作

```
void DS1302_WByte(uchar dat)
{
```

```
    uchar i;
    for(i=8; i>0; i--)
    {
        DS1302_CLK=0;
        Delay4Us();
        DS1302_IO=dat & 0x01;
        DS1302_CLK=1;
        dat=dat>>1;
        Delay4Us();
    }
}
```

2. 字节读操作

```
uchar DS1302_RByte(void)
{
    uchar i,temp=0;
    DS1302_IO=1;
    for(i=8; i>0; i--)
    {
        DS1302_CLK=0;
        Delay4Us();
        temp=temp>>1;
        if(DS1302_IO==1)
            temp=temp|0x80;
        DS1302_CLK=1;
        Delay4Us();
    }
    return temp;
}
```

3. 写数据到 ds1302 某地址

```
void DS1302_W_Addr_Dat(uchar addr, uchar dat)
{
    DS1302_RST=0;
    DS1302_CLK=0;
    DS1302_RST=1;
    DS1302_WByte(addr);                    //地址,命令
    DS1302_WByte(dat);                     //写1字节数据
    DS1302_CLK=1;
    DS1302_RST=0;
}
```

4. 读 ds1302 某地址的数据

```
uchar DS1302_R_Addr(uchar addr)
{
    uchar dat;
    DS1302_RST=0;
    DS1302_CLK=0;
    DS1302_RST=1;
    DS1302_WByte(addr|0x01);               //地址,命令
    dat=DS1302_RByte();                    //读 1 字节数据
    DS1302_CLK=1;
    DS1302_RST=0;
    return(dat);
}
```

5. 读 ds1302 时间和日期

```
void DS1302_R_All (TIMETYPE * Time)
{
    uchar Rtemp;
    Rtemp=DS1302_R_Addr(DS1302_SECOND);
    Time->Second = ((Rtemp&0x70)>>4) * 10+ (Rtemp&0x0F);
    Rtemp=DS1302_R_Addr(DS1302_MINUTE);
    Time->Minute= ((Rtemp&0x70)>>4) * 10+ (Rtemp&0x0F);
    Rtemp=DS1302_R_Addr(DS1302_HOUR);
    Time->Hour= ((Rtemp&0x70)>>4) * 10+ (Rtemp&0x0F);
    Rtemp=DS1302_R_Addr(DS1302_DAY);
    Time->Day= ((Rtemp&0x70)>>4) * 10+ (Rtemp&0x0F);
    Rtemp=DS1302_R_Addr(DS1302_WEEK);
    Time->Week= ((Rtemp&0x70)>>4) * 10+ (Rtemp&0x0F);
    Rtemp=DS1302_R_Addr(DS1302_MONTH);
    Time->Month= ((Rtemp&0x70)>>4) * 10+ (Rtemp&0x0F);
    Rtemp=DS1302_R_Addr(DS1302_YEAR);
    Time->Year= ((Rtemp&0x70)>>4) * 10+ (Rtemp&0x0F);
}
```

注意以下定义：

```
typedef struct
{
    uchar Second;
    uchar Minute;
    uchar Hour;
    uchar Week;
    uchar Day;
    uchar Month;
```

```
    uchar Year;
    uchar DateString[9];
    uchar TimeString[9];
}TIMETYPE;
#define DS1302_SECOND    0x80
#define DS1302_MINUTE    0x82
#define DS1302_HOUR      0x84
#define DS1302_WEEK      0x8A
#define DS1302_DAY       0x86
#define DS1302_MONTH     0x88
#define DS1302_YEAR      0x8C
```

6. DS1302 初始化

```
void DS1302_Init(void)
{
    uchar Second;
    DS1302_RST=0;
    DS1302_CLK=0;
    Second=DS1302_R_Addr(DS1302_SECOND);
    DS1302_W_Addr_Dat(0x8e,0x00);
    DS1302_W_Addr_Dat(0x80,Second&0x7f);
    DS1302_W_Addr_Dat(0x90,0xa6);        //DS1302寄存器配置一个二极管,4kΩ充电电阻
    DS1302_W_Addr_Dat(0x8E,0x80);
}
```

8.2.4　数字时钟硬件电路

数字时钟系统接口电路如图 8.8 所示。

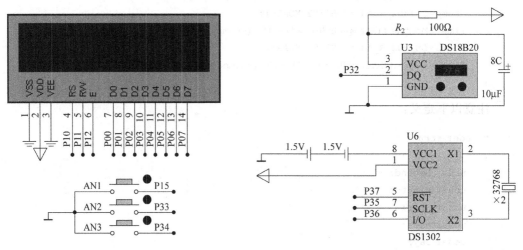

图 8.8　数字时钟系统接口电路

8.2.5　数字时钟的软件设计

为了提高软件的复用能力,数字时钟系统的软件采用模块化设计。系统软件的模块划分及关系如图 8.9 所示。

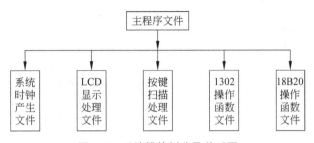

图 8.9　系统模块划分及关系图

系统操作方法:系统上电自动进入日期、时间及温度显示状态。若要调整日期和时间,可以先长按 K1 键,听到蜂鸣器"滴"声后,系统进入调整日期和时间状态;首先调整秒,"秒"的读数处于闪动状态,这时利用短按 K2 键或 K3 键进行增、减计数,也可以长按 K2 键和 K3 键进行增减连续计数;进入调整状态后,还可以利用短按 K1 键进行不同的"秒-分-小时-星期-日-月-年"的调整位切换,各位的调整方法与秒调整相似;在不同的调整位可以随时长按 K1 键退出调整状态,并伴有一声蜂鸣器"滴"声提示。操作时要注意短按时间不能太长,否则会执行长按功能。

全部程序如下,如果硬件条件与图 8.8 接线不一样,只需修改程序中的 I/O 口引脚定义即可。

1. 主程序文件(main. c)

```c
#include "key.h"
extern bit AdjFlag;

void main(void)
{
    T0_Init();
    LCD_Init();
    DS18B20_Init();
    DS1302_Init();
    LCD_LoadCGRAM(dat_CG, 0);          //装入自定义字符区
    LCD_printc(15,1,0);                //显示 0 号自定义字符℃
    Inc_flag=0;
    Dec_flag=0;
    while(1)
    {
        TimerLoop();
        if(AdjFlag)KeyProc();          //调整
```

```
        else LCD_display();                    //运行
    }
}
```

2. LCD1602 显示模块(lcd1602. h)

```c
#ifndef _LCD1602_H_
#define _LCD1602_H_
#define LCD_COMMAND     0                       //命令标识
#define LCD_DATA        1                       //数据标识
#define LCD_CLEAR       0x01                    //清屏
#define LCD_HOMING      0x02                    //光标返回原点
#define LCD_SHOW        0x04                    //显示开
#define LCD_HIDE        0x00                    //显示关
#define LCD_CURSOR      0x02                    //开光标
#define LCD_NO_CURSOR   0x00                    //无光标
#define LCD_FLASH       0x01                    //光标闪动
#define LCD_NO_FLASH    0x00                    //光标不闪动
#define LCD_AC_UP       0x02
#define LCD_MOVE        0x01                    //画面可平移
#define LCD_CURSOR      0x02
#define LCD_SCREEN      0x08
#define LCD_LEFT        0x00
#define LCD_RIGHT       0x04
#define LCD_CGRAM       0x40


uchar hide_sec,hide_min,hide_hour,hide_day,hide_week,hide_month,hide_year;

extern uchar An1Num;
extern bit AdjFlag;

uchar code dat_CG[8]=
{
    0x18,0x1B,0x04,0x08,0x08,0x08,0x07,0x00,   //"℃ "0x00
};

sbit LCD_RS=P1^0;
sbit LCD_RW=P1^1;
sbit LCD_EN=P1^2;
sfr DBPort=0x80;                               //P0

uchar LCD_Wait(void)
{
uchar i=100;
```

```
    DBPort=0xff;
    LCD_RS=0;
    LCD_RW=1;
    LCD_EN=1;
    while((i--) && (DBPort&0x80));
    LCD_EN=0;
    return DBPort;
}


void LCD_Write(bit CorD, uchar input)
{
    LCD_EN=0;
    LCD_RS=CorD;
    LCD_RW=0;
    DBPort=input;
    LCD_EN=1;
    LCD_EN=0;
    LCD_Wait();
}
void LCD_Init()
{
    DelayMs(50);                                    //延时等待上电稳定
    LCD_Write(LCD_COMMAND,0x38);                    //8 位数据口,2 行显示,5×7 点阵
    DelayMs(6);
    LCD_Write(LCD_COMMAND,0x38);                    //8 位数据口,2 行显示,5×7 点阵
    DelayMs(1);
    LCD_Write(LCD_COMMAND,0x38);                    //8 位数据口,2 行显示,5×7 点阵
    DelayMs(1);
    LCD_Write(LCD_COMMAND,LCD_SCREEN|LCD_SHOW);     //屏幕显示开
    LCD_Write(LCD_COMMAND,LCD_RIGHT|LCD_AC_UP);     //输入右移加 1
    LCD_Write(LCD_COMMAND,LCD_CLEAR);               //清屏
}


void LCD_GotoXY(uchar x, uchar y)
{
    if(y==0)
        LCD_Write(LCD_COMMAND,0x80|x);
    if(y==1)
        LCD_Write(LCD_COMMAND,0x80|(x-0x40));
}


void LCD_printc(uchar x, uchar y, uchar ch)
{
    LCD_GotoXY(x, y);
```

```
        LCD_Write(LCD_DATA,ch);
}


void LCD_prints(uchar x, uchar y, uchar * s)
{
    LCD_GotoXY(x, y);
    while(* s)
    {
        LCD_Write(1, * s);
        s++;
    }
}


void LCD_LoadCGRAM(uchar user[8], uchar place)
{
    uchar i;
    LCD_Write(LCD_COMMAND,LCD_CGRAM|(place * 8));
    for(i=0; i<8; i++)
        LCD_Write(LCD_DATA,user[i]);
}


void LCD_display(void)
{
    DS1302_R_All(&NowTime);
    Time_To_Buff(&NowTime);
    Date_To_Buff(&NowTime);

    ReadTemp();
    temp_to_str();

    LCD_prints(10,1,TempBuff);
    LCD_prints(0,1,NowTime.TimeString);
    LCD_prints(0,0,NowTime.DateString);
    LCD_prints(15,0,week_value);
    LCD_prints(10,0,"Week:");
    DelayMs(400);                           //与18B20速度有关
}


#endif
```

3. 按键处理模块(key. h)

```
#ifndef _KEY_H_
#define _KEY_H_
```

```c
#define uchar unsigned char
#define CONTNUM 8                              //长按延时数值

#define AN1    0x20
#define AN2    0x08
#define AN3    0x10

sbit   BEEP=P2^0;                              //蜂鸣器

volatile uchar Trg,Cont,Release;
uchar     KeyDelay,An1Num;
signed    char temp;
bit       AdjFlag,AN1short,AN2short,AN3short,Inc_flag,Dec_flag;

extern uchar hide_sec,hide_min,hide_hour,hide_day,hide_week,hide_month,
hide_year;

void QuitAdj(void)
{
    uchar temp1;
    An1Num=0;
    hide_sec=0,hide_min=0,hide_hour=0,hide_day=0,hide_week=0,hide_month=0,hide
    _year=0;
    temp1=DS1302_R_Addr(DS1302_SECOND);
    DS1302_W_Addr_Dat(0x8e,0x00);
    DS1302_W_Addr_Dat(0x80,temp1&0x7f);
    DS1302_W_Addr_Dat(0x8E,0x80);
}

void ScanKey(void)
{
    uchar KValue;
    P1=P1|0x20;
    P3=P3|0x18;
    KValue=(P3^0xff)|(P1^0xff);
    Trg=KValue & (KValue ^ Cont);              //短按键
    Cont=KValue;                               //长按键
    Release=(KValue ^ Trg ^ Cont);             //释放键

    if(Release & AN1)                          //短按 AN1 键
    {
        AN1short=1;
    }
    if(Cont & AN1)                             //长按 AN1 键
}
```

```
        {
            KeyDelay++;
            if(KeyDelay>CONTNUM)
            {
                KeyDelay=0;Cont=0;
                AdjFlag=~AdjFlag;
                BEEP=~BEEP;
                if(!AdjFlag)QuitAdj();
            }
        }

        if(Release & AN2)                       //短按 AN2 键
        {
            AN2short=1;
        }
        if(Cont & AN2)                          //长按 AN2 键
        {
            KeyDelay++;
            if(KeyDelay>CONTNUM)
            {
                KeyDelay=0;Cont=0;
                AN2short=1;
            }
        }

        if(Release & AN3)                       //短按 AN3 键
        {
            AN3short=1;
        }
        if(Cont & AN3)                          //长按 AN3 键
        {
            KeyDelay++;
            if(KeyDelay>CONTNUM)
            {
                KeyDelay=0;Cont=0;
                AN3short=1;
            }
        }
    }

void Inckey()                                   //增量键
{
    if(AN2short)                                //短按 AN2 键
    {
```

```
AN2short=0;
switch(An1Num)
{
    case 1:
        temp=DS1302_R_Addr(DS1302_SECOND);
        temp=temp&0x7f;
        temp=(temp>>4)*10+(temp&0x0f);
        temp=temp+2;
        temp=(((temp/10)<<4)|(temp%10));
        Inc_flag=1;
        if(temp>0x59)temp=0x0;
    break;
    case 2:
        temp=DS1302_R_Addr(DS1302_MINUTE);
        temp=(temp>>4)*10+(temp&0x0f);
        temp++;
        temp=(((temp/10)<<4)|(temp%10));
        Inc_flag=1;
        if(temp>0x59)temp=0;
        break;
    case 3:
        temp=DS1302_R_Addr(DS1302_HOUR);
        temp=(temp>>4)*10+(temp&0x0f);
        temp++;
        temp=(((temp/10)<<4)|(temp%10));
        Inc_flag=1;
        if(temp>0x23)temp=0;
    break;
    case 4:
        temp=DS1302_R_Addr(DS1302_WEEK);
        temp++;
        Inc_flag=1;
        if(temp>0x07)temp=1;
    break;
    case 5:
        temp=DS1302_R_Addr(DS1302_DAY);
        temp=(temp>>4)*10+(temp&0x0f);
        temp++;
        temp=(((temp/10)<<4)|(temp%10));
        Inc_flag=1;
        if(temp>0x31)temp=1;
    break;
    case 6:
        temp=DS1302_R_Addr(DS1302_MONTH);
```

```
                    temp= (temp>>4) * 10+ (temp&0x0f);
                    temp++;
                    temp= (((temp/10)<<4)|(temp%10));
                    Inc_flag=1;
                    if(temp>0x12)temp=1;
                break;
                case 7:
                    temp=DS1302_R_Addr(DS1302_YEAR);
                    temp= (temp>>4) * 10+ (temp&0x0f);
                    temp++;
                    temp= (((temp/10)<<4)|(temp%10));
                    Inc_flag=1;
                    if(temp>0x50)temp=0x10;
                break;
                default:break;
            }
        }
    }

void Deckey()                                    //减量键
{
    if(AN3short)                                 //短按 AN3 键
    {
        AN3short=0;
        switch(An1Num)
        {
            case 1:
                temp=DS1302_R_Addr(DS1302_SECOND);
                temp=temp&0x7f;
                temp= (temp>>4) * 10+ (temp&0x0f);
                temp--;
                temp= (((temp/10)<<4)|(temp%10));
                Dec_flag=1;
                if(temp==0)temp=0x59;
            break;
            case 2:
                temp=DS1302_R_Addr(DS1302_MINUTE);
                temp= (temp>>4) * 10+ (temp&0x0f);
                temp--;
                temp= (((temp/10)<<4)|(temp%10));
                Dec_flag=1;
                if(temp==0)temp=0x59;
            break;
            case 3:
```

```
                temp=DS1302_R_Addr(DS1302_HOUR);
                temp=(temp>>4)*10+(temp&0x0f);
                temp--;
                temp=(((temp/10)<<4)|(temp%10));
                Dec_flag=1;
                if(temp==0)temp=0x23;
            break;
            case 4:
                temp=DS1302_R_Addr(DS1302_WEEK);
                temp--;
                Dec_flag=1;
                if(temp==0)temp=0x7;
            break;
            case 5:
                temp=DS1302_R_Addr(DS1302_DAY);
                temp=(temp>>4)*10+(temp&0x0f);
                temp--;
                temp=(((temp/10)<<4)|(temp%10));
                Dec_flag=1;
                if(temp==0)temp=31;
            break;
            case 6:
                temp=DS1302_R_Addr(DS1302_MONTH);
                temp=(temp>>4)*10+(temp&0x0f);
                temp--;
                temp=(((temp/10)<<4)|(temp%10));
                Dec_flag=1;
                if(temp==0)temp=12;
            break;
            case 7:
                temp=DS1302_R_Addr(DS1302_YEAR);
                temp=(temp>>4)*10+(temp&0x0f);
                temp--;
                temp=(((temp/10)<<4)|(temp%10));
                Dec_flag=1;
                if(temp==0x10)temp=0x50;
            break;
            default:break;
        }
    }
}

void KeyProc(void)                              //键处理
{
```

```
uchar Second;

if(AN1short)                                     //短按 AN1 键
{
    AN1short=0;
    An1Num++;
}

switch(An1Num)
{
    case 1:
        do                                       //调整秒
        {
            Inckey();
            Deckey();
            if(Inc_flag==1||Dec_flag==1)
            {                                     //秒更新
                DS1302_W_Addr_Dat(0x8e,0x00);
                DS1302_W_Addr_Dat(0x80,temp|0x80);
                DS1302_W_Addr_Dat(0x8e,0x80);
                Inc_flag=0;
                Dec_flag=0;
            }
            hide_sec++;                           //位闪计数
            if(hide_sec>3)
            hide_sec=0;
            LCD_display();
        }while(An1Num==2);
    break;
    case 2:
        do                                       //调整分
        {
            hide_sec=0;
            Inckey();
            Deckey();
            if(temp>0x60)temp=0;
            if(Inc_flag==1||Dec_flag==1)
            {
                DS1302_W_Addr_Dat(0x8e,0x00);
                DS1302_W_Addr_Dat(0x82,temp);
                DS1302_W_Addr_Dat(0x8e,0x80);
                Inc_flag=0;
                Dec_flag=0;
            }
```

```
            hide_min++;
            if(hide_min>3)hide_min=0;
            LCD_display();
        }while(An1Num==3);
    break;
    case 3:
        do                                        //调整小时
        {
            hide_min=0;
            Inckey();
            Deckey();
            if(Inc_flag==1||Dec_flag==1)
            {
                DS1302_W_Addr_Dat(0x8e,0x00);
                DS1302_W_Addr_Dat(0x84,temp);
                DS1302_W_Addr_Dat(0x8e,0x80);
                Inc_flag=0;
                Dec_flag=0;
            }
            hide_hour++;
            if(hide_hour>3)hide_hour=0;
            LCD_display();
        }while(An1Num==4);
    break;
    case 4:
        do                                        //调整星期
        {
            hide_hour=0;
            Inckey();
            Deckey();
            if(Inc_flag==1||Dec_flag==1)
            {
                DS1302_W_Addr_Dat(0x8e,0x00);
                DS1302_W_Addr_Dat(0x8a,temp);
                DS1302_W_Addr_Dat(0x8e,0x80);
                Inc_flag=0;
                Dec_flag=0;
            }
            hide_week++;
            if(hide_week>3)hide_week=0;
            LCD_display();
        }while(An1Num==5);
    break;
    case 5:
```

```
        do                                      //调整日
        {
            hide_week=0;
            Inckey();
            Deckey();
            if(Inc_flag==1||Dec_flag==1)
            {
                DS1302_W_Addr_Dat(0x8e,0x00);
                DS1302_W_Addr_Dat(0x86,temp);
                DS1302_W_Addr_Dat(0x8e,0x80);
                Inc_flag=0;
                Dec_flag=0;
            }
            hide_day++;
            if(hide_day>3)hide_day=0;
            LCD_display();
        }while(An1Num==6);
    break;
    case 6:
        do                                      //调整月
        {
            hide_day=0;
            Inckey();
            Deckey();
            if(Inc_flag==1||Dec_flag==1)
            {
                DS1302_W_Addr_Dat(0x8e,0x00);
                DS1302_W_Addr_Dat(0x88,temp);
                DS1302_W_Addr_Dat(0x8e,0x80);
                Inc_flag=0;
                Dec_flag=0;
            }
            hide_month++;
            if(hide_month>3)hide_month=0;
            LCD_display();
        }while(An1Num==7);
    break;
    case 7:
        do                                      //调整年
        {
            hide_month=0;
            Inckey();
            Deckey();
            if(Inc_flag==1||Dec_flag==1)
```

```
                    {
                        DS1302_W_Addr_Dat(0x8e,0x00);//允许写
                        DS1302_W_Addr_Dat(0x8c,temp);
                        DS1302_W_Addr_Dat(0x8e,0x80);//禁止写
                        Inc_flag=0;
                        Dec_flag=0;
                    }
                    hide_year++;
                    if(hide_year>3)hide_year=0;
                    LCD_display();
                }while(An1Num==8);
            break;
            case 8:
                An1Num=0;hide_year=0;                //回显示状态
                Second=DS1302_R_Addr(DS1302_SECOND);
                DS1302_W_Addr_Dat(0x8e,0x00);
                DS1302_W_Addr_Dat(0x80,Second&0x7f);
                DS1302_W_Addr_Dat(0x8E,0x80);
                BEEP=~BEEP;
                AdjFlag=0;
            break;
            default:break;
        }
}


#endif
```

4. 系统时标产生模块(timer. h)

```
#ifndef _TIMER_H_
#define _TIMER_H_
#include "key.h"

#define T0N (110592*10/120)                    //10ms

uchar  Minute,Second,Tick100Ms,Tick10Ms;
bit    fSYS_10Ms;                              //fSYS_1s,fSYS_100Ms;

void T0_Init(void)
{
    TMOD|=0x01;                                //T0方式1,16位需重装初值
    TH0=(65536-T0N)/256;                       //10ms
    TL0=(65536-T0N)%256;
    ET0=1;
```

```
    TR0=1;
    EA=1;
}

void T0Isr(void) interrupt 1
{
    Tick10Ms++;
    fSYS_10Ms=1;
    /*
    if(Tick10Ms==10)
    {
        Tick10Ms=0;

        fSYS_100Ms=1;
        Tick100Ms++;
        if(Tick100Ms==10)
        {
            Tick100Ms=0;
            fSYS_1s=1;
            Second++;
            if(Second==60)
            {
                Second=0;
                Minute++;
                if(Minute==60)
                Minute=0;
            }
        }
    } */
    TH0=(65536-T0N)/256;
    TL0=(65536-T0N)%256;
}

void TimerLoop(void)
{
    if(fSYS_10Ms)
    {
        ScanKey();
        fSYS_10Ms=0;
    }
    /*
    if(fSYS_100Ms)
    {
        fSYS_100Ms=0;
```

```
    }
    if(fSYS_1s)
    {
        fSYS_1s=0;
    } * /
}
```

```
#endif
```

5. 延时函数模块(delay. h)

```
#ifndef _DELAY_H_
#define _DELAY_H_
#include< intrins.h>
#define uint   unsigned int
#define uchar unsigned char

void DelayMs(uchar n)
{
    uchar j;
    while (n--)                              //11.0592MHz
    {
        for (j=0; j<113; j++);
    }
}


void Delay4Us(void)                          //11.0592MHz
{
}


void Delay7Us(void)                          //11.0592MHz
{
    _nop_();_nop_();_nop_();
}


void Delay10Us(uchar n)
{
    do                                       //7.6μs
    {
        Delay7Us();
    }while(--n);
}


#endif
```

6. DS1302 操作模块（ds1302. h）

```c
#ifndef _DS1302_H_
#define _DS1302_H_

#include "delay.h"

sbit   DS1302_CLK=P3^5;
sbit   DS1302_IO=P3^6;
sbit   DS1302_RST=P3^7;

uchar hide_sec,hide_min,hide_hour,hide_day,hide_week,hide_month,hide_year;
uchar week_value[2];

typedef struct
{
    uchar Second;
    uchar Minute;
    uchar Hour;
    uchar Week;
    uchar Day;
    uchar Month;
    uchar Year;
    uchar DateString[9];
    uchar TimeString[9];
}TIMETYPE;

TIMETYPE NowTime;

#define DS1302_SECOND      0x80
#define DS1302_MINUTE      0x82
#define DS1302_HOUR        0x84
#define DS1302_WEEK        0x8A
#define DS1302_DAY         0x86
#define DS1302_MONTH       0x88
#define DS1302_YEAR        0x8C

void DS1302_WByte(uchar dat)
{
    uchar i;
    for(i=8; i>0; i--)
    {
```

```
        DS1302_CLK=0;
        Delay4Us();
        DS1302_IO=dat & 0x01;
        DS1302_CLK=1;
        dat=dat>>1;
        Delay4Us();
    }
}


uchar DS1302_RByte(void)
{
    uchar i,temp=0;
    DS1302_IO=1;
    for(i=0; i<8; i++)
    {
        DS1302_CLK=0;
        Delay4Us();
        temp=temp>>1;
        if(DS1302_IO==1)
            temp=temp|0x80;
        DS1302_CLK=1;
        Delay4Us();
    }
    return temp;
}


void DS1302_W_Addr_Dat(uchar addr, uchar dat)
{
    DS1302_RST=0;
    DS1302_CLK=0;
    DS1302_RST=1;
    DS1302_WByte(addr);
    DS1302_WByte(dat);
    DS1302_CLK=1;
    DS1302_RST=0;
}


uchar DS1302_R_Addr(uchar addr)
{
    uchar ucData;
    DS1302_RST=0;
    DS1302_CLK=0;
    DS1302_RST=1;
```

```c
    DS1302_WByte(addr|0x01);
    ucData=DS1302_RByte();
    DS1302_CLK=1;
    DS1302_RST=0;
    return(ucData);
}

void DS1302_R_All(TIMETYPE * Time)
{
    uchar Rtemp;
    Rtemp=DS1302_R_Addr(DS1302_SECOND);
    Time->Second=((Rtemp&0x70)>>4) * 10+(Rtemp&0x0F);
    Rtemp=DS1302_R_Addr(DS1302_MINUTE);
    Time->Minute=((Rtemp&0x70)>>4) * 10+(Rtemp&0x0F);
    Rtemp=DS1302_R_Addr(DS1302_HOUR);
    Time->Hour=((Rtemp&0x70)>>4) * 10+(Rtemp&0x0F);
    Rtemp=DS1302_R_Addr(DS1302_DAY);
    Time->Day=((Rtemp&0x70)>>4) * 10+(Rtemp&0x0F);
    Rtemp=DS1302_R_Addr(DS1302_WEEK);
    Time->Week=((Rtemp&0x70)>>4) * 10+(Rtemp&0x0F);
    Rtemp=DS1302_R_Addr(DS1302_MONTH);
    Time->Month=((Rtemp&0x70)>>4) * 10+(Rtemp&0x0F);
    Rtemp=DS1302_R_Addr(DS1302_YEAR);
    Time->Year=((Rtemp&0x70)>>4) * 10+(Rtemp&0x0F);
}

void Date_To_Buff(TIMETYPE * Time)
{   if(hide_year<2)
    {
        Time->DateString[0]=Time->Year/10+'0';
        Time->DateString[1]=Time->Year%10+'0';
    }
    else
    {
        Time->DateString[0]=' ';
        Time->DateString[1]=' ';
    }
    Time->DateString[2]='/';
    if(hide_month<2)
    {
        Time->DateString[3]=Time->Month/10+'0';
        Time->DateString[4]=Time->Month%10+'0';
    }
```

```
        else
        {
            Time->DateString[3]=' ';
            Time->DateString[4]=' ';
        }
        Time->DateString[5]='/';
        if(hide_day<2)
        {
            Time->DateString[6]=Time->Day/10+'0';
             Time->DateString[7]=Time->Day%10+'0';
        }
        else
        {
            Time->DateString[6]=' ';
            Time->DateString[7]=' ';
        }
        if(hide_week<2)
        {
            week_value[0]=Time->Week%10+'0';
        }
        else
        {
            week_value[0]=' ';
        }
        week_value[1]='\0';

        Time->DateString[8]='\0';
}


void Time_To_Buff(TIMETYPE * Time)
{   if(hide_hour<2)
    {
      Time->TimeString[0]=Time->Hour/10+'0';
      Time->TimeString[1]=Time->Hour%10+'0';
    }
      else
        {
          Time->TimeString[0]=' ';
          Time->TimeString[1]=' ';
        }
    Time->TimeString[2]=':';
    if(hide_min<2)
    {
```

```
      Time->TimeString[3]=Time->Minute/10+'0';
      Time->TimeString[4]=Time->Minute%10+'0';
   }
     else
       {
         Time->TimeString[3]=' ';
         Time->TimeString[4]=' ';
        }
    Time->TimeString[5]=':';
    if(hide_sec<2)
    {
      Time->TimeString[6]=Time->Second/10+'0';
      Time->TimeString[7]=Time->Second%10+'0';
    }
     else
      {
        Time->TimeString[6]=' ';
        Time->TimeString[7]=' ';
       }
    Time->DateString[8]='\0';
}

void DS1302_Init(void)
{
    uchar Second;
    DS1302_RST=0;
    DS1302_CLK=0;
    Second=DS1302_R_Addr(DS1302_SECOND);
    DS1302_W_Addr_Dat(0x8e,0x00);
    DS1302_W_Addr_Dat(0x80,Second&0x7f);
    DS1302_W_Addr_Dat(0x90,0xa6);         //配置一个二极管,4kΩ 充电电阻
    DS1302_W_Addr_Dat(0x8E,0x80);
}

#endif
```

7. DS18B20 操作模块(ds18b20.h)

```
#ifndef _DS18B20_H_
#define _DS18B20_H_
#include "delay.h"
uint    temp_value;                    //温度值
uchar   TempBuff[6];
sbit    DQ=P3^2;                       //温度传送数据 I/O 口
```

```
void DS18B20_Init(void)
{
    DQ=1;
    Delay10Us(9);
    DQ=0;
    Delay10Us(80);
    DQ=1;
    Delay10Us(37);
}


void DS18B20_WByte(uchar dat)
{
    uchar i=0;
    for (i=8; i>0; i--)
    {
        DQ=0;
        _nop_();
        _nop_();
        DQ=dat&0x01;
        Delay10Us(5);                    //54
        DQ=1;
        _nop_();
        dat>>=1;
    }
}


uchar DS18B20_RByte(void)
{
    uchar i=0;
    uchar dat=0;
    for (i=8;i>0;i--)
    {
        DQ=0;
        _nop_();
        _nop_();
        dat>>=1;
        DQ=1;
        _nop_();
        _nop_();
        if(DQ)
        dat|=0x80;
        Delay10Us(5);                    //54
    }
    return(dat);
```

```
    }

void ReadTemp(void)
{
    uchar a=0;
    float tt=0;
    DS18B20_Init();
    DS18B20_WByte(0xCC);                //跳过读序号和列号的操作
    DS18B20_WByte(0x44);                //启动温度转换
    DelayMs(100);
    DS18B20_Init();
    DS18B20_WByte(0xCC);                //跳过读序号和列号的操作
    DS18B20_WByte(0xBE);                //读取温度寄存器
    DelayMs(100);
    a=DS18B20_RByte();                  //读取温度值低位
    temp_value=DS18B20_RByte();         //读取温度值高位
    temp_value=temp_value<<8;
    temp_value|=a;
    tt=temp_value*6.25+0.5;
    temp_value=(int)tt;
}

void temp_to_str(void)                  //温度数据转换成液晶字符显示
{
    uchar shi,ge,xs1,xs2;
    shi=temp_value/1000;
    ge=temp_value%1000/100;
    xs1=temp_value%100/10;
    xs2=temp_value%10;
    TempBuff[0]=shi+'0';                //十位
    TempBuff[1]=ge+'0';                 //个位
    TempBuff[2]='.';
    TempBuff[3]=xs1+'0';                //小数1
    TempBuff[4]=xs2+'0';                //小数2
    TempBuff[5]='\0';
}
#endif
```

8.2.6　数字时钟系统的 Proteus 仿真

在 μVision 环境编译、连接,生成可执行文件。进入 Proteus 软件,将前面生成的目标程序载入单片机,按仿真运行按钮。

程序运行后,在 LCD1602 液晶显示器上会看到当前日期和时间,还可以看到温度值。仿真运行界面如图 8.10 所示。

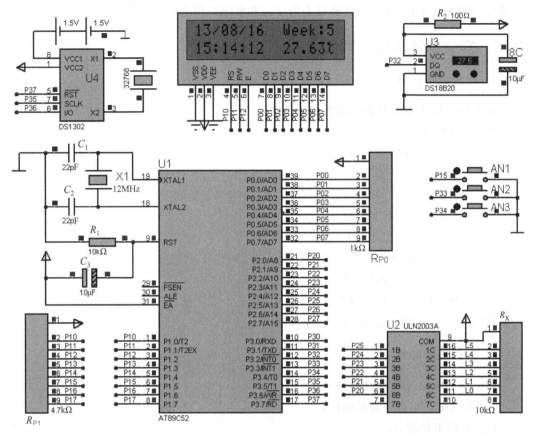

图 8.10 数字时钟系统 Proteus 仿真效果

对于生成的目标程序可以写入实物单片机。上电运行,观察效果运行效果。利用 AN1 键可以调整修改位置,利用 AN2 键可以将调整位数值加 1,利用 AN1 键可以调整修改位置,利用 AN3 键可以将调整位数值减 1。

8.3 毕业设计案例
——单片机综合验证系统设计

单片机技术是当代电子产品设计最实用的技术,各种智能仪器仪表及控制装置的设计均要首先考虑采用单片机技术进行技术优化和指标升级。“单片机原理与应用”课程是目前自动化、计算机、测控技术与应用、机电一体化等电类专业的重要必修课。

单片机是一个集成电路芯片,仅是单片机应用系统的一个器件,要形成一个实际的产品必须自己设计制作硬件电路和编写软件程序。由于应用需求的多样性,单片机硬件电路和软件程序繁复多样,没有统一的定式。此外,由于单片机片上资源的限制,单片机应用系统的软件与硬件联系极为密切。因此,学习和掌握单片机技术具有诸多困难。

　　归纳总结单片机硬件和软件的应用案例,优化抽取形成典型应用模块,构建易于验证及综合的实践平台,将对单片机技术的学习和训练提供有益的帮助。

8.3.1　综合验证系统方案确定

1. 配置经典器件

在单片机最小系统基础上配置以下部件:

(1) 8 个 LED;

(2) 4 位 7 段 LED 数码管;

(3) 1 个蜂鸣器;

(4) 3 个按键;

(5) 1 个温度传感器 DS18B20;

(6) 1 个实时时钟芯片 DS1302;

(7) 1 个 D/A 转换芯片 TLC5615;

(8) 1 个 A/D 转换芯片 TLC549;

(9) 1 个 AT24C04 储存芯片;

(10) 1 个 MAX232 芯片及串口连接器。

2. 支持扩展部件

(1) LCD1602 字符液晶模块;

(2) LCD12864 点阵液晶模块;

(3) 电机驱动接口;

(4) HMI 人机接口设备。

8.3.2　HMI 及 MODBUS 协议简介

1. HMI 人机接口

HMI 是 Human Machine Interface(人机界面)的缩写。HMI 是单片机应用系统与用户之间进行信息交互的媒介,它用于实现设备信息的内部形式与人类可接受形式之间的转换。通常要求 HMI 具有以下基本功能:

(1) 能够实时显示信息。

(2) 能够自动采集与储存信息。

(3) 能够显示历史数据的趋势。

(4) 能够显示图形界面控件的组态。

(5) 能够产生事件越限报警与记录等。

常见的 HMI 是通过标准 RS-232 通信口与 PLC 设备连接。随着计算机和数字电路技术的发展,HMI 产品的接口能力越来越强,除了传统的 RS-232、RS-485 通信接口外,有些 HMI 产品已具有网络接口、CAN 总线接口、USB 接口等数据接口,从而可以实现与各种设备的人机交互。

单片机应用系统主要的显示形式是 LED 或 LCD,如果与 HMI 结合就可以极大地提高应用产品的信息显示能力,使单片机产品的信息显示弱点得到极大的改善。

现在已有许多厂商生产 HMI 产品,典型的有台达公司的 DOP-B 系列、微嵌公司的 WQT 系列等。生产厂商通常提供配套的建立 HMI 界面的组态软件,如 DOP-B 系列的 DOPSoft 软件。

利用 DOPSoft 组态软件工具的各种控件,进行一些相应的属性配置,很容易建立起美观实用的人机界面。典型的 HMI 与单片机的连接示例如图 8.11 所示。

图 8.11　典型的 HMI 与单片机的连接图

HMI 与单片机的数据交换可以采用 MODBUS 协议或自由协议来实现。

2. MODBUS 协议

MODBUS 协议是 Modicon 公司提出的用于电子控制器进行控制和通信的通信协议。它具备良好的开放性和可扩充性,得到了用户的广泛应用,目前已经成为当今最流行工业标准。

MODBUS 采用与 RS-232C 兼容的串口连接,RS-232C 规定了连接器、信号电平、波特率、奇偶校验等信息,MODBUS 则在 RS-232C 标准的基础上规定了消息的结构、命令和应答的方式。MODBUS 控制器采用 Master/Slave(主/从)方式通信,即 Master 端发出数据请求消息,Slave 端接收到正确消息后就可以发送数据到 Master 端以响应请求; Master 端也可以直接发消息修改 Slave 端的数据。

MODBUS 可分为两种传输模式:ASCII 模式和 RTU 模式。使用何种模式由用户自行选择,包括串口通信参数(波特率、校验方式等)的选择。

1) ASCII 模式

当控制器设为在 MODBUS 网络上以 ASCII 模式通信,在消息中的每个 8 字节都作为两个 ASCII 字符发送。这种方式的主要优点是字符发送的时间间隔可达到 1s 而不产生错误。

如表 8.3 所示,使用 ASCII 模式,消息以冒号":"字符(ASCII 码 3AH)作为起始位,以回车换行符(ASCII 码 0DH,0AH)作为结束符。传输过程中,网络上的设备不断侦测冒号字符,当有一个冒号接收到时,相应的设备就解码接收下来的地址域,并判断信息是否是发给自己的。与地址域一致的设备继续接收其他域,直至接受到回车换行符。除起始位和结束符外,其他域可以使用的传输字符是十六进制的 0,1,…,9,A,B,…,F,这些字符要用 ASCII 码来表示。在 ASCII 模式下,消息帧使用 LRC(纵向冗长检测)进行错误检测。

表 8.3 ASCII 模式的消息帧

起始位	设备地址	功能码	数据	LRC 校验	结束符
:	2 个字符	2 个字符	N 个字符	2 个字符	0DH,0AH

2) RTU 模式

当控制器设为 RTU 模式(远程终端单元)时,消息帧中的每个字节包含两个 4 位的十六进制字符(见表 8.4)。与 ASCII 模式相比,在同样的波特率下可比 ASCII 模式传送更多的数据。

表 8.4 RTU 模式的消息帧

起始位	设备地址	功能码	数据	CRC 校验	结束符
T1—T2—T3—T4	8 位	8 位	N 个 8 位	16 位	T1—T2—T3—T4

RTU 模式时消息发送至少要以 3.5 个字符时间的停顿间隔开始。传输过程中,网络设备不断侦测网络总线。当正确接收到地址域后,相应的设备就对接下来的传输字符进行解码,一旦有至少 3.5 个字符时间的停顿就表示该消息的结束。

在 RTU 模式中,整个消息帧必须作为一连续的流传输,如果在帧完成之前有超过 1.5 个字符时间的停顿时间,接收设备将刷新不完整的消息并假定下一字节是一个新消息的地址域。同样地,如果一个新消息在小于 3.5 个字符时间内接着前个消息开始,接收的设备将认为它是前一消息的延续。如果在传输过程中有以上两种情况发生的话,必然会导致 CRC 校验产生一个错误消息,并反馈给发送方的设备。

RTU 模式和 ASCII 模式的比较:

- RTU 模式报文中每个字节含有两个 4 位十六进制字符。RTU 模式主要优点是较高的数据密度,在相同的波特率下比 ASCII 模式有更高的吞吐率。每个报文必须以连续的字符流传送。RTU 模式采用 CRC 校验。
- ASCII 模式报文中的每个 8 位子节以两个 ASCII 字符发送。当通信链路或者设备无法符合 RTU 模式时使用该模式。由于一个字节需要两个字符,所以 ASCII 模式比 RTU 模式效率低。ASCII 模式采用 LRC 校验。

8.3.3 综合验证系统的硬件电路

1. 单片机最小系统电路

单片机最小系统电路如图 8.12 所示。

2. A/D 及 D/A 转换电路

A/D 及 D/A 转换电路如图 8.13 所示。

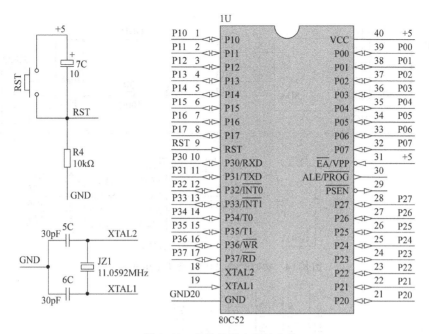

图 8.12 单片机最小系统电路

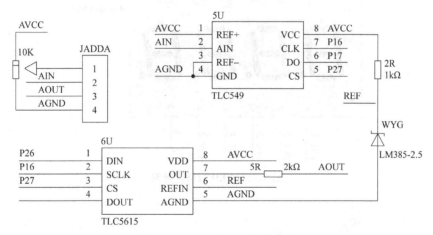

图 8.13 A/D 及 D/A 转换电路

3. 实时时钟、24C04 及 18B20 电路

实时时钟、24C04 及 18B20 电路如图 8.14 所示。

4. LED 数码管电路

LED 数码管电路如图 8.15 所示。

5. UART 接口电路

UART 接口电路如图 8.16 所示。

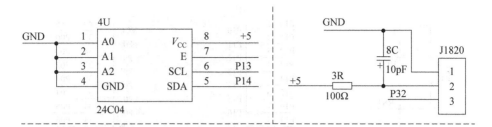

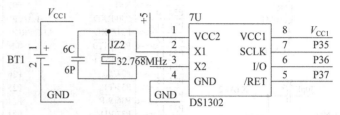

图 8.14　实时时钟、24C04 及 18B20 电路

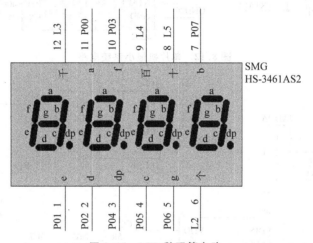

图 8.15　LED 数码管电路

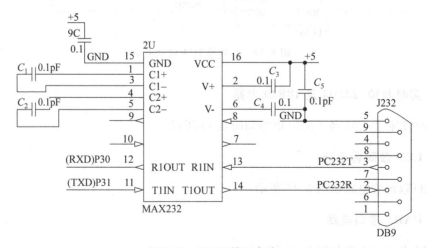

图 8.16　UART 接口电路

6. 电源、按键及 ISP 接口电路

电源、按键及 ISP 接口电路如图 8.17 所示。

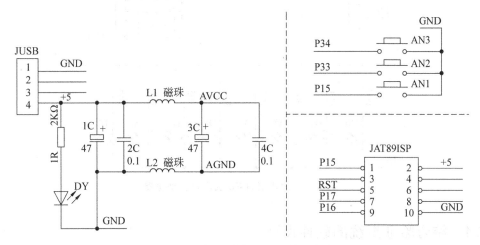

图 8.17　电源、按键及 ISP 接口电路

7. 驱动、LCD 字符及点阵扩展电路

驱动、LCD 字符及点阵扩展电路如图 8.18 所示。

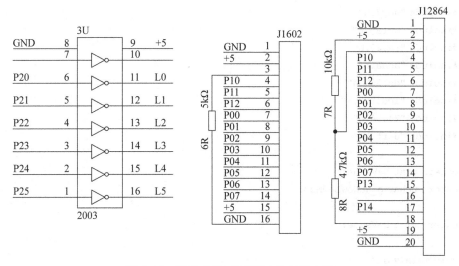

图 8.18　驱动、LCD 字符及点阵扩展电路

8. 蜂鸣器、LED 及电机驱动电路

蜂鸣器、LED 及电机驱动电路如图 8.19 所示。

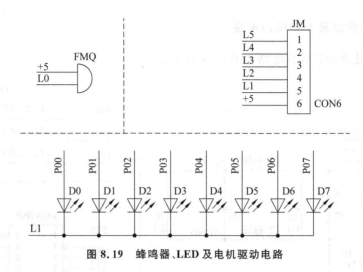

图 8.19　蜂鸣器、LED 及电机驱动电路

8.3.4　综合验证系统的软件设计

1. 系统主程序(main. c)

```c
#include "mytype.h"
#include "timer.h"
#include "key.h"
#include "seg7.h"
#include "delay.h"
#include "18b20.h"
#include "adda.h"
#include "ds1302.h"
#include "lcd1602.h"
#include "24c04.h"
#include "uart.h"

extern uint DaValue;
extern uchar g_ucNowLedNum;

extern uint DaValue;

void main(void)
{
    UART_Init();
    Timer_T2_Init();
    Key_Init();
    DS18B20_Init();
    DS1302_Init();
    Lcd1602_Init();
```

```
    P2=0xC0;

    while(1)
    {
        Timer_TickScan();
        Key_DisplLamp();
        Key_TaskDoing();
        TLC5615_DAC(DaValue);

    }
}
```

2. 系统时标模块（timer.c）

```c
#include "mytype.h"
#include "seg7.h"
#include "18b20.h"
#include "ds1302.h"
#include "lcd1602.h"
#include "24c04.h"
#include "uart.h"

#define T2N (110592*1/120)              //1ms
uchar g_ucMinute,g_ucSecond,g_uc500Ms,g_uc100Ms,g_uc10Ms,g_uc5Ms,g_uc1Ms;
bit
g_bFlag_1s,g_bFlag_500Ms,g_bFlag_100Ms,g_bFlag_10Ms,g_bFlag_5Ms,g_bFlag_1Ms;


extern uchar g_ucNowLedNum;
extern uchar C04addr,C04data;
//与seg7.c文件接口
extern void  BufUpdate(void);
extern void  Key_TaskNum(void);

uint T,DaValue=0;

void Timer_T2_Init(void)
{
    RCAP2H=(65536-T2N)/256;            //1ms
    RCAP2L=(65536-T2N)%256;
    TH2=RCAP2H;
    TL2=RCAP2L;
    TR2=1;
    ET2=1;
```

```
    EA=1;
}
void Timer_T2_Isr(void) interrupt 5
{
    TF2=0;
    g_bFlag_1Ms=1;
}

void Timer_TickScan(void)
{
    if(g_bFlag_1Ms)                             //1ms 到
    {
        g_bFlag_1Ms=1;
        g_uc1Ms++;
            if(g_uc1Ms==5)                      //5ms 到
            {
                g_uc1Ms=0;
                g_bFlag_5Ms=1;
                //************************
                if(g_ucNowLedNum==5)Lcd1602_Disp();
                Seg7Disp();                     //执行及显示
                //-----------------------
                g_uc5Ms++;
                if(g_uc5Ms==2)                  //10ms 到
                {
                    g_uc5Ms=0;
                    g_bFlag_10Ms=1;
                    //10MS 任务*************************
                    Key_TaskNum();              //键扫描
                    //-------------------------------------
                    g_uc10Ms++;
                    if(g_uc10Ms==10)            //100ms 到
                    {
                        g_uc10Ms=0;
                        g_bFlag_100Ms=1;
                        //100ms 任务*************************

                        DaValue++;             //DA 输入变化
                        if(DaValue>0x3ff)DaValue=0;
                        Modbus_S_Cmd10H();
                        //--------------------------------
                        g_uc100Ms++;
                        if(g_uc100Ms==5)        //500ms 到
                        {
```

```
                                    g_uc100Ms=0;
                                    g_bFlag_500Ms=1;
                                    //500MS 任务************************
                                    DS1302_Updata();
                                    T=DS18B20_R_T();
                                    //--------------------------------
                                    g_uc500Ms++;
                                    if(g_uc500Ms==2)
                                    {
                                        g_uc500Ms=0;
                                        g_bFlag_1s=1;
                                    }
                                }
                            }
                        }
                    }
                }
}
```

3. 按键处理模块(key. c)

```c
#include "mytype.h"
#include "key.h"
#include "24c04.h"

extern uchar C04addr,C04data;
extern uchar Ds1302DispState,W24c04Flag;
extern uchar code g_ucBitData[];
extern bit g_bFlag_1s,g_bFlag_100Ms,g_bFlag_10Ms,g_bFlag_1Ms;

uchar code g_ucBitData[]={0x01,0x02,0x04,0x08,0x10,0x20,0x40,0x80};

uchar g_ucNowLedNum,LedSpeed=25;

void Key_DispLamp(void)
{
    P2=0x02;                                //L1有效
    P0=g_ucBitData[g_ucNowLedNum];
}

void Key_Init(void)
{
    AN1=1;
    AN2=1;
```

```
        AN3=1;
}

uchar Key_Scan(void)
{
    if(AN1PIN==0) return KEY1;
    if(AN2PIN==0) return KEY2;
    if(AN3PIN==0) return KEY3;

    return 0;

}

uchar Key_Get(void)
{
    static uchar ucKeyState=0;              //按键状态
    static uchar ucKeyPrev=0;               //上次按键
    static uchar ucKeyDelay=0;              //连发时间
    static BOOL   bKeySeries=FALSE;         //连发标志

    uchar ucKeyPress=NO_KEY;                //按下键值
    uchar ucKeyReturn=NO_KEY;               //返回键值

    ucKeyPress=Key_Scan();

    switch(ucKeyState)
    {
        case 0:
            if(ucKeyPress !=NO_KEY)
            {
                ucKeyState=1;
                ucKeyPrev=ucKeyPress;
            }
            break;

        case 1:
            if(ucKeyPress!=NO_KEY)
            {
                if(ucKeyPrev!=ucKeyPress)
                {
                    ucKeyState=0;
                }
                else
                {
```

```
                ucKeyState=2;
                ucKeyReturn=KEY_DOWN|ucKeyPrev;
            }
        }
        else
        {
            ucKeyState=0;
        }
        break;

    case 2:
        if(ucKeyPress !=NO_KEY)
        {
            ucKeyDelay++;
            if((bKeySeries==TRUE) && (ucKeyDelay>KEY_SERIES_DELAY))
            {
                ucKeyDelay=0;
                ucKeyReturn=KEY_LIAN|ucKeyPress;        //返回连发
                ucKeyPrev=ucKeyPress;
                break;
            }
            if(ucKeyDelay>KEY_SERIES_FLAG)
            {
                bKeySeries=TRUE;
                ucKeyDelay=0;
                ucKeyReturn=KEY_LONG|ucKeyPrev;        //返回长按键
                break;
            }
        }

    case 3:
        if(ucKeyPress==NO_KEY)
        {
            ucKeyState=0;
            ucKeyDelay=0;
            bKeySeries=FALSE;
            ucKeyReturn=KEY_UP|ucKeyPrev;
        }
        break;
    default :
        break;
    }
    return ucKeyReturn;
}
```

```
void Key_TaskNum(void)                      //键扫描,任务 g_ucNowLedNum 为 0~7
{
    uchar ucKeyValue;
    ucKeyValue=Key_Get();

    if(ucKeyValue==(KEY1|KEY_DOWN))
    {
        g_ucNowLedNum++;
        if(g_ucNowLedNum>=0x8)g_ucNowLedNum=0;
    }

    if(ucKeyValue==(KEY2|KEY_DOWN))
    {
        BEEP=~BEEP;
        if((g_ucNowLedNum==0)||(g_ucNowLedNum==1))
        {
            LedSpeed+=5;
            if(LedSpeed>45)LedSpeed=45;
        }

        if(g_ucNowLedNum==4)
        {
            Ds1302DispState++;
            if(Ds1302DispState>5)Ds1302DispState=0;
        }

        if((g_ucNowLedNum==6)&&(W24c04Flag==0))
        {
            C04addr++;
            if(C04addr>=255)C04addr=255;
            C04data=I2C_R_Addr_Dat(C04addr);
        }
        if((g_ucNowLedNum==6)&&(W24c04Flag==1))
        {
            C04addr++;
            if(C04addr>=255)C04addr=255;
            I2C_W_Addr_Dat(C04addr,C04data);
        }
        if((g_ucNowLedNum==6)&&(W24c04Flag==2))
        {
            C04data++;
            if(C04data>=255)C04data=255;
            I2C_W_Addr_Dat(C04addr,C04data);
```

```
        }
    }


    if(ucKeyValue==(KEY2|KEY_LIAN))     //AN2-1f
    {
        BEEP=~BEEP;

        if((g_ucNowLedNum==6)&&(W24c04Flag==0))
        {
            C04addr--;
            if(C04addr<=0)C04addr=0;
            C04data=I2C_R_Addr_Dat(C04addr);
        }
        if((g_ucNowLedNum==6)&&(W24c04Flag==1))
        {
            C04addr--;
            if(C04addr<=0)C04addr=0;
            I2C_W_Addr_Dat(C04addr,C04data);
        }
        if((g_ucNowLedNum==6)&&(W24c04Flag==2))
        {
            C04data--;
            if(C04data<=0)C04data=0;
            I2C_W_Addr_Dat(C04addr,C04data);
        }
    }


    if(ucKeyValue==(KEY3|KEY_DOWN))     //AN3
    {
        BEEP=~BEEP;
        if((g_ucNowLedNum==0)||(g_ucNowLedNum==1))
        {
            LedSpeed-=5;
            if(LedSpeed<5)LedSpeed=5;
        }
        if(g_ucNowLedNum==4)
        {
            Ds1302DispState--;
            if((Ds1302DispState<0)||(Ds1302DispState>5))Ds1302DispState=5;
        }
        if(g_ucNowLedNum==6)
        {
            W24c04Flag++;
            if(W24c04Flag>2)W24c04Flag=0;
```

```
            }
        }
    }

uchar DelayCount(uchar num)                //计数延时
{
    static uchar temp;
    if(g_bFlag_1Ms==1)
    {
        g_bFlag_1Ms=0;
        temp++;
    }
    if(temp==num){temp=0;return 0;}
    else return 1;
}


void Key_Water(void)
{
    static uchar  i,j;
    if(j==0)P0=g_ucBitData[i];
    else     P0=g_ucBitData[7-i];

    if(DelayCount(LedSpeed)==0)
    {
        if(++i==8){i=0;    j=~j;}
    }
}


void Key_BEEP(void)
{
    if(DelayCount(LedSpeed)==0)
    {
        BEEP=~BEEP;
    }
}


void Key_TaskDoing(void)
{
    switch(g_ucNowLedNum)
    {
        case 0:
            Key_Water();
        break;
        case 1:
```

```
                Key_BEEP();
        break;

        default :
        break;
    }
}
```

4. 温度监测模块（ds18b20.c）

```c
#include "mytype.h"
#include "delay.h"

sbit DQ=P3^2;

//初始化
void DS18B20_Init(void)
{
    uchar x=0;
    DQ=1;
    Delay10Us(9);
    DQ=0;
    Delay10Us(80);
    DQ=1;
    Delay10Us(37);
}

//读一个字节
uchar DS18B20_RByte(void)
{
    uchar i=0;
    uchar dat=0;
    for (i=8;i>0;i--)
    {
        DQ=0;
        dat>>=1;
        DQ=1;
        if(DQ)
        dat|=0x80;
        Delay10Us(5);
    }
    return(dat);
}
```

```c
//写一个字节
void DS18B20_WByte(uchar dat)
{
    uchar i=0;
    for (i=8; i>0; i--)
    {
        DQ=0;
        DQ=dat&0x01;
        Delay10Us(5);
        DQ=1;
        dat>>=1;
    }
}


//读取温度
uint DS18B20_R_T(void)
{
    uchar a=0;
    uint  t=0;
    float tt=0;
    DS18B20_Init();
    DS18B20_WByte(0xCC);
    DS18B20_WByte(0x44);
    DS18B20_Init();
    DS18B20_WByte(0xCC);
    DS18B20_WByte(0xBE);
    a=DS18B20_RByte();
    t=DS18B20_RByte();
    t<<=8;
    t=t|a;
    tt=t*0.0625;
    t=tt*10+0.5;
    return(t);
}
```

5. A/D 和 D/A 转换模块(adda.c)

```c
#include "mytype.h"
#include "delay.h"

sbit    ADDA_CLK  =P1^6;              //时钟信号
sbit    TLC549_DO =P1^7;              //549数据输出
sbit    ADDA_CS   =P2^7;              //片选信号
sbit    TLC5615_DI=P2^6;              //5615数据输入
```

```
float   volt;

uchar TLC549_ADC(void)
{
    uchar i, tmp;

    ADDA_CLK=0;
    ADDA_CS=0;
    for(i=0; i<8; i++)
    {
        tmp<<=1;
        tmp|=TLC549_DO;
        ADDA_CLK=1;
        ADDA_CLK=0;
    }
    ADDA_CS=1;
    Delay10Us(1);
    return (tmp);
}

void TLC5615_DAC(uint da)
{
    uchar i;

    da<<=2;                              //左移 2 位,补 2 位 0
    ADDA_CLK=0;
    ADDA_CS=0;
    for (i=0;i<16;i++)
    {
        TLC5615_DI=(bit)(da&0x8000);
        ADDA_CLK=0;
        da<<=1;
        ADDA_CLK=1;
    }
    ADDA_CS=1;
    ADDA_CLK=0;
    Delay10Us(1);
}
```

6. LCD1602 模块(lcd1602.c)

```
#include "mytype.h"
#include "lcd1602.h"
#include "delay.h"
```

```
sbit LCD_RS= P1 ^ 0;
sbit LCD_RW= P1 ^ 1;
sbit LCD_EN= P1 ^ 2;

extern struct
{
    uchar Second;
    uchar Minute;
    uchar Hour;
    uchar Day;
    uchar Week;
    uchar Month;
    uchar Year;
}NowTime;

uchar code str1[]="  -  -   Week:   ";
uchar code str2[]="Time:   :   :     ";

void Lcd1602_Disp(void)
{
    P2 &= 0xfd;

    Lcd1602_Str(0x80, str1);                           //液晶显示字符串
    Lcd1602_Str(0xc0, str2);                           //液晶显示字符串

    Lcd1602_GoXY(2, 7);
    Lcd1602_Wdat(((NowTime.Hour &0xf0)>> 4)+ 0x30);    //时
    Lcd1602_Wdat((NowTime.Hour &0x0f)+ 0x30);

    Lcd1602_GoXY(2, 10);
    Lcd1602_Wdat(((NowTime.Minute &0xf0)>> 4)+ 0x30);  //分
    Lcd1602_Wdat((NowTime.Minute &0x0f)+ 0x30);

    Lcd1602_GoXY(2, 13);
    Lcd1602_Wdat(((NowTime.Second&0x70)>> 4)+ 0x30);   //秒
    Lcd1602_Wdat((NowTime.Second&0x0f)+ 0x30);

    Lcd1602_GoXY(1, 1);                                //年
    Lcd1602_Wdat(((NowTime.Year &0xf0)>> 4)+ 0x30);
    Lcd1602_Wdat((NowTime.Year &0x0f)+ 0x30);

    Lcd1602_GoXY(1, 4);
    Lcd1602_Wdat(((NowTime.Month &0xf0)>> 4)+ 0x30);   //月
    Lcd1602_Wdat((NowTime.Month &0x0f)+ 0x30);
```

```
    Lcd1602_GoXY(1, 7);
    Lcd1602_Wdat(((NowTime.Day &0xf0)>>4)+0x30);              //日
    Lcd1602_Wdat((NowTime.Day &0x0f)+0x30);

    Lcd1602_GoXY(1, 15);
    Lcd1602_Wdat((NowTime.Week &0x0f)+0x30);                  //周
}


uchar Lcd1602_Busy()
{
    bit result;
    LCD_RS=0;
    LCD_RW=1;
    LCD_EN=1;
    Delay4Us();
    result=(bit)(P0 &0x80);
    LCD_EN=0;
    return (result);
}


void Lcd1602_Wcmd(uchar cmd)
{
    uchar i;
    while (Lcd1602_Busy()&&(i<100))i++;
    LCD_RS=0;
    LCD_RW=0;
    LCD_EN=0;
    _nop_();
    _nop_();
    P0=cmd;
    Delay4Us();
    LCD_EN=1;
    Delay4Us();
    LCD_EN=0;
}


void Lcd1602_Wdat(uchar dat)
{
    Lcd1602_Busy();                                           //进行忙检测
    LCD_RS=1;
    LCD_RW=0;
    LCD_EN=1;
    DATA_PORT=dat;
```

```
        Delay4Us();
        LCD_EN=0;
}


void Lcd1602_Str(uchar addr, uchar * p)
{
    uchar i=0;
    Lcd1602_Wcmd(addr);
    while (p[i] !='\0')
    {
        Lcd1602_Wdat(p[i]);
        i++;
    }
}


void Lcd1602_GoXY(uchar row, uchar col)
{
    uchar place;
    if (row==1)
    {
        place=0x80+col-1;
        Lcd1602_Wcmd(place);
    }

    if (row==2)
    {
        place=0xc0+col-1;
        Lcd1602_Wcmd(place);
    }
}


void Lcd1602_Init()
{
    DelayMs(50);                        //延时等待上电稳定

    Lcd1602_Wcmd(0x38);                 //16×2显示,5×7点阵,8位数据
    DelayMs(5);
    Lcd1602_Wcmd(0x38);
    DelayMs(5);
    Lcd1602_Wcmd(0x38);
    DelayMs(5);

    Lcd1602_Wcmd(0x0c);                 //显示开,关光标
    DelayMs(5);
```

```
    Lcd1602_Wcmd(0x06);                        //移动光标
    DelayMs(5);
    Lcd1602_Wcmd(0x01);                        //清除 LCD 的显示内容
    DelayMs(5);
}
```

7. 数码管显示模块(seg7.c)

```
#include "mytype.h"
#include "delay.h"
#include "seg7.h"
#include "adda.h"
#include "lcd1602.h"
#include "24c04.h"

//段连接---依实际调整
#define a   0x01                               //P0.0
#define e   0x02                               //P0.1
#define d   0x04                               //P0.2
#define f   0x08                               //P0.3
#define dp  0x10                               //P0.4
#define c   0x20                               //P0.5
#define g   0x40                               //P0.6
#define b   0x80                               //P0.7

//段码,共阴:1-有效
uchar code SegCode[]=
{
    a+b+c+d+e+f,                               //0
    b+c,                                       //1
    a+b+d+e+g,                                 //2
    a+b+c+d+g,                                 //3
    b+c+f+g,                                   //4
    a+c+d+f+g,                                 //5
    a+c+d+e+f+g,                               //6
    a+b+c,                                     //7
    a+b+c+d+e+f+g,                             //8
    a+b+c+d+f+g,                               //9
    a+b+c+e+f+g,                               //A
    c+d+e+f+g,                                 //b
    a+d+e+f,                                   //C
    b+c+d+e+g,                                 //d
    a+d+e+f+g,                                 //E
    a+e+f+g,                                   //F(15)
```

```
    a+b+e+f+g,                              //P(16)
    dp,                                     //.(17)
    0,                                      //暗(18)
    g,                                      //(19)
    d+e+f+g,                                //t(20)
    d+e+f,                                  //L(21)
    b+c+d+e+f,                              //U(22)
    b+c+d+f+g,                              //y(23)
    b+c+e+f+g,                              //H(24)
    b+c+d+e+f+g,                            //星期(25)
};

#undef a
#undef b
#undef c
#undef d
#undef e
#undef f
#undef g

extern struct
{
    uchar Second;
    uchar Minute;
    uchar Hour;
    uchar Day;
    uchar Week;
    uchar Month;
    uchar Year;
}NowTime;

//个、十、百、千位扫描码
uchar code PlaceCode[]={GW,SW,BW,QW};

//显示缓冲区
uchar DispBuf[]={18,18,18,18};

//键态接口
extern uchar g_ucNowLedNum,LedSpeed;

//温度接口
extern uint T;

//AD 采集接口
```

```
extern float  volt;
uint vt1;
uchar C04addr=0,C04data;

uchar Ds1302DispState,W24c04Flag=0;

void Seg7Disp(void)                              //执行及显示
{
    uchar i;

    DispBuf[3]=SegCode[18];
    DispBuf[2]=SegCode[18];
    DispBuf[1]=SegCode[18];
    DispBuf[0]=SegCode[18];
    //--------------------------------------------------
    if(g_ucNowLedNum==0)                          //LED8
    {
        DispBuf[3]=SegCode[21];
        DispBuf[2]=SegCode[19];
        DispBuf[1]=SegCode[LedSpeed/10];
        DispBuf[0]=SegCode[LedSpeed%10];
    }
    //--------------------------------------------------
    if(g_ucNowLedNum==1)
    {
        DispBuf[3]=SegCode[11];
        DispBuf[2]=SegCode[19];
        DispBuf[1]=SegCode[LedSpeed/10];
        DispBuf[0]=SegCode[LedSpeed%10];
    }
    //--------------------------------------------------
    if(g_ucNowLedNum==2)
    {
        uchar shi,ge,xshu;
        shi=T / 100;                              //十位
        ge=T / 10-shi * 10;                       //个位
        xshu=T-shi * 100-ge * 10;                 //小数位

        DispBuf[3]=SegCode[20];
        DispBuf[2]=SegCode[shi];
        DispBuf[1]=SegCode[ge]|dp;
        DispBuf[0]=SegCode[xshu];

    }
```

```
//-----------------------------------------------------
if(g_ucNowLedNum==3)                        //adda
{
    static uchar adtemp;
    adtemp=TLC549_ADC();
    volt=5.0*adtemp/256;
    vt1=(uint)(volt*1000);

    DispBuf[3]=SegCode[22];
    DispBuf[2]=SegCode[vt1/1000%10]|dp;
    DispBuf[1]=SegCode[vt1/100%10];
    DispBuf[0]=SegCode[vt1/10%10];
}
//-----------------------------------------------------
if(g_ucNowLedNum==4)                        //ds1302
{

    //DS1302_Updata();

    if(Ds1302DispState==0)               //分.秒
    {
        DispBuf[3]=SegCode[NowTime.Minute>>4 ];
        DispBuf[2]=SegCode[NowTime.Minute&0x0f]|0x10;
        DispBuf[1]=SegCode[NowTime.Second>>4 ];
        DispBuf[0]=SegCode[NowTime.Second&0x0f];
    }

    if(Ds1302DispState==1)               //年
    {
        DispBuf[3]=SegCode[23];
        DispBuf[2]=SegCode[19];
        DispBuf[1]=SegCode[NowTime.Year>>4 ];
        DispBuf[0]=SegCode[NowTime.Year&0x0f];

    }

    if(Ds1302DispState==2)               //月
    {
        DispBuf[3]=SegCode[10];
        DispBuf[2]=SegCode[19];
        DispBuf[1]=SegCode[NowTime.Month>>4 ];
        DispBuf[0]=SegCode[NowTime.Month&0x0f];
    }
```

```
    if(Ds1302DispState==3)                    //日
    {
        DispBuf[3]=SegCode[13];
        DispBuf[2]=SegCode[19];
        DispBuf[1]=SegCode[NowTime.Day>>4 ];
        DispBuf[0]=SegCode[NowTime.Day&0x0f];
    }

    if(Ds1302DispState==4)                    //星期
    {
        DispBuf[3]=SegCode[25];
        DispBuf[2]=SegCode[19];
        DispBuf[1]=SegCode[NowTime.Week>>4 ];
        DispBuf[0]=SegCode[NowTime.Week&0x0f];
    }

    if(Ds1302DispState==5)                    //显示
    {
        DispBuf[3]=SegCode[24];
        DispBuf[2]=SegCode[19];
        DispBuf[1]=SegCode[NowTime.Hour>>4 ];
        DispBuf[0]=SegCode[NowTime.Hour&0x0f];
    }
}
//------------------------------------------------------
if(g_ucNowLedNum==5)                          //LCD1602
{
    DispBuf[3]=SegCode[21];
    DispBuf[2]=SegCode[0x0c];
    DispBuf[1]=SegCode[0x0d];
    DispBuf[0]=SegCode[19];
}
//------------------------------------------------------
if(g_ucNowLedNum==6)                          //24C04
{
    if(W24c04Flag==0)                         //AN3-1
    {
    DispBuf[3]=SegCode[C04addr>>4];
    DispBuf[2]=SegCode[C04addr&0x0f];
    DispBuf[1]=SegCode[C04data>>4];
    DispBuf[0]=SegCode[C04data&0x0f];
    }
    else if(W24c04Flag==1)
    {
```

```
            DispBuf[3]=SegCode[C04addr>>4]|dp;
            DispBuf[2]=SegCode[C04addr&0x0f]|dp;
            DispBuf[1]=SegCode[C04data>>4];
            DispBuf[0]=SegCode[C04data&0x0f];
            }
            else if(W24c04Flag==2)
            {
            DispBuf[3]=SegCode[C04addr>>4];
            DispBuf[2]=SegCode[C04addr&0x0f];
            DispBuf[1]=SegCode[C04data>>4]|dp;
            DispBuf[0]=SegCode[C04data&0x0f]|dp;
            }
    }
    //------------------------------------------------
    for(i=0;i<4;i++)
    {
        P0=DispBuf[i];
        P2=PlaceCode[i];
        DelayMs(3);
    }
    Lcd1602_Wcmd(0x01);                            //清除LCD的显示内容
}
```

8. UART 与 MODBUS 模块(uart.c)

```
#include "mytype.h"
#include "uart.h"

extern char code   g_ucBitData[];
extern uchar g_ucNowLedNum,LedSpeed,C04addr,C04data;
extern uint T,DaValue,vt1;

/* CRC 高位字节值表 */
uchar code CRCHi[]=
{
    0x00, 0xC1, 0x81, 0x40, 0x01, 0xC0, 0x80, 0x41, 0x01, 0xC0,
    0x80, 0x41, 0x00, 0xC1, 0x81, 0x40, 0x01, 0xC0, 0x80, 0x41,
    0x00, 0xC1, 0x81, 0x40, 0x00, 0xC1, 0x81, 0x40, 0x01, 0xC0,
    0x80, 0x41, 0x01, 0xC0, 0x80, 0x41, 0x00, 0xC1, 0x81, 0x40,
    0x00, 0xC1, 0x81, 0x40, 0x01, 0xC0, 0x80, 0x41, 0x00, 0xC1,
    0x81, 0x40, 0x01, 0xC0, 0x80, 0x41, 0x01, 0xC0, 0x80, 0x41,
    0x00, 0xC1, 0x81, 0x40, 0x01, 0xC0, 0x80, 0x41, 0x00, 0xC1,
    0x81, 0x40, 0x00, 0xC1, 0x81, 0x40, 0x01, 0xC0, 0x80, 0x41,
    0x00, 0xC1, 0x81, 0x40, 0x01, 0xC0, 0x80, 0x41, 0x01, 0xC0,
```

```
    0x80, 0x41, 0x00, 0xC1, 0x81, 0x40, 0x00, 0xC1, 0x81, 0x40,
    0x01, 0xC0, 0x80, 0x41, 0x01, 0xC0, 0x80, 0x41, 0x00, 0xC1,
    0x81, 0x40, 0x01, 0xC0, 0x80, 0x41, 0x00, 0xC1, 0x81, 0x40,
    0x00, 0xC1, 0x81, 0x40, 0x01, 0xC0, 0x80, 0x41, 0x01, 0xC0,
    0x80, 0x41, 0x00, 0xC1, 0x81, 0x40, 0x00, 0xC1, 0x81, 0x40,
    0x01, 0xC0, 0x80, 0x41, 0x00, 0xC1, 0x81, 0x40, 0x01, 0xC0,
    0x80, 0x41, 0x01, 0xC0, 0x80, 0x41, 0x00, 0xC1, 0x81, 0x40,
    0x00, 0xC1, 0x81, 0x40, 0x01, 0xC0, 0x80, 0x41, 0x01, 0xC0,
    0x80, 0x41, 0x00, 0xC1, 0x81, 0x40, 0x01, 0xC0, 0x80, 0x41,
    0x00, 0xC1, 0x81, 0x40, 0x00, 0xC1, 0x81, 0x40, 0x01, 0xC0,
    0x80, 0x41, 0x00, 0xC1, 0x81, 0x40, 0x01, 0xC0, 0x80, 0x41,
    0x01, 0xC0, 0x80, 0x41, 0x00, 0xC1, 0x81, 0x40, 0x01, 0xC0,
    0x80, 0x41, 0x00, 0xC1, 0x81, 0x40, 0x00, 0xC1, 0x81, 0x40,
    0x01, 0xC0, 0x80, 0x41, 0x01, 0xC0, 0x80, 0x41, 0x00, 0xC1,
    0x81, 0x40, 0x00, 0xC1, 0x81, 0x40, 0x01, 0xC0, 0x80, 0x41,
    0x00, 0xC1, 0x81, 0x40, 0x01, 0xC0, 0x80, 0x41, 0x01, 0xC0,
    0x80, 0x41, 0x00, 0xC1, 0x81, 0x40
};
/* CRC 低位字节值表 */
uchar code CRCLo[]=
{
    0x00, 0xC0, 0xC1, 0x01, 0xC3, 0x03, 0x02, 0xC2, 0xC6, 0x06,
    0x07, 0xC7, 0x05, 0xC5, 0xC4, 0x04, 0xCC, 0x0C, 0x0D, 0xCD,
    0x0F, 0xCF, 0xCE, 0x0E, 0x0A, 0xCA, 0xCB, 0x0B, 0xC9, 0x09,
    0x08, 0xC8, 0xD8, 0x18, 0x19, 0xD9, 0x1B, 0xDB, 0xDA, 0x1A,
    0x1E, 0xDE, 0xDF, 0x1F, 0xDD, 0x1D, 0x1C, 0xDC, 0x14, 0xD4,
    0xD5, 0x15, 0xD7, 0x17, 0x16, 0xD6, 0xD2, 0x12, 0x13, 0xD3,
    0x11, 0xD1, 0xD0, 0x10, 0xF0, 0x30, 0x31, 0xF1, 0x33, 0xF3,
    0xF2, 0x32, 0x36, 0xF6, 0xF7, 0x37, 0xF5, 0x35, 0x34, 0xF4,
    0x3C, 0xFC, 0xFD, 0x3D, 0xFF, 0x3F, 0x3E, 0xFE, 0xFA, 0x3A,
    0x3B, 0xFB, 0x39, 0xF9, 0xF8, 0x38, 0x28, 0xE8, 0xE9, 0x29,
    0xEB, 0x2B, 0x2A, 0xEA, 0xEE, 0x2E, 0x2F, 0xEF, 0x2D, 0xED,
    0xEC, 0x2C, 0xE4, 0x24, 0x25, 0xE5, 0x27, 0xE7, 0xE6, 0x26,
    0x22, 0xE2, 0xE3, 0x23, 0xE1, 0x21, 0x20, 0xE0, 0xA0, 0x60,
    0x61, 0xA1, 0x63, 0xA3, 0xA2, 0x62, 0x66, 0xA6, 0xA7, 0x67,
    0xA5, 0x65, 0x64, 0xA4, 0x6C, 0xAC, 0xAD, 0x6D, 0xAF, 0x6F,
    0x6E, 0xAE, 0xAA, 0x6A, 0x6B, 0xAB, 0x69, 0xA9, 0xA8, 0x68,
    0x78, 0xB8, 0xB9, 0x79, 0xBB, 0x7B, 0x7A, 0xBA, 0xBE, 0x7E,
    0x7F, 0xBF, 0x7D, 0xBD, 0xBC, 0x7C, 0xB4, 0x74, 0x75, 0xB5,
    0x77, 0xB7, 0xB6, 0x76, 0x72, 0xB2, 0xB3, 0x73, 0xB1, 0x71,
    0x70, 0xB0, 0x50, 0x90, 0x91, 0x51, 0x93, 0x53, 0x52, 0x92,
    0x96, 0x56, 0x57, 0x97, 0x55, 0x95, 0x94, 0x54, 0x9C, 0x5C,
    0x5D, 0x9D, 0x5F, 0x9F, 0x9E, 0x5E, 0x5A, 0x9A, 0x9B, 0x5B,
    0x99, 0x59, 0x58, 0x98, 0x88, 0x48, 0x49, 0x89, 0x4B, 0x8B,
```

```
    0x8A, 0x4A, 0x4E, 0x8E, 0x8F, 0x4F, 0x8D, 0x4D, 0x4C, 0x8C,
    0x44, 0x84, 0x85, 0x45, 0x87, 0x47, 0x46, 0x86, 0x82, 0x42,
    0x43, 0x83, 0x41, 0x81, 0x80, 0x40
};

uchar InFullFlag;
#define OUTBITYLEN 21
uchar OutBuff[OUTBITYLEN+3];

uchar InBuff[8];
uchar receCount=0;
uchar reDatLen;

uint Modbus_Crc(uchar * puchMsg, uchar usDataLen)
{
    uchar uchCRCHi=0xFF;                      /* 高 CRC 字节初始化 */
    uchar uchCRCLo=0xFF;                      /* 低 CRC 字节初始化 */
    uint  uIndex;                             /* CRC 循环中的索引 */
    while (usDataLen--)                       /* 传输消息缓冲区 */
    {
        uIndex=uchCRCHi ^ * puchMsg++;        /* 计算 CRC */
        uchCRCHi=uchCRCLo ^ CRCHi[uIndex];
        uchCRCLo=CRCLo[uIndex];
    }
    return (uchCRCHi<<8|uchCRCLo);
}


void UART_Init(void)
{
    TMOD|=0x20;                               //置定时器 1 方式 2,自动重载模式
    SCON =0x50;                               //置串口方式 1,REN=1
    TH1  =0xfd;                               //波特率 9600
    TL1  =0xfd;
    TR1  =1;                                  //启动定时器
    ES   =1;                                  //串口中断允许
}


void Uart_SByte(uchar ch)
{
    SBUF=ch;                                  //发送字符
    while (!TI);                              //等待数据发送完
    TI=0;
}
```

```
void Modbus_S_Cmd10H(void)
{
    uint crcData;
    uchar i;

    OutBuff[0]=0x01;
    OutBuff[1]=0x10;
    OutBuff[2]=0x00;
    OutBuff[3]=0x00;
    OutBuff[4]=0x00;
    OutBuff[5]=0x07;
    OutBuff[6]=0x0e;

    OutBuff[7]=0x00;                          //$ 0
    OutBuff[8]=~g_ucBitData[g_ucNowLedNum];

    OutBuff[9]=0x00;                          //$ 1
    OutBuff[10]=LedSpeed;
    OutBuff[11]=T>>8;                         //$ 2
    OutBuff[12]=T&0xff;

    OutBuff[13]=DaValue>>8;                   //$ 3
    OutBuff[14]=DaValue&0xff;

    OutBuff[15]=(vt1>>8);                     //$ 4
    OutBuff[16]=(vt1&0xff);

    OutBuff[17]=C04addr;                      //$ 5
    OutBuff[18]=C04data;
    OutBuff[19]=0x00;                         //$ 6
    OutBuff[20]=g_ucNowLedNum+1;

    crcData=Modbus_Crc(OutBuff,OUTBITYLEN);
    OutBuff[OUTBITYLEN]=crcData>>8;
    OutBuff[OUTBITYLEN+1]=crcData & 0xff;

    for(i=0;i<OUTBITYLEN+2;i++)
    Uart_SByte(OutBuff[i]);
}

void Uart_ClearInBuff(uchar len)
{
    uchar i;
```

```
    for(i=0;i<len;i++)
    InBuff[i]=0;
}


void UART_Isr() interrupt 4 using 3
{
    if(RI)
    {
        RI=0;
        InBuff[receCount]=SBUF;
        receCount++;
        if(receCount==0x06)
        {
            if(InBuff[0]!=0x01)
            {
            Uart_ClearInBuff(8);
            receCount=0;
            return;
            }
        }
        switch(InBuff[1])
        {
            case 03:
                reDatLen=7;
            break;
            case 16:
                reDatLen=8;
            break;
            default:
            break;
        }

        if(receCount==reDatLen)
        {
            InFullFlag=1;
            receCount=0;
        }
    }
}
```

8.3.5 综合验证系统的 Proteus 仿真

在 μVision 环境编译、连接,生成可执行文件。进入 Proteus 软件,将前面生成的目标程序载入单片机,按仿真运行按钮。

　　程序运行后,在 LCD1602 液晶显示器上会看到当前日期和时间,还可以看到温度值。仿真运行界面如图 8.20 所示。

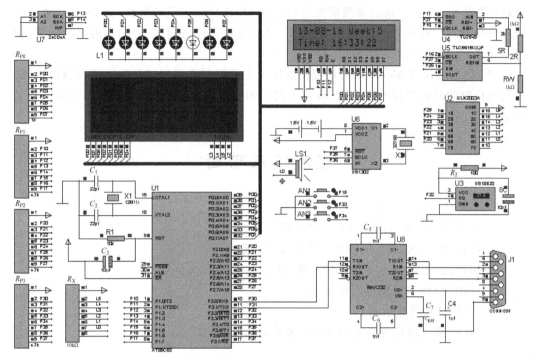

图 8.20　综合验证系统 Proteus 仿真效果

　　单片机与 HMI 触摸屏进行接口,对于提升单片机应用系统的信息显示能力具有重要意义。由于与 HMI 接口要占用 1 个单片机的串行口,这时最好选择具有 2 个 UART接口的单片机,如 C8051F120 单片机或 STC12C5A60S2 单片机。

本 章 小 结

　　单片机应用系统设计的基本要求是具有较高的可靠性、使用和维修要方便,并应该具有良好的性能价格比。单片机应用系统设计的步骤为:确定任务、方案设计、硬件设计和软件设计。

　　为了提高单片机应用系统的可靠性,在应用系统的电源、接地、硬件和软件监控等方面要采取一定的可靠性措施。

　　数据采集是利用单片机完成测控任务的最基本任务。由于使用要求和环境的不同,系统构成的方案、器件选择会具有较大的差异,应根据具体情况灵活处理。

　　时钟芯片 DS1302 含有实时时钟/日历和 31 字节静态 RAM。与单片机之间采用3 线同步串行方式进行通信。数字时钟系统采用实时时钟芯片 DS1302 进行计时,可以使系统具有较好的精度,同时还可以有效地减小单片机的工作负担。

　　单片机应用系统主要的显示形式是 LED 或 LCD,如果与 HMI 结合就可以极大地提高应用产品的信息显示能力,使单片机产品的信息显示弱点得到极大地改善。

现在已有许多厂商生产 HMI 产品,典型的有台达公司的 DOP-B 系列、微嵌公司的 WQT 系列等。生产厂商通常提供配套的建立 HMI 界面的组态软件,如 DOP-B 系列的 DOPSoft 软件。利用 DOPSoft 组态软件工具的各种控件,进行一些相应的属性配置,很容易建立起美观实用的人机界面。

ModBus 协议是 Modicon 公司提出的用于电子控制器进行控制和通信的通信协议。它具备良好的开放性和可扩充性,得到了用户的广泛应用,目前已经成为当今最流行工业标准。

思考题及习题

1. 单片机应用系统的设计有哪些要求?
2. 单片机应用系统的设计有哪些步骤?
3. 提高单片机应用系统的可靠性有哪些措施?
4. 实时时钟芯片 DS1302 与单片机定时器相比有什么优点?
5. 试说明 DS1302 的读写操作方法。
6. HMI 具有哪些功能?
7. MODBUS 协议可以采用哪两种方式通信? 有何特点?

附录 A

Proteus 软件操作概览

Proteus 是由英国 Labcenter electronics 公司开发的 EDA 软件,它集成了原理图设计、电路仿真、PCB 设计三大功能。Proteus 软件由 ISIS 和 ARES 两大部分组成。ISIS 实质上为便捷的电子系统原理设计和仿真平台软件,ARES 属于高级的 PCB 布线编辑软件。这里主要介绍 ISIS 软件。Proteus ISIS 具有如下特点:

(1) 具有强大的电路原理图(包括模拟电路、数字电路、及常用外围接口电路)绘制和仿真能力,提供 RS-232 动态仿真、I^2C 调试器、SPI 调试器、键盘和 LCD 仿真能力。备有各种虚拟仪器,如示波器、逻辑分析仪、信号发生器等。

(2) 可以仿真包括单片机在内的多种微处理器,如 8051/52 系列、ARM7(LPC21xx 系列)、AVR 系列、PIC10/12/16/18 系列、HC11 系列以及一些 DSP 芯片。

(3) 支持仿真调试功能。具有全速、单步、设置断点等仿真调试能力,仿真调试过程中可以观察变量、寄存器或存储器的当前状态。支持第三方的软件的汇编、编译和连接及仿真调试环境,如 Keil C51 μVision、IAR、MPLAB 等软件。

A.1 Proteus ISIS 的界面与操作

Proteus ISIS 采用标准的 Windows 界面,除具有常规的标题栏、菜单栏及标准工具栏之外,还设置了原理图编辑工具、调试工具、2D 绘图工具、仿真操作工具、器件拾取按钮、预览窗口、对象选择窗口及编辑窗口等,如图 A.1 所示。

1. 操作窗口

1) 对象选择窗口

这里说的对象包括从工具按钮选择的对象,如设备、终端、管脚、图形符号、标注和图形,还包括从器件库中选择的器件,这些器件从器件库中拾取并置入对象选择窗口供今后绘图使用。器件拾取执行以下操作:

* 单击器件选择按钮 P 时,可从打开的 Pick Devices 对话框中选取元器件。Proteus 有 30 多个元器件库。器件拾取对话框如图 A.2 所示。
* 单击按钮 L 时,可从 Devices Libraries Manager 对话框整理器件库。用户器件库 USERDVC 可由自己添加元器件,也可单击"创建元件库"按钮建立自己的库。

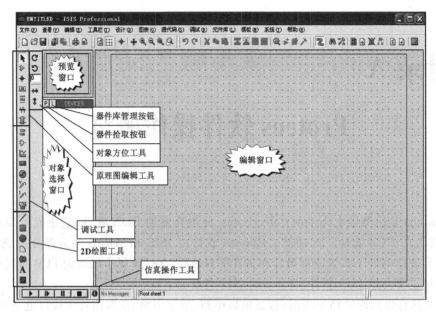

图 A.1　ISIS 窗口与工具条

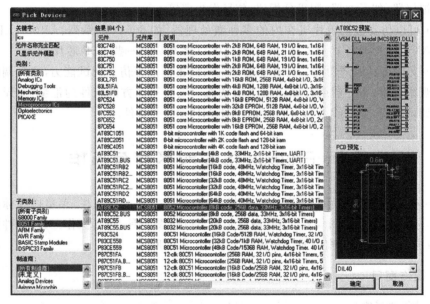

图 A.2　选取元器件对话框

2) 预览窗口

预览窗口通常显示整个电路图的缩略图。单击预览窗口,将会有一个矩形蓝绿框标示出在编辑窗口的中显示的区域。其他情况下,预览窗口显示将要放置对象的预览。这种 Place Preview 特性在下列情况下被激活:

- 某对象在对象选择窗口被选中;
- 对某对象进行旋转或镜像操作;

- 为可设定朝向的对象选择类型图标(如 Component icon 等)。

在放置对象或者执行非以上操作时,Place Preview 会自动消除。

3) 编辑窗口

编辑窗口用于完成电路原理图的编辑绘制。坐标系统单位是 10nm(与 Proteus ARES 一致),但坐标系统的识别(read-out)单位被限制在 1th(毫英寸,$1th = 25.4 \times 10^{-3}$ mm,$1mm = 39.3701th$)。坐标原点默认在图形编辑区的中间,图形的坐标值能够显示在屏幕的右下角的状态栏中。

编辑窗口内点状栅格可以通过选择 View→Grid 命令在打开和关闭间切换。点与点之间的间距由当前捕捉的设置决定。捕捉的尺度可以由 View→Snap 命令设置,或者使用快捷键 F4、F3、F2 和 Ctrl+F1 切换。

鼠标在图形编辑窗口内移动时,坐标值是以固定的步长 100th 变化,这称为捕捉,如果想要确切地看到捕捉位置,可以选择 View→X-Cursor 命令,选中后将会在捕捉点显示一个交叉十字。

当鼠标指针指向管脚末端或者导线时,鼠标指针会捕捉到这些物体,这种功能称为实时捕捉,该功能可以方便地实现导线和管脚的连接。可以通过选择 Tools→Real Time Snap 命令或者按 Ctrl+S 键切换该功能。

通过选择 View→Redraw 命令可以刷新显示内容,同时预览窗口中的内容也被刷新。当执行其他命令导致显示错乱时,可以使用该特性恢复显示。

视图的缩放与移动,可以通过如下几种方式:

- 在预览窗口点击想要显示的位置,编辑窗口以鼠标点击处为中心进行显示。
- 在编辑窗口内移动鼠标,按下 Shift 键,用鼠标"撞击"边框会使显示平移;
- 鼠标指向编辑窗口并按缩放键或操作滚动轮,会以鼠标指针位置为中心显示。

2. 操作工具

Proteus 许多操作既可通过菜单栏又可通过工具栏按钮来完成,使用工具栏更加方便快捷。除普通 Windows 软件常用的快捷按钮外,Proteus 还配备了如下快捷按钮:

1) 命令工具栏

(1) 显示操作

刷新显示;

网格切换;

启用/禁止原点设定;

光标居中;

编辑区放大;

编辑区缩小;

缩放到整图;

缩放到区域。

(2) 编辑操作

块复制;

块移动;

▓块旋转；

▓块删除；

▓从元器件库选取元件；

▓创建元件；

▓封装工具；

▓分解元件。

（3）设计操作

▓切换自动连线；

▓搜索并标记元件；

▓属性分配工具；

▓设计浏览器；

▓添加页面；

▓移除页面；

▓电气报告查看；

▓生成网表传到 AREA。

2）模式工具栏

（1）模式选择

▓选择模式；

▓元件模式；

▓节点模式；

▓标号模式；

▓脚本模式；

▓总线模式；

▓子图模式。

（2）工具选择

▓终端模式；

▓引脚模式；

▓图表模式；

▓录音机模式；

▓激励源模式；

▓电压探针模式；

▓电流探针模式；

▓虚拟仪器模式。

（3）绘图选择

▓画各种直线；

▓画各种方框；

▓画各种圆；

画各种圆弧；

　画各种多边形；

A　画各种文本；

S　画符号；

＋　画原点。

3) 方向工具栏

C　顺时针旋转；

↔　X-镜像；

↺　逆时针旋转；

↕　Y-镜像。

4) 仿真工具栏

▶　仿真开始；

Ⅱ▶　单步仿真；

Ⅱ　仿真暂停；

■　仿真停止。

A.2　Proteus 设计与仿真示例

示例任务：构造一个 80C52 单片机最小系统，在单片机的 P1.0 引脚接一个发光二极管；编写单片机应用程序，使发光二极管间隔 0.5s 点亮与熄灭；利用 Proteus 软件进行仿真。该任务完成可以经过以下三个步骤：

1. 电路设计

电路设计包括选取元器件、接插件、连接电路和电气检测等。绘制原理图要在可编辑区的蓝色方框内完成。具体步骤如下：

(1) 新建设计文件：选择"文件"→"新建设计"命令，在弹出的"新建设计"对话框中选择模板后单击"确定"按钮。

(2) 设置图纸尺寸：选择"系统"→"设置图纸尺寸"命令，在弹出的 Sheet Size Configuration 对话框中选择图纸尺寸或自定义尺寸后单击"确定"按钮。

(3) 保存设计文件：选择"文件"→"保存设计"命令，在弹出的 Save ISIS Design File 对话框中指定文件夹、输入文件名并选择保存类型为 Design File，然后单击"保存"按钮。

(4) 选取元器件：单击模式选择工具栏"元件"按钮，单击器件选择按钮 P，在弹出的 Pick Devices(选取元器件)对话框的 Keywords(关键字)栏中输入元器件名称(也可以是分类、小类、属性值)，与关键字匹配的元器件显示在元器件列表(Results)中。双击选中的元器件，便将所选元器件加入到对象选择窗口。同样方法选取其他元器件，单击"确定"按钮完成元器件选取。

(5) 设置网格：选择"查看"→"网格"按钮，显示出网格；再次单击，网格消失(也可单击命令工具栏的"网格"按钮)。选择"查看"→Snap xxth 命令，改变网格单位。

（6）放置元器件：单击对象选择窗口的元器件，该元器件名背景变为蓝色，预览窗口显示该元器件；将鼠标指针移到编辑区某一位置，单击一次就可放置一个元器件。

（7）编辑元器件：右击(或单击)编辑区的元器件，该元器件变为红色表明被选中，鼠标指针放到被选中的元器件上，按住左键拖动，将鼠标移到编辑区某一位置松开，即完成元器件的移动。

右击被选中的元器件，在弹出的快捷菜单中选择方向工具命令可实现元器件的旋转和翻转。右击编辑区中被选中的元器件，可删除该元器件。

（8）放置终端：单击模式选择工具栏"终端"按钮，单击对象选择器窗口的终端(如POWER 为电源、GROUND 为地)，该终端名背景变为蓝色，预览窗口显示该终端；将鼠标指针移到编辑区某一位置，单击一次就可放置一个终端。

（9）连线：单击命令工具栏"实时 Snap(捕捉)"按钮，实时捕捉有效，当鼠标指针接近引脚末端时，会自动出现一个小方框，表明可自动连接到该点。

经过以上几个步骤后，出现如图 A.3 所示电路图。

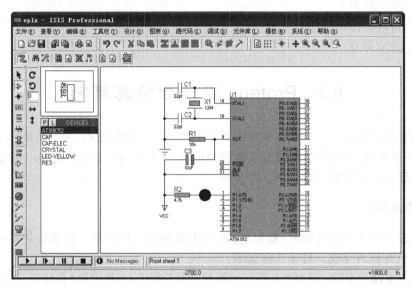

图 A.3　已完成的仿真电路

2. 目标代码生成

目标代码就是单片机执行的程序。目标代码的获得要经过源程序的编写、源程序的汇编(或编译)，然后再经过连接才能生成目标代码(HEX 格式)。Proteus 软件默认支持汇编语言。下面首先以汇编语言为例，说明目标代码的生成过程。

1）编辑源程序

源程序的编辑可以采用任何一款文本编辑器。这里采用常用的记事本编辑，如图 A.4所示。编辑过程中，必须注意汇编语句中的符号输入一定要在英文状态下进行。

2）源程序汇编

为了完成汇编，Proteus 设置了汇编配置工具。选择"源代码"→"设置代码生成工具"命令，弹出如图 A.5 所示的对话框。

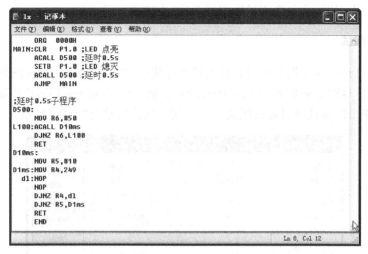

图 A.4　源程序编辑

图 A.5　汇编工具配置

对于 80C51 单片机,汇编配置采用默认配置即可。汇编配置完成后,选择"源代码"→"编译全部"命令,就会弹出如图 A.6 所示的汇编连接信息。

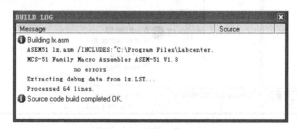

图 A.6　汇编连接信息

汇编连接无误时,就会生成目标代码文件(本例为 lx. hex)。

3. 仿真调试

为了进行仿真,需要把生成的码载入到单片机中,方法是在 Proteus 的编辑窗口中双击单片机器件,这时会弹出如图 A.7 所示的对话框。在 Program File 栏中输入目标代码文件名称。单击图标选择目标代码文件更方便。完成后单击"确定"按钮。

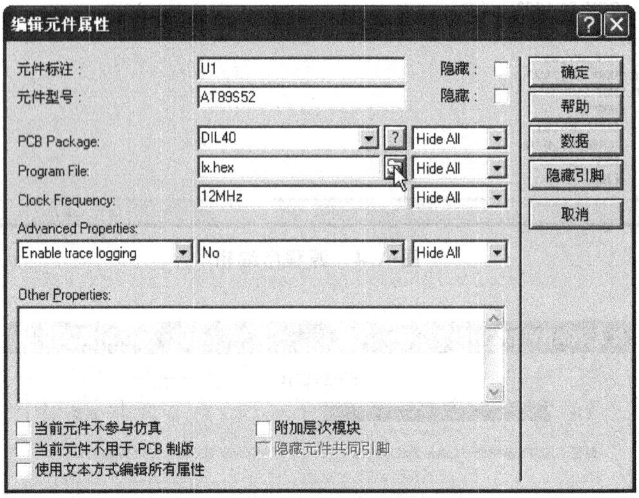

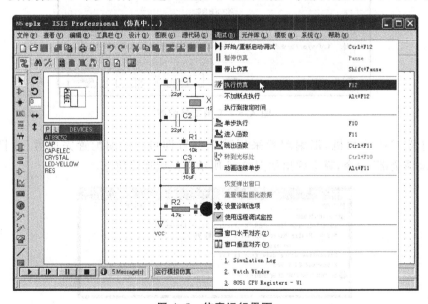

图 A.7 目标代码载入

这些工作完成后,就可以进行仿真调试。单击菜单的"调试"就打开了调试菜单。可以选择"执行仿真"、"单步执行"、"进入函数"、"跳出函数"等选项,如图 A.8 所示。

图 A.8 仿真运行界面

A.3 Proteus 与 μVision 的联合调试

对于单片机应用程序的设计,采用 C51 语言比汇编语言具有明显的优点。特别是 μVision 平台的使用,对单片机应用系统开发效率的提高意义重大。将 Proteus 与 μVision 结合起来进行单片机应用系统的开发调试优点更加突出。

1. 目标程序的生成与载入

利用 μVision 平台生成目标代码的方法在实训一中已经讲述。这里只给出 C51 语言实现发光二极管间隔 0.5s 点亮与熄灭的源程序。

```c
#include<reg52.h>

sbit P10=P1^0;

void  DelayMs(unsigned int z)
{
    unsigned int x,y;
    for(x=z;x>0;x--)
      for(y=113;y>0;y--);
}

main()
{
    while(1)
    {
        P10=0;
        DelayMs(500);
        P10=1;
        DelayMs(500);
    }
}
```

生成目标代码后,载入与调试方法与前述的汇编语言情况相同,此处不再赘述。

2. Proteus 与 μVision 的联调

μVision 环境不但支持 C 语言编译,也支持汇编语言汇编,同时还具有强大的调试功能。将 Proteus 与 μVision 结合起来对单片机应用系统的开发具有重大的创新意义。完成步骤如下:

(1) 如果 μVision 与 Proteus 均已正确安装在 C:\Program Files 的目录里,把 C:\

Program Files\Labcenter Electronics\Proteus 6 Professional\MODELS\VDM51.dll 复制到 C:\Program Files\keilC\C51\BIN 目录中。

(2) 用记事本打开 C:\Program Files\keilC\C51\TOOLS.INI 文件,在[C51]栏目下加入下列一行代码:

```
TDRV10=BIN\VDM51.DLL ("Proteus VSM Simulator")
```

这里 TDRV10 中的 10 要根据实际情况写,不要和原来驱动项重复。步骤(1)和步骤(2)只需在初次使用设置。

(3) 在 Proteus 环境,选择"调试"→"使用远程调试监控"命令。

(4) 进入 μVision 环境,创建一个新项目,并为该项目选定合适的单片机 CPU 器件(如 Atmel 公司的 AT89S52),为该项目加入 C51 源程序。

(5) 选择 Project→Options for Target 'Target 1'命令。在弹出的窗口中单击 Debug 标签,在对话框里右栏上部的下拉菜单里选中 Proteus VSM Simulator。然后选中 Use。再单击 Setting 按钮,将 Host 项设置为 127.0.0.1,将 Port 项设置为 8000。单击 OK 按钮,如图 A.9 所示。

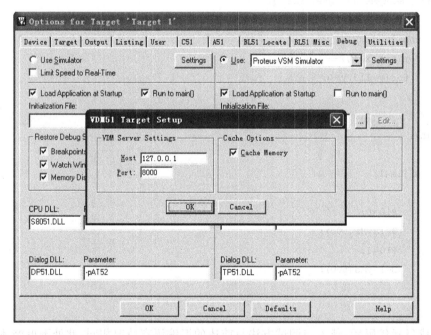

图 A.9 μVision 环境配置

(6) 在 μVision 环境编译该工程。然后进入 Debug 状态,启动调试运行。此时 Proteus 与 μVision 就实现了联机,可以利用 μVision 的调试功能进行各种调试。效果如图 A.10 所示。

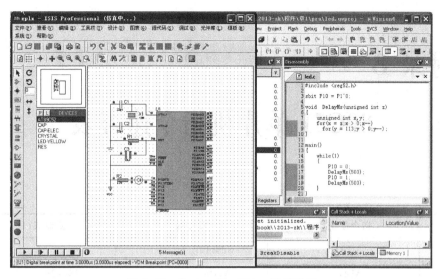

图 A.10　Proteus 与 μVision 联机效果

附录 B

80C51 单片机指令速查表

序号	指令助记符	操作数	机器码（H）
1	ACALL	addr11	*
2	ADD	A,Rn	28～2F
3	ADD	A,dir	25 dir
4	ADD	A,@Ri	26～27
5	ADD	A,#data	24 data
6	ADDC	A,Rn	38～3F
7	ADDC	A,dir	35 dir
8	ADDC	A,@Ri	36～37
9	ADDC	A,#data	34 data
10	AJMP	addr11	*
11	ANL	A,Rn	58～5F
12	ANL	A,dir	55 dir
13	ANL	A,@Ri	56～57
14	ANL	A,#data	54 data
15	ANL	dir,A	52 dir
16	ANL	dir,#data	53 dir data
17	ANL	C,bit	82 bit
18	ANL	C,/bit	B0 bit
19	CJNE	A,dir,rel	B5 dir rel
20	CJNE	A,#data,rel	B4 data rel
21	CJNE	Rn,#data,rel	B8～BF data rel
22	CJNE	@Ri,#data,rel	B6～B7 data rel
23	CLR	A	E4

序号	指令助记符	操作数	机器码（H）
24	CLR	C	C3
25	CLR	bit	C2 bit
26	CPL	A	F4
27	CPL	C	B3
28	CPL	bit	B2 bit
29	DA	A	D4
30	DEC	A	14
31	DEC	Rn	18～1F
32	DEC	dir	15 dir
33	DEC	@Ri	16～17
34	DIV	AB	84
35	DJNZ	Rn,rel	D8～DF rel
36	DJNZ	dir,rel	D5 dir rel
37	INC	A	04
38	INC	Rn	08～0F
39	INC	dir	05 dir
40	INC	@Ri	06～07
41	INC	DPTR	A3
42	JB	bit,rel	20 bit rel
43	JBC	bit,rel	10 bit rel
44	JC	rel	40 rel
45	JMP	@A+DPTR	73
46	JNB	bit,rel	30 bit rel
47	JNC	rel	50 rel
48	JNZ	rel	70 rel
49	JZ	rel	60 rel
50	LCALL	addr16	12 addr16
51	LJMP	addr16	02 addr16
52	MOV	A,Rn	E8～EF
53	MOV	A,dir	E5 dir
54	MOV	A,@Ri	E6～E7

序号	指令助记符	操作数	机器码(H)
55	MOV	A,#data	74 data
56	MOV	Rn,A	F8~FF
57	MOV	Rn,dir	A8~AF dir
58	MOV	Rn,#data	78~7F data
59	MOV	dir,A	F5 dir
60	MOV	dir,Rn	88~8F dir
61	MOV	dir1,dir2	85 dir2 dir1
62	MOV	dir,@Ri	86~87 dir
63	MOV	dir,#data	75 dir data
64	MOV	@Ri,A	F6~F7
65	MOV	@Ri,dir	A6~A7 dir
66	MOV	@Ri,#data	76~77 data
67	MOV	C,bit	A2 bit
68	MOV	bit,C	92 bit
69	MOV	DPTR,#data16	90 data16
70	MOVC	A,@A+DPTR	93
71	MOVC	A,@A+PC	83
72	MOVX	A,@Ri	E2~E3
73	MOVX	A,@DPTR	E0
74	MOVX	@Ri,A	F2~F3
75	MOVX	@DPTR,A	F0
76	MUL	AB	A4
77	NOP		00
78	ORL	A,Rn	48~4F
79	ORL	A,dir	45 dir
80	ORL	A,@Ri	46~47
81	ORL	A,#data	44 data
82	ORL	dir,A	42 dir
83	ORL	dir,#data	43 dir data
84	ORL	C,bit	72 bit
85	ORL	C,/bit	A0 bit

续表

序号	指令助记符	操作数	机器码（H）
86	POP	dir	D0 dir
87	PUSH	dir	C0 dir
88	RET		22
89	RETI		32
90	RL	A	23
91	RLC	A	33
92	RR	A	03
93	RRC	A	13
94	SETB	C	D3
95	SETB	bit	D2 bit
96	SJMP	rel	80 rel
97	SUBB	A,Rn	98～9F
98	SUBB	A,dir	95 dir
99	SUBB	A,@Ri	96～97
100	SUBB	A,♯data	94 data
101	SWAP	A	C4
102	XCH	A,Rn	C8～CF
103	XCH	A,dir	C5 dir
104	XCH	A,@Ri	C6～C7
105	XCHD	A,@Ri	D6～D7
106	XRL	A,Rn	68～6F
107	XRL	A,dir	65 dir
108	XRL	A,@Ri	66～67
109	XRL	A,♯data	64 data
110	XRL	dir,A	62 dir
111	XRL	dir,♯data	63 dir data

附录 C

C51 相关资源

C.1　C51 与 ANSI C 的不同

C51 编译器是面向 80C51 系列单片机的编译器,它根据 80C51 单片机的结构特点在许多方面对 ANSI C 进行了扩展,因此在使用上必须注意它们之间存在的差别。

1. 编译器方面的差别

1) 数据类型与存储类型

80C51 单片机有位操作空间和位操作指令,所以 C51 与 ANSI C 相比,比 ANSI C 多一种位数据类型,使得它能如同汇编语言一样实现灵活的位指令操作。

80C51 单片机的存储器组织与通用计算机有比较大的区别,所以 C51 编译器支持特殊的存储类型: code、data、idata、pdata 及 xdata。在 C51 程序中指定变量的存储类型,有利于提高程序效率。

2) 对函数递归调用的限制

由于 80C51 单片机是 8 位机,C51 编译器不支持扩展 16 位字符。另外由于单片机存储资源的限制,C51 编译器默认情况下不支持函数的递归调用,需要递归调用的函数必须声明为可重入函数。

2. 库函数方面的差别

1) C51 运行库中包含的 ANSI C 库函数

abs	cosh	isgraph	malloc
acos	exp	islower	memchr
asin	fabs	isprint	memcmp
atan	floor	ispunct	memcpy
atan2	free	isspace	memmove
atof	getchar	isupper	memset
atoi	gets	isxdigit	modf
atol	isalnum	labs	pow
calloc	isalpha	log	printf
ceil	iscntrl	log10	putchar
cos	isdigit	longjmp	puts

续表

rand	sscanf	strncpy	tan
realloc	strcat	strpbrk	tanh
scanf	strchr	strrchr	tolower
setjmp	strcmp	strspn	toupper
sin	strcpy	strstr	va_arg
sinh	strcspn	strtod	va_end
sprintf	strlen	strtol	va_start
sqrt	strncat	strtok	vprintf
srand	strncmp	strtoul	vsprintf

2）C51 运行库中不包含的 ANSI C 库函数

abort	fgets	gmtime	setbuf
asctime	fmod	ldexp	setlocale
atexit	fopen	ldiv	setvbuf
bsearch	fprintf	localeconv	signal
clearerr	fputc	localtime	strcoll
clock	fputs	mblen	strerror
ctime	fread	mbstowcs	strftime
difftime	freopen	mbtowc	strxfrm
div	frexp	mktime	system
exit	fscanf	perror	time
fclose	fseek	putc	tmpfile
feof	fsetpos	qsort	tmpnam
ferror	ftell	raise	ungetc
fflush	fwrite	remove	vfprintf
fgetc	getc	rename	wcstombs
fgetpos	getenv	rewind	wctomb

3）C51 扩充的非 ANSI C 库函数

acos517	_getkey	_nop_	strrpos
asin517	init_mempool	printf517	strtod517
atan517	_irol_	scanf517	tan517
atof517	_iror_	sin517	_testbit_
cabs	log10517	sprintf517	toascii
cos517	log517	sqrt517	toint
crol	_lrol_	sscanf517	_tolower
cror	_lror_	strpos	_toupper
exp517	memccpy	strrpbrk	ungetchar

C.2　C51 的库函数分类说明

1. 输入输出函数（在 **stdio. h** 文件中定义）

输入输出函数（见表 C.1）通过 80C51 的串行口或用户定义的 I/O 口读写数据（默认为 80C51 串行口）。如果要修改，例如改为 LCD 显示，可以修改 lib 目录中的 getkey. c 及

putchar.c 源文件,然后在库中替换它们即可。

表 C.1　输入输出函数列表

序号	函 数 原 型	函 数 功 能
1	char _getkey(void);	等待从 80C51 单片机串行口读入字符,返回读入的字符。该函数是在改变整个输入机制时应作修改的唯一的函数
2	char getchar(void);	利用_getkey 函数从串行口读入字符,并将该读入字符立即传给 putchar 函数输出。其他与_getkey 函数相同
3★	char * gets(char * s,int n);	利用 getchar 从串行口读入一个长度为 n 的字符串,并存入由 s 指向的数组。输入时一旦检测到换行符就结束字符输入。输入成功时返回传入的参数指针,失败时返回 NULL
4	char ungetchar (char c);	将输入字符送回输入缓冲区,因此下次 gets 或 getchar 就可以用该字符。成功时返回 char 型值 c,失败时返回 EOF。用该函数无法处理多个字符
5	char putchar(char c);	通过 80C51 单片机串行口输出字符。与函数 _getkey 类似,该函数是改变整个输出机制时应作修改的唯一的函数
6	int printf(const char * fmtstr[, argument]…);	以第一个参数字符串指定的格式,通过 80C51 串行口输出数值和字符串。返回值为实际输出的字符数
7	int sprintf(char * s,const char * fmtstr[;argument]);	该函数与 printf 函数功能类似,但数据不是输出到串行口,而是通过指针 s 送入内存缓冲区,以 ASCII 码形式存储
8	int puts (const char * s);	利用 putchar 函数将字符串和换行符写入串行口。错误时返回 EOF,否则返回 0
9	int scanf(const char * fmtstr.[, argument]…);	在格式控制串的控制下,利用 getchar 函数从串行口读入数据,每遇到一个符合控制串 fmtstr 规定的值,就将它顺序存入由参数指针 argument 指向的存储单元。该函数返回它所发现并转换的输入项数,出现错误则返回 EOF
10	int sscanf(char * s,const char * fmtstr[,argument]);	与 scanf 函数相似,只是字符串的输入不是通过串行口,而是通过指针 s 指向的数据缓冲区
11	void vprintf (const char * fmtstr, char * argptr);	该函数格式化一字符串和数据,利用 putchar 函数写向 80C51 串行口。该函数与 printf 函数类似,但它接受一个指向变量表的指针,而不是变量表
12	void vsprintf (char * s, const char * fmtstr,char * argptr);	该函数格式化一字符串和数据并存储结果于 s 指向的内存缓冲区。该函数与 sprintf 函数类似,但它接受一个指向变量表的指针,而不是变量表

注:序号中标注有★号的函数为不可重入函数。

2. 数学计算函数(在 math.h 文件中定义)

数学计算函数主要完成求绝对值、指数、对数、平方根、三角函数、双曲函数等数学运算(见表 C.2)。

3. 字符函数(在 ctype.h 文件中定义)

表 C.3 给出字符函数及其功能。

表 C. 2　数学计算函数列表

序号	函 数 原 型	函 数 功 能

1
2
3
4
	int abs(int val);
	char cabs(char val);
	float fabs(float val);
	long labs(long val);
		该组函数类似,均为计算并返回 val 的绝对值。如 val 为正,则直接返回;如 val 为负,则返回其相反数。这些函数只是变量和返回值的类型不同,其他功能是一样的

5★
6★
7★
	float exp(float x);
	float log(float x);
	float log10(float x);
		exp 计算并返回浮点数 x 的指数
		log 计算并返回浮点数 x 的自然对数
		log10 计算并返回浮点数 x 以 10 为底的对数

8★	float sqrt(float x);	计算并返回浮点数 x 的平方根

9★
10★
11★
	float cos(float x);
	float sin(float x);
	float tan(float x);
		cos 计算并返回 x 的余弦值
		sin 计算并返回 x 的正弦值
		tan 计算并返回 x 的正切值

12★
13★
14★
15★
	float acos(float x);
	float asin(float x);
	float atan(float x);
	float atan2(float y,float x);
		acos 计算并返回 x 的反余弦值
		asin 计算并返回 x 的反正弦值
		atan 计算并返回 x 的反正切值
		atan2 计算并返回 y/x 的反正切值

16★
17★
18★
	float cosh(float x);
	float sinh(float x);
	float tanh(float x);
		cosh 计算并返回 x 的双曲余弦值
		sinh 计算并返回 x 的双曲正弦值
		tanh 计算并返回 x 的双曲正切值

19★	float ceil(float x);	计算并返回一个不小于 x 的最小整数(作为浮点数)
20★	float floor(float x);	计算并返回一个不小于 x 的最大整数(作为浮点数)
21★	float modf(float x,float * ip);	将浮点数 x 分成整数和小数两部分,两者都含有与 x 相同的符号,整数部分放入 * ip,小数部分作为返回值
22★	float pow(float y,float x);	计算并返回 x 的 y 次方,如果 x 不等于 0 而 y=0,则返回 1。当 x=0 且 y<=0 或当 x<0 且 y 不是整数时则返回 NaN

注:序号中标注有★号的函数为不可重入函数。

表 C. 3　字符函数列表

序号	函 数 原 型	函 数 功 能
1	bit isalpha(unsigned char c);	检查参数字符是否为英文字母,是则返回 1,否则返回 0
2	bit isalnum(unsigned char c);	检查参数字符是否为英文字母或数字字符,是则返回 1,否则返回 0
3	bit iscntrl(unsigned char c);	检查参数值是否为控制字符(值在 0x00～0x1f 之间或等于 0x7f),是则返回 1,否则返回 0
4	bit isdigit(unsigned char c);	检查参数值是否为十进制数字 0～9,是则返回 1,否则返回 0
5	bit isgraph(unsigned char c);	检查参数是否为可打印字符(不包括空格),可打印字符的值域为 0x21～0x7e。是则返回 1,否则返回 0
6	bit isprint(unsigned char c);	与 isgraph 函数相似,并且还接受空格符(0x20)
7	bit ispunct(unsigned char c);	检查字符参数是否为标点、空格或格式符。如果是空格或是 32 个标点和格式字符之一则返回 1,否则返回 0

序号	函数原型	函数功能
8	bit islower(unsigned char c);	检查参数字符是否为小写英文字母,是则返回1,否则返回0
9	bit isupper(unsigned char c);	检查参数字符是否为大写英文字母,是则返回1,否则返回0
10	bit isspace(unsigned char c);	检查参数字符是否为:空格、制表符、回车、换行、垂直制表符和送纸(值为0x09～0x0d,或为0x20)。是则返回1,否则返回0
11	bit isxdigit(unsigned char c);	检查参数字符是否为16进制数字字符,是则返回1,否则返回0
12	char toint(unsigned char c);	将ASCII字符的0～9,a～f(大小写无关)转换为16进制数字,对于ASCII字符的0～9,返回值为0H～9H,对于ASCII字符的a～f(大小写无关),返回值为0AH～0FH
13	char tolower(unsigned char c);	将大写字符转换为小写形式,如果字符参数不在A～Z之间,则该函数不起作用
14	char _tolower(unsigned char c);	将字符参数与常数0x20逐位相或,从而将大写字符转换为小写形式
15	char toupper(unsigned char c);	将小写字符转换为大写形式,如果字符参数不在a～z之间,则该函数不起作用
16	char _toupper(unsigned char c);	将字符参数与常数0xdf逐位相与,从而将小写字符转换为大写形式
17	char toascii(unsigned char c);	将字符参数值缩小到有效的ASCII范围内(即将参数值与0x7f相与)

注:序号中标注有★号的函数为不可重入函数。

4. 字符串处理函数(在 string. h 文件中定义)

表 C. 4 给出字符串处理函数及其功能。

表 C. 4　字符串处理函数列表

序号	函数原型	函数功能
1	void * memchr(void * s1,char val,int len);	顺序搜索字符串s1的前len个字符,以找出字符val。成功时返回s1中指向val的指针,失败时返回NULL
2	char memcmp(void * s1,void * s2,int len);	逐个字符比较串s1和串s2的前len个字符,相等时返回0,若串s1大于或小于串s2,则相应地返回一个正数或一个负数
3	void * memcpy(void * dest, void * src,int len);	从src所指向的内存中复制len个字符到dest中,返回指向dest中最后一个字符的指针。如果src与dest发生交迭,则结果是不可预测的
4★	void * memccpy(void * dest, void * src,char val,int len);	复制src中len个元素到dest中,如果实际复制了len个字符则返回NULL。复制过程在复制完字符val后停止,此时返回指向dest中下一个元素的指针

续表

序号	函 数 原 型	函 数 功 能
5	void * memmove(void * dest, void * src,int len);	工作方式与 memcpy 相同,但复制的区域可以交迭
6	void * memset(void * s,char val,int len);	用 val 来填充指针 s 中 len 个单元
7★	char * strcat(char * s1,char * s2);	将串 s2 复制到 s1 的尾部。它假定 s1 所定义的地址区域足以接受两个串。返回指向 s1 串中第一个字符的指针
8★	char * strncat(char * s1,char * s2,int n);	复制串 s2 中 n 个字符到 s1 的尾部。如果 s2 比 n 短,则只复制 s2(包括串结束符)
9	char * strcmp(char * s1,char * s2);	比较串 s1 和 s2,如果相等则返回 0;如果 s1<s2 则返回一个负数;如果 s1>s2 则返回一个正数
10★	char * strncmp(char * s1, char * s2,int n);	比较串 s1 和 s2 中的 n 个字符。返回值与 strcmp 相同
11★	char * strcpy(char * s1,char * s2);	将串 s2(包括结束符)复制到 s1 中,返回指向 s1 中第一个字符的指针
12★	char * strncpy(char * s1,char * s2,int n);	与 strcpy 相似,但只复制 n 个字符。如果 s2 的长度小于 n,则 s1 串以 0 补齐到长度 n
13	int strlen(char * s1);	返回 s1 中字符个数(不包括结尾的空格符)
14	char * strstr(char * s1,char * s2);	搜索 s2 第一次出现在 s1 中的位置,并返回一个指向第一次出现位置开始处的指针。如果 s1 中不包括 s2 则返回一个空指针
15	char * strchr(const char * s1, char c);	搜索 s1 中第一个出现的字符 c(可以是串结束符)。如果成功则返回指向该字符的指针,否则返回 NULL
16	int strpos(const char * s1, char c);	与 strchr 类似,返回的是字符 c 在字符串 s1 中第一次出现的位置值。没有找到则返回-1,s1 串首字符的位置值是 0
17	char * strrchr(const char * s1,char c);	搜索 s1 中最后一个出现的字符 c(可以是串结束符)。如果成功则返回指向该字符的指针,否则返回 NULL
18	int strrpos(const char * s1, char c);	与 strrchr 类似,但返回的值是字符 c 在字符串 s1 中最后一次出现的位置值。没有找到则返回-1
19★	int strspn(char * s1, char * set);	搜索 s1 中第一个不包括在 set 串中的字符。返回值是 s1 中包括在 set 里的字符个数。如果 s1 中所有字符都包括在 set 串中,则返回 s1 的长度(不包括结束符)。如果 set 是空串则返回 0
20★	int strcspn(char * s1,char * set);	与 strspn 类似,但它搜索的是 s1 中第一个包含在 set 里的字符
21★	char * strpbrk(char * s1,char * set);	与 strspn 类似,但返回搜索到的字符的指针,而不是个数。如果未找到,则返回 NULL
22★	char * strrpbrk(char * s1,char * set);	与 strpbrk 类似,但它返回 s1 中指向找到的 set 字符集中最后一个字符的指针

注:序号中标注有★号的函数为不可重入函数。

5. 类型转换及内存分配函数(在 **stdlib.h** 文件中定义)

表 C.5 列出类型转换及内存分配函数,并给出其功能。

表 C.5　类型转换及内存分配函数列表

序号	函 数 原 型	函 数 功 能
1★	float atof(char * s1);	将字符串 s1 转换成浮点数值并返回它。输入串中必须包含与浮点值规定相符的数。该函数在遇到第一个不能构成数字的字符时,停止对输入字符串的读操作
2★	long atol(char * s1);	将字符串 s1 转换成一个长整型数值并返回它。输入串中必须包含与长整型数格式相符的字符串。该函数在遇到第一个不能构成数字的字符时,停止对输入字符串的读操作
3★	int atoi(char * s1);	将字符串 s1 转换成整型数并返回它。输入串中必须包含与整型数格式相符的字符串。该函数在遇到第一个不能构成数字的字符时,停止对输入字符串的读操作
4★	void * calloc (unsigned int n,unsigned int size);	为 n 个元素的数组分配内存空间,数组中每个元素的大小为 size,所分配的内存区域用 0 进行初始化。返回值为已分配的内存单元起始地址,如不成功则返回 0
5★	void free(void xdata * p);	释放指针 p 所指向的存储器区域,如果 p 为 NULL,则该函数无效。p 必须是以前用 calloc、malloc 或 realloc 函数分配的存储器区域。该函数执行后,被释放的存储器区域就可以参加以后的分配
6★	void init_mempool(void xdata * p,unsigned int size);	对可被函数 calloc、free、malloc 和 realloc 管理的存储器区域进行初始化,指针 p 表示存储区的首地址,size 表示存储区的大小
7★	void * malloc (unsigned int size);	在内存中分配一个 size 字节大小的存储器空间。返回值为一个 size 大小对象所分配的内存指针。如果返回 NULL,则无足够的内存空间可用
8★	void * realloc (void xdata * p,unsigned int size);	调整先前分配的存储器区域大小。参数 p 指示该区域的起始地址,参数 size 表示新分配存储器的大小。原存储器区域的内容被复制到新存储器区域中。如果新区域较大,多出的区域将不作初始化。Realloc 返回指向新存储区的指针,如果返回 NULL,则无足够大的内存可用,这时将保持原存储区不变
9	int rand();	返回一个 0~32767 之间的伪随机数,对 rand 的相继调用将产生相同序列的随机数
10★	void srand(int n);	将随机数发生器初始化成一个已知(或期望)值
11★	float strtod(const char * s, char ** ptr);	将字符串 s 转换为一个浮点型数据并返回它。字符串前面的空格、/、Tab 符被忽略
12★	long strtol(const char * s, char ** ptr,unsigned char base);	将字符串 s 转换为一个 long 型数据并返回它。字符串前面的空格、/、Tab 符被忽略
13★	unsigned long strtoul(char * s,char ** ptr,unsigned char base);	将字符串 s 转换为一个 unsigned long 型数据并返回它。溢出时返回 ULONG_MAX。字符串前面的空格、/、Tab 符被忽略

注:序号中标注有★号的函数为不可重入函数。

6. 本征函数（在 intrins. h 文件中定义）

本征函数在编译时直接将固定的代码插入到当前行,从而大大地提高了函数的访问效率(见表 C.6)。

表 C. 6 本征函数列表

序号	函 数 原 型	函 数 功 能
1	unsigned char _crol_(unsigned char val,unsigned char n);	将 val 循环左移 n 位
2	unsigned int _irol_(unsigned int val,unsigned char n);	将 val 循环左移 n 位
3	unsigned long _lrol_(unsigned long val,unsigned char n);	将 val 循环左移 n 位
4	unsigned char _cror_(unsigned char val,unsigned char n);	将 val 循环右移 n 位
5	unsigned int _iror_(unsigned int val,unsigned char n);	将 val 循环右移 n 位
6	unsigned long _lror_(unsigned long val,unsigned char n);	将 val 循环右移 n 位
7	bit _testbit_(bit x);	相当于 JBC bit 指令
8	unsigned char _chkfloat_(float ual);	测试并返回浮点数状态
9	void _nop_(viod);	产生一个 NOP 指令

注:序号中标注有★号的函数为不可重入函数。

C.3 C51 的编译控制指令

编译控制指令(见表 C.7)是一组用于激活、禁止或改变编译选项的指令。它们可在命令行输入或在源文件中通过♯pragma 预处理指令传送给预处理器。在使用集成环境的编译系统中,通常用♯pragma 预处理。

源控制类,主要用于在源文件中定义宏;目标控制类,影响目标代码的形式和内容;列表控制类,主要控制生成列表文件格式。

表 C.7 编译控制指令列表

分类	P/G	指 令	缩 写	默 认 值
源	P	DEFINE	DFF	—
	G	SAVE	—	—
	G	RESTORE	—	—
	G	DISABLE	—	—
	P	[NO]EXTEND	—	EXTEND
目标	P	[NO]DEBUG	[NO]DB	NODEBUG
	P	[NO]OBJECT	[NO]OB	OBJECT(名字.obj)
	P	OPTIMIZE(n)	OT	OPTIMIZE(2)
	P	SMALL	SM	SMALL

分类	P/G	指　　　令	缩　　　写	默　认　值
目标	P	COMPACT	CP	—
	P	LARGE	LA	—
	G	[NO]REGPARMS	[NO]RP	REGPARMS
	G	REGISTERBANK(n)	RB	REGISTERBANK(0)
	G	[NO]AREGS	[NO]AR	AREGS
	P	[NO]INTVECTOR	[NO]IV	INTVECTOR
	P	OBJECTEXTEND	OE	—
	P	ROM( )		ROM(LARGE)
列表	P	[NO]LISTINCLUDE	[NO]LC	NOLISTINCLUDE
	P	[NO]SYMBOLS	[NO]SB	NOSYMBOLS
	P	[NO]PREPRINT	[NO]PP	NOPREPRINT
	P	[NO]CODE	[NO]CD	NOCODE
	P	[NO]PRINT	[NO]RP	PRINT(名字.obj)
	P	[NO]COND	[NO]CO	COND
	P	PAGELENGTH(n)	PL	PAGELENGTH(69)
	G	EJECT	EJ	—
	P	PAGEWIDTH(n)	PW	PAGEWIDTH(132)

注：P/G 中的 P 表示首要控制，即指令要放在源程序的开头，且只能用一次；G 表示一般控制，可以出现在源程序的任一行，可以重复使用。

C.4　C51 的连接定位控制指令

表 C.8 列出 C51 的连接定位控制指令及功能。

表 C.8　C51 的连接定位控制指令列表

分类	指　　　令	缩　写	默　认　值	功　　　能
列表	PRINT	PR	PRINT(文件名)	定义列表文件名
	PAGELENGTH	PL	PAGELENGTH(68)	设置列表文件每页最大行数
	PAGEWIDTH	PW	PAGEWIDTH(78)	设置列表文件每行最大宽度
	[NO]MAP	[NO]MA	MAP	(不)输出存储器映象
	[NO]SYMBOLS	[NO]SY	SYMBOLS	(不)在列表文件列出局部符号
	[NO]PUBLICS	[NO]PU	PUBLICS	(不)在列表文件列出公共符号
	[NO]LINES	[NO]LI	LINES	(不)在列表文件产生行号
	IXREF	IX	不产生交叉报告表	在列表文件产生交叉报告表

续表

分类	指　令	缩写	默　认　值	功　能
连接	NAME	NA	输入第一个模块名	定义输出文件的模块名
	[NO]DEBUGSYMBOLS	[NO]DS	DEBUGSYMBOLS	(不)在输出文件获得局部符号
	[NO]DEBUG PUBLICS	[NO]DP	DEBUG PUBLICS	(不)在输出文件获得公共符号
	[NO]DEBUG LINES	[NO]DL	DEBUG LINES	(不)在输出文件获得行号
定位	RAMSIZE	RS	RAMSIZE(128)	定义内部 RAM 大小
	PRECEDE	PC	—	在寄存器和位寻址区定义段
	BIT	BI	—	定位 BIT 段
	DATA	DA	—	定位 DATA 段
	IDATA	ID	—	定位 IDATA 段
	STACK	ST	—	定位 STACK 段
	XDATA	XD	—	定位 XDATA 段
	CODE	CO	—	定位 CODE 段
	PDATA	—	—	定位 PDATA 段
	NODEFAULTLIBRARY	NLIB	自动连接运行库	运行库不自动加入目标文件
	OVERLAY	OL	OVERLAY	自动覆盖函数的局部数据段
	NOOVERLAY	NOOL	OVERLAY	局部位数和数据段不交叠

注：在集成开发环境下，连接定位器的控制命令在对话窗口中输入。

C.5　C51 编译器的限制

（1）支持 19 级标准数据类型修饰符。如数组描述符、间接操作符和函数操作符等。

（2）名字最长为 255 个字符，但只有前 32 个字符有效。目标文件中的名字大小写无关（尽管 C 语言是对大小写敏感的）。

（3）函数嵌套调用最大为 10 层。

（4）嵌套引用头文件的最大数量为 9。

（5）预处理器的条件编译指令最大嵌套深度为 20。

（6）功能块（{…}）最大可以嵌套 15 级。

（7）宏最多可以嵌套 8 级。

（8）宏或函数调用中最多可以传递 32 个参数。

附录 D

数制与编码的基础

D.1 数 制

数制是计数的规则。人们通常使用的是**进位计数制**。在进位计数制中表示数的符号处于不同的位置所代表的数的值是不同的。

十进制是人们生活中普遍使用的计数制。在十进制中,数用 0,1,…,9 这 10 个符号来描述。计数规则是逢十进一。

二进制是在计算机系统中使用的计数制。在二进制中,数用 0、1 这 2 个符号来描述。计数规则是逢二进一。二进制运算规则简单,便于物理实现,但书写冗长,不便于人们阅读和记忆。二进制数的**位**可以表示 0 或 1 这两个值,它是计算机中数据的最小单位。生活中开关的通与断,指示灯的亮与灭,电动机的启与停都可以用它来描述和控制。有些计算机能够存取的最小单位可以到位(如 80C51 单片机)。

8 个二进制的位构成**字节**。有些计算机存取的最小单位只能是字节。1 个字节可以表示 2^8(即 256)个不同的值(0~255)。字节中的位号从右至左依次为 0~7。**第 0 位称为最低有效位(LSB),第 7 位称为最高有效位(MSB)**。

当数值大于 255 时,要采用**字(2 字节)**或**双字(4 字节)**进行表示。字可以表示 2^{16}(即 65 536)个不同的值(0~65 535),这时 MSB 为第 15 位。

十六进制是人们在计算机指令代码和数据的书写与软件工具的显示中经常使用的数制。在十六进制中,数用 0,1,…,9 和 A,B,…,F(或 a,b,…,f)这 16 个符号来描述。计数规则是逢十六进一。由于 4 位二进制数可以直观地用 1 位十六进制数表示,所以人们**对二进制的代码或数据常用十六进制形式缩写**。

为了区分数的不同进制,可在数的结尾以一个字母标识。十进制(decimal)数书写时结尾用字母 D(或不带字母);二进制(binary)数书写时结尾用字母 B;十六进制(hexadecimal)数书写时结尾用字母 H。

在单片机的程序设计中,有时要用到十进制到十六进制的转换。下面以一个示例说明一下十进制到十六进制的转换方法。

转换示例:若有一个十进制数为 55 536,试将其用十六进制表示。

十进制到十六进制的转换的基本方法是**除 16 取余**。由于:

$$55536/16 = 3471 \quad \text{余 } 0$$
$$3471/16 = 216 \quad \text{余 } F$$
$$216/16 = 8 \quad \text{余 } D$$
$$8/16 = 0 \quad \text{余 } 8$$

因此，十进制数 55536 的十六进制表示为：8DF0H。

D.2 编　　码

计算机只能对 0 和 1 进行识别，所以在计算机中数以外的其他信息（如字符或字符串）也要用二进制编码来表示。

1. 字符的编码（ASCII 码）

字符的编码采用的是**美国标准信息交换代码**（American Standard Code for Information Interchange，**ASCII 码**）。

一个字节的 8 位编码可以表示 256 种字符。当最高位为 0 时，所表示的字符为**标准 ASCII 码字符**，共有 128 个，用于表示数字、英文大写字母、英文小写字母、标点符号及控制字符等，如附录 C 所示；当最高位为 1 时，所表示的是**扩展 ASCII 码字符**，表示的是一些特殊符号（如希腊字母等）。

ASCII 码常用于计算机与外部设备的字符传输。如通过键盘的字符输入，通过打印机或显示器的字符输出。

注意：字符的 ASCII 码与其数值是不同的概念。如字符 9 的 ASCII 码是 0011 1001B（即 39H）；而其数值是 0000 1001B（即 09H）。

在 ASCII 码字符表中，还有许多不可打印的字符。如 CR（回车）、LF（换行）及 SP（空格）等，这些字符称为**控制符**。控制符在不同的输出设备上可能会执行不同的操作（因为没有非常规范的标准）。

2. 十进制数的编码（BCD 码）

十进制是人们在生活中最习惯的数制，人们通过键盘向计算机输入数据时，常用十进制输入。显示器向人们显示的数据也多为十进制形式。

计算机能直接识别与处理的是二进制编码。用 4 位二进制编码可以表示 1 位十进制数。这种**用二进制编码表示十进制数的代码称为 BCD 码**。常用的 8421BCD 编码如表 1.3 所示。

由于用 4 位二进制代码可以表示 1 位十进制数，所以采用 8 位二进制代码（1 个字节）就可以表示 2 位十进制数。这种**用 1 个字节表示 2 位十进制数的编码**，称为**压缩的 BCD 码**。相对于压缩的 BCD 码，用 8 位二进制代码表示的 1 位十进制数的编码称为**非压缩的 BCD 码**。此时高 4 位为 0000，低 4 位是 BCD 编码。与非压缩的 BCD 码相比，压缩的 BCD 码可以节省存储空间。若 4 位编码在 1010B~1111B 范围时，不属于 BCD 码的合法范围，属于**非法码**。2 个 BCD 码进行算术运算时可能出现非法码，这时就要对运算的结果进行调整。

D.3　计算机中带符号数的表示

1. 原码、机器数及其真值

在计算机中,数的值用其绝对值表示,最高位作为符号位,用 0 表示正号,用 1 表示负号,这种表示方法称为数的**原码**表示法。例如:

正数 +100 0101B(即+45H),原码为:**0**100 0101B(即 45H);

负数 − 101 0101B(即−55H),原码为:**1**101 0101B(即 D5H)。

经这样表示后,该带符号数就可以由计算机识别了。

数在计算机内的表示形式称为**机器数**。而这个数本身称为该机器数的**真值**。如,上述的"45H"和"D5H"为 2 个机器数,它们的真值分别为"+45H"和"−55H"。

2. 反码

正数的**反码**与其原码相同;**负数的反码**符号位为 1,数值位为其原码数值位逐位取反。如:

正数 +100 0101B,原码 **0**100 0101B(即 45H),反码为 **0**100 0101B(即 45H);

负数 − 101 0101B,原码为 1101 0101B(即 **D5H**),反码为 1010 1010B(即 **AAH**)。

可以证明,二进制数采用原码和反码表示时,符号位不能同数值一道参加运算。否则,会得到不正确的结果。

3. 补码

在计算机中带符号数的运算均采用补码。正数的补码与其原码相同;**负数的补码为其反码末位加 1**。如:

正数 +100 0101B,反码为 0100 0101B(即 45H),补码为 **0**100 0101B(即 45H);

负数 − 101 0101B,反码为 1010 1010B(即 **AAH**),补码为 1010 1011B(即 **ABH**)。

由负数的补码求其真值的方法是:对该补码求补(**符号位不变,数值位取反加 1**)即得到该负数的原码(**符号位+数值位**),由该原码可知其真值。如:

有一负数的补码为 1010 1011B,对其求补得到 **1**101 0101B 为其原码(符号为负,数值为 55H),即真值为−55H。

补码的优点是可以将减法运算转换为加法运算,且符号位可以连同数值位一起运算。这非常有利于计算机的实现。如:

45H−55H=−10H,用补码运算时可以表示为:[45H]补+[−55H]补=[−10H]补

$$
\begin{array}{r}
[\quad 45\text{H}]\ 0100\quad 0101 \\
+[-55\text{H}]\ 1010\quad 1011 \\
\hline
\text{结果:}\quad 1111\quad 0000 \leftarrow\text{"}-10\text{H"的补码}
\end{array}
$$

对结果再求补,得到原码:**1**001 0000B,所以真值为 −001 0000B(即 −10H)。

几个典型的带符号数的 8 位编码如表 D.1 所示。

表 D.1　几个典型的带符号数据的 8 位编码表

原　　码	反　　码	补　　码	数的真值
0111 1111B	0111 1111B	**0111 1111B(7FH)**	+127
0000 0001B	0000 0001B	**0000 0001B(01H)**	+1
0000 0000B	0000 0000B	**0000 0000B(00H)**	+0
1000 0000B	1111 1111B		−0
1000 0001B	1111 1110B	**1111 1111B(FFH)**	−1
1111 1111B	1000 0000B	**1000 0001B(81H)**	−127
——————	——————	**1000 0000B(80H)**	−128

由表可见,采用补码表示有符号数时,**单字节表示的范围是:+127～−128**(对应
7FH～80H)。由于 2 个有符号数加减时,结果可能超过此范围(溢出)而使符号位发生错
误。所以编写有符号数据运算程序时要对此种情况进行判断(测试 OV 标志)并进行相
应的处理。

ASCII 码表

高 3 位 低 4 位	000 (0H)	001 (1H)	010 (2H)	011 (3H)	100 (4H)	101 (5H)	110 (6H)	111 (7H)
0000(0H)	NUL	DLE	SP	0	@	P	`	p
0001(1H)	SOH	DC1	!	1	A	Q	a	q
0010(2H)	STX	DC2	"	2	B	R	b	r
0011(3H)	ETX	DC3	#	3	C	S	c	s
0100(4H)	EOT	DC4	$	4	D	T	d	t
0101(5H)	ENQ	NAK	%	5	E	U	e	u
0110(6H)	ACK	SYN	&.	6	F	V	f	v
0111(7H)	BEL	ETB	'	7	G	W	g	w
1000(8H)	BS	CAN	(	8	H	X	h	x
1001(9H)	HT	EM	)	9	I	Y	i	y
1010(AH)	LF	SUB	*	:	J	Z	j	z
1011(BH)	VT	ESC	+	;	K	[	k	{
1100(CH)	FF	FS	,	<	L	\	l	|
1101(DH)	CR	GS	—	=	M	]	m	}
1110(EH)	SO	RS	.	>	N	^	n	~
1111(FH)	SI	US	/	?	O	_	o	DEL

NUL	空	ETB	信息组传输结束	DC1	设备控制 1
SOH	标题开始	CAN	作废	DC2	设备控制 2
STX	正文结束	EM	纸尽	DC3	设备控制 3
ETX	本文结束	SUB	减	DC4	设备控制 4
EOT	传输结果	ESC	换码	NAK	否定
ENQ	询问	VT	垂直列表	FS	文字分隔符
ACK	承认	FF	走纸控制	GS	组分隔符
BEL	报警	CR	回车	RS	记录分隔符
BS	退格	SO	移位输出	US	单元分隔符
HT	横向列表	SI	移位输入	DEL	作废
LF	换行	SP	空格		
SYN	空转同步	DLE	数据链换码		

常用芯片引脚

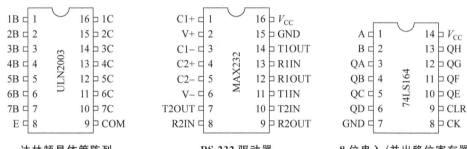

达林顿晶体管阵列   RS-232 驱动器   8 位串入/并出移位寄存器

AT24C04 存储器   TLC5615 D/A 转换器   TLC549 A/D 转换器

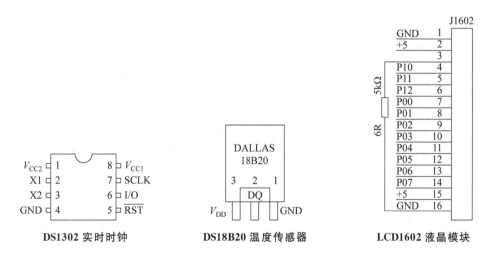

DS1302 实时时钟   DS18B20 温度传感器   LCD1602 液晶模块

1G	1		20	V_{CC}
1A1	2		19	2G
2Y4	3		18	1Y1
1A2	4		17	2A4
2Y3	5	74LS244	16	1Y2
1A3	6		15	2A3
2Y2	7		14	1Y3
1A4	8		13	2A2
2Y1	9		12	1Y4
GND	10		11	2A1

8 缓冲/线驱动/线接收器

CLR	1		20	V_{CC}
1Q	2		19	8Q
1D	3		18	8D
2D	4		17	7D
2Q	5	74LS273	16	7Q
3Q	6		15	6Q
3D	7		14	6D
4D	8		13	5D
4Q	9		12	5Q
GND	10		11	CK

8D 触发器(边沿触发)

OE	1		20	V_{CC}
1Q	2		19	8Q
1D	3		18	8D
2D	4		17	7D
2Q	5	74LS373	16	7Q
3Q	6		15	6Q
3D	7		14	6D
4D	8		13	5D
4Q	9		12	5Q
GND	10		11	G

8D 锁存器(电平允许)

参 考 文 献

[1] 李全利.单片机原理及应用(C51 编程)[M].北京:高等教育出版社,2012.

[2] 李全利.单片机原理及接口技术[M].2 版.北京:高等教育出版社,2009.

[3] 张毅刚.单片机原理及应用[M].2 版.北京:高等教育出版社,2010.

[4] 李朝青.单片机原理与接口技术[M].3 版.北京:北京航空航天大学出版社,2007.

[5] 欧阳文.ATMEL89 系列单片机的原理与开发实践[M].北京:中国电力出版社,2007.

[6] 李学海.标准 80C51 单片机基础教程 原理篇[M].北京:北京航空航天大学出版社,2006.

[7] 李群芳.单片微型计算机与接口技术[M].2 版.北京:电子工业出版社,2005.

[8] 胡学海.单片机原理及应用系统设计[M].北京:电子工业出版社,2005.

[9] 严天峰.单片机应用系统设计与仿真调试[M].北京:北京航空航天大学出版社,2005.